뉴욕 브루클린의 옛 샌즈 스트리트 환승역(위)에서는 밀리가 어렸을 때 스피윅 가족이 살면서 일했던 동네가 어렴풋이 내려다보인다. 밀리의 부모님이 이전에 살았던 샌즈 45번가의 집은 이 블록의 북쪽인 사진 오른쪽에 있었다. 사진에 보이는 풍경은 거의 사라졌고, 다운타운 브루클린, 브루클린 하이츠, 덤보의 합류점에 있는 이곳은 오늘날에는 완전히 달라졌다.

아기 밀리가 아버지 마이어와 함께 산책을 즐기고 있다. 1931년 뉴욕.

사진 제공: 드레셀하우스 가족

중학교 급우들과 함께 있는
밀리 스피웍(가운데 줄 중간).
1945년 뉴욕 브롱크스.

사진 제공: 드레셀하우스 가족

밀리의 고등학교 졸업 앨범에 나온 사진 설명은 그녀의 남다른 미래를 암시한다.
1948년 1월 헌터컬리지고등학교《연보》에 실린 사진.

사진 제공: 헌터컬리지고등학교 도서관

밀리와 진은 1958년 여름에 신혼여행을 떠났다.
사진 제공: 드레셀하우스 가족

코넬대학교에서 소풍을 즐기는 밀리와 진.
사진 제공: 드레셀하우스 가족

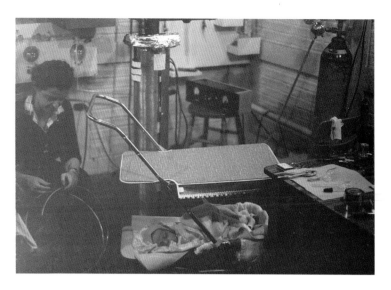

밀리와 진의 딸 메리앤이 아기였을 때 밀리가 일하는 동안 실험실에 함께 있었다.
사진 제공: 드레셀하우스 가족

드레셀하우스 가족의 야외 나들이. 왼쪽에서 오른쪽으로 칼, 폴, 엘리엇, 밀리, 메리앤. 1965년 코네티컷.
사진 제공: 드레셀하우스 가족

밀리의 부모님인 에델과 마이어 스피윅의 드레셀하우스 가족 방문.
사진 제공: 드레셀하우스 가족

밀리와 아이들이 옐로스톤 국립공원에서 즐긴 하루.
사진 제공: 드레셀하우스 가족

아들 폴의 바이올린 연습을 도와주고 있는 밀리.
사진 제공: 드레셀하우스 가족

MIT에서 강의하고 있는 밀리.
사진 제공: MIT 박물관

MIT의 밀드레드 드레셀하우스 교수, 1973년.
사진 제공: 마고 풋/MIT 뉴스 사무실, MIT 박물관

MIT 전기공학과 대학원생 오중주에서 연주하는 밀리. 왼쪽에서 오른쪽으로 번드 뉴먼, 스티븐 D. 우만스, 앤드루 C. 골드스타인, 앨런 J. 그로진스키.
사진 제공: MIT 박물관

1975년 밀리와 진의 집에서 열린 학생들과의 비공식 모임.
사진 제공: 드레셀하우스 가족

1981년 MIT를 졸업한 딸 메리앤을 축하하는 밀리.
사진 제공: 드레셀하우스 가족

조지 H. W. 부시 미국 대통령이 1990년 백악관 국가과학훈장 수여식에서 밀리에게
훈장을 주고 있다.
사진 제공: 조지 H. W. 부시 대통령 도서관 및 박물관

밀리의 멘토이자 노벨상 수상자인 의학물리학자 로절린 서스먼 앨로와 함께. 1991년.

사진 제공: 드레셀하우스 가족

밀리는 2000년에 진과 함께 미국 에너지부 과학국장 취임 선서를 했다. 오랫동안 MIT 교수였고 버락 오바마 대통령 시절 에너지부 장관이었던 어니스트 모니즈가 오른쪽에 앉아 있다.

사진 제공: 도나 코베니/MIT

손녀 엘리자베스 드레셀하우스와 함께 바이올린을 연주하는 밀리.
사진 제공: 엘리자베스 드레셀하우스

버락 오바마 대통령이 백악관에서 2012년 엔리코 페르미상 수상자 밀리(진과 함께),
버턴 릭터(아내 로제와 함께)에게 인사하고 있다.
사진 제공: 피터 소자가 촬영한 백악관 공식 사진

노르웨이 오슬로에서 권위 있는 2012년 카블리상 가운데 나노과학상을 받은 뒤 무대에 선 밀리.

사진 제공: AAS, ERLEND/AFP/Getty Images

MIT에서 '명예 연구소 교수'로 재직할 때도 밀리는 연구원과 멘토로 왕성하게 활동
했다.
사진 제공: 브라이스 빅마크

이 책의 저자를 만난 날, 밀리는 자신의 사무실에서 저자가 직접 디자인한 미니 인형
을 들고 포즈를 취했다.
사진 제공: 저자

2014년 버락 오바마 대통령으로부터 대통령자유훈장을 받은 밀리.
사진 제공: 파블로 마르티네스 몬시바이스/AP 이미지

밀리와 손녀 쇼시 드레셀하우스-쿠퍼가 2016년에 밀리의 할머니 묘소를 방문했다.
사진 제공: 드레셀하우스 가족

과학 작가 테레사 매키머는 2017년 저자가 가르친 MIT 여성 이공계 역사 강좌를 위해 물리학자 셜리 앤 잭슨(왼쪽)과 밀드레드 드레셀하우스의 코바늘 뜨개 인형을 만들었다.

사진 제공: 테레사 매키머

마이아 와인스톡, 〈밀드레드 '밀리' 드레셀하우스와 풀러렌〉, 2014년, 디지털 사진.

엘 윌러비, 〈물리학자 밀드레드 '밀리' 드레셀하우스, 나노튜브와 탄소 과학의 여왕〉,
2019년, 리노컷 판화.

질리언 드레허, 〈밀드레드 드레셀하우스〉, 2017년, 디지털 초상화.

카본 퀸

탄소의 끝없는 가능성을 열어준
나노과학 선구자
밀드레드 드레셀하우스

카본
퀸

김희봉 옮김　마이아 와인스톡 지음

플루토

우주에서 가장 놀라운 원자들의 집합인 X에게

육아가 여성의 일이고
집안일이 여성의 소원이었을 때

원자를 쪼개는 과학의 세계에서
학위복의 위엄으로 무장한 학계의
남성 위주의 따분한 규범을 흔들고,
전통이 틀렸음을 보여주면서 불평등 위로 날아올라
자신의 비행운飛行雲으로 사람들을 휩쓸었다

그녀의 탁월함은 이론과 정리를 낳았고,
자연에서 신비로운 형태를 취하는
탄소 전자구조의 비밀을 파헤쳐서
탄소 나노튜브의 존재를 예측했다
이 단일 원자 두께의 탄소 원통은
강력한 물질, 초강력 케이블, 수소 저장 용기,
첨단 전자공학, 태양전지, 배터리에 사용된다

함께 일한 남편은
자신의 상당한 그늘로 결코 그녀를 가리지 않았다
그녀는 네 아이를 낳았고,
진동역학의 에너지에 대한 선구적인 연구를 낳았다

80대가 훨씬 넘은 지금, 수많은 상이 추가되었고
여성들의 발자취가 오랫동안 빛을 발하고 있을 때
그녀는 자신의 발자국이
그 길을 처음 걸은 사람과 같음을 알고 있는지 궁금해진다

– 캐롤린 반 데 미어Carolyne Van Der Meer, 〈탄소의 여왕〉, 2016

차례

11 프롤로그
교육자, 멘토 그리고 탄소의 여왕

1 ——————————————————— 21
다듬어지지 않은 다이아몬드

25 브루클린에서 브롱크스로
28 가난과 역경으로 점철된 어린 시절
32 경험과 기회를 준 그리니치 하우스 음악학교
37 책에서 찾은 과학의 영감
39 신세계로 가는 티켓

2 ——————————————————— 45
두뇌 더하기 재미

47 맨해튼을 점령한 밀리
50 밀드레드 드레셀하우스=두뇌+재미

3 ——————————————————— 61
갈림길에 서다

64 밀리의 첫 번째 멘토 로절린 앨로
72 케임브리지대학교로 날아가다
76 성차별 문제를 깨닫게 한 래드클리프컬리지

4 ——————————————————— 83
위대한 정신과의 만남

90 배척하는 사람, 도와주는 사람
95 초전도성 연구에 발을 내딛다
99 인생의 전환점이 된 새로운 선택

5 ——————————————————— 111
한 과학자가 꽃을 피우다

120 매혹적인 성질을 가진 탄소 연구
125 물질의 에너지띠와 전도성
130 링컨연구소를 떠나다

6 ——————————— 137

정신과 손

143 흑연의 전자구조에서 발견한 결정적 뒤바꿈
148 MIT 여성의 지위를 올려놓다
155 MIT 여성포럼의 탄생
160 전 세계를 다니다

7 ——————————— 165

나노 세계에 온 것을 환영합니다

168 나노 세계로 들어가다
173 밀리와 진의 조화로운 삶
178 한 분야가 뿌리를 내리다

8 ——————————— 185

세상을 바꾼 탄소

192 국가의 과학을 이끄는 지도자가 되다
194 세상을 바꾼 거대한 탄소 공
203 마법사 같은 과학자 밀리
206 기억해야 할 한 해

9 ——————————— 219

모범을 보이다

224 뜨거움과 차가움, 열전효과를 되살리다
229 드레셀하우스 박사 워싱턴에 가다
234 니트 스웨터를 입은 탄소의 여왕
236 과학의 순환, 그래핀으로 돌아가기
241 새로운 친구와 함께한 연구

10 ——————————— 249

사라지지 않을 유산

251 창조성의 배출구가 되어준 음악
253 밀리의 대가족
258 선구자를 기리다
263 다음 세대를 위한 도전
268 전설을 잃다
271 불가능해 보이는 삶

278 감사의 말   282 주요 연표   284 각주   320 찾아보기

저자의 알림

이 책은 물리학자이자 공학자인 밀드레드 S. 드레셀하우스가 살아온 내력을 이야기한다. 또한 그녀의 남편이자 오랜 직업상의 협력자인 진 드레셀하우스를 비롯해서 성이 같거나 비슷한 다른 가족들에게도 많은 관심을 기울인다. 주변 사람들은 어린 시절의 밀드레드 드레셀하우스를 주로 밀리Millie라는 별명으로 불렀다. 이 책은 밀리와 진 드레셀하우스, 그리고 그들의 다른 가족에게 존경을 전달하기 위해 그들의 이름만을 사용한다.

교육자, 멘토 그리고 탄소의 여왕

일곱 살에서 여덟 살로 넘어가는 소피아 하비가 식탁 앞에서 청회색 종이 가방에 시선을 고정시킨 채 꼼짝 않고 서 있다. 하비는 컵케이크, 선물, 게임으로 생일을 축하하려고 모인 가족과 친구들에게 둘러싸여 있다. 선물이 들어 있는 큼직한 종이 가방 앞에서 하비는 1년 내내 바라던 것을 누군가가 줄지도 모른다는 생각에 간신히 흥분을 억누르고 있다. 하비는 마치 연어를 낚는 회색곰처럼 종이 가방에 손을 집어넣어 안에 있는 물건을 단단히 움켜쥐고 남색 상자를 꺼낸다. 회색 머리칼을 땋아 머리핀으로 단정히 고정시킨, 팔순의 여성을 닮은 바비 인형이 상자 안에서 하비를 바라보고 있다. "밀리 드레셀하우스 인형!" 하비가 헉하며 말한다. "최고의 선물이에요!"

인도 뉴델리의 한 스튜디오에서 수니타 라자와트는 몇 달 동안 인터뷰를 고대하던 유명 인사를 맞이하기 위해 마지막 준비를 한다. 인도에서 가장 인기 있는 프로그램 가운데 하나인 라자와트 쇼의 제작진이 엄청난 마법을 부려서 매년 비공식 휴일로 지정된 '밀리 드레셀하우스의 날'(소셜미디어에서는 #밀리의 날)인 11월 11일에 인터뷰하기로 약속하는 데 성공했다. 두 사람은 무대 밖에서 잠깐 이야기를 나눈다.

이제 스튜디오 관객과 원격으로 시청하고 있는 수백만 명의 관객에게 라자와트 자신의 우상이기도 한 게스트를 소개할 시간이 왔다. 관객들이 기립 박수를 보내자 라자와트는 심장이 고동치는 것을 느낀다. 라자와트는 밀리의 손을 잡고 무대로 안내하면서 열광적으로 외친다. "여기에 모실 수 있어서 정말로 기뻐요!"

캐나다 토론토를 방문한 밀리는 오랜 동료 올리비에 르엉Olivier Rhéaume과 함께 좋아하는 해산물 식당에서 느긋하게 점심 식사를 즐기고 있다. 이 화창한 오후에 밀리와 르엉은 페로섬의 청어와 이 지역에서 잡힌 송어 요리를 앞에 두고 시원한 음료를 마시면서 나노튜브에 대해 이야기한다. 밀리가 생선을 먹는 동안 파파라치들이 쫓겨난다. 식사가 끝난 뒤 식당 종업원들이 밀리를 뒷문으로 안내한 덕분에 파파라치를 피할 수 있었다. 그러나 두 젊은이가 밀리를 발견하고 헐레벌떡 뛰어오더니 거친 숨을 몰아쉬면서 묻는다. "사진 좀 찍어도 될까요?" 밀리가 좋다고 하자 한 사람이 사진을 찍었다. 그는 진심으로 감사해하며 캐나다에서 즐겁게 지내라고 인사를 하고 돌아서서, 인스타그램에 다음 글과 함께 이 기념물을 올린다. "누군지 봐… 밀리 #밀리 #탄소의 여왕." 밤이 되자 이 포스트에 '좋아요'가 72만 2,000회가 넘었고 계속 올라가고 있다.

과학자이자 공학자인 밀드레드 '밀리' 드레셀하우스가 직접 출연한 이 영상은 2017년에 제너럴 일렉트릭General Electric, GE이 제작한 광고이다. 이 광고는 과학계의 저명한 여성이 대중 스타처럼 인기를 누릴 때 일어날 수 있는 몇 가지 허구적인 상황을 담았다(이 영상이 생동감 있게 전달되도록 내가 사람 이름과 이야기의 배경을 덧붙였다). 이 광고는 우리 시대 가장 뛰어난 연구자 가운데 한 명을 널리 알리고, 다음 세대 여성들이 STEM(과학science, 기술technology, 공학engineering, 수학mathematics)에 흥미를 갖도록 영감을 주며, 제너럴 일렉트릭이 더 많은 여성을 기술 부문에 고용하겠다고 대중에게 알리기 위한 것이었다. 이 광고에서 밀리는 인형으로 만들어지고 파파라치의 표적이 될 뿐만 아니라 새로 태어난 아기들의 이름이 되었다. 핼러윈데이에 가장 인기 있는 분장이 되었으며, 도시의 장식물, 티셔츠, 청소년들의 메시지에 도배되는 아이콘이 되기도 했다. 광고는 대성공을 거두었고 실제로 소셜미디어에서 화제가 되었다.[1]

그러나 밀리를 잠시 큰 인기를 누리는 대중 스타처럼 추켜올린다고 해도, 밀리가 86년 동안 이룬 업적에서 겨우 껍데기만 건드릴 뿐이다. 밀리의 연구는 물질(질량이 있고 공간을 차지하는 우주의 물리적 재료)에 대한 우리의 이해를 영구히 바꾸어놓았다. 오랫동안 MIT(매사추세츠 공과대학교) 전기공학과와 물리학과 교수였던 밀리는 물질에 관한 새로운 지식을 발견하고 연구하여 청정에너지 생산에서 암 치료까지 세계의 가장 큰 과제들을 해결하도록 영감을 주었다.

세계에서 가장 많이 존재하면서도 다재다능한 물질의 연구에서 선구적인 업적을 이룬 밀리는 **탄소의 여왕**이라는 별명으로 널리 알려져 있다. 우리는 탄소에 대해 잘 알고 있다. 부드럽고 매끄러운 연필심과 다이아몬드 반지의 매혹적인 광채가 모두 탄소에서 나온다. 탄소는 에너지의 지킬과 하이드이기도 하다. 우리는 탄소와 수소로 이루어진 화합물인 탄화수소 연료를 이용해 전기를 일으키고 석유화학 제품을 만든다. 그러나 화석연료를 태울 때 나오는 부산물은 지구온난화의 주범이다. 탄소는 생명의 물질이기도 하다. 유기화합물을 만드는 원소이자 우리가 알고 있는 모든 살아 있는 유기체에 존재하는 몇 안 되는 원소 가운데 하나이다. 과학자들에 따르면, 탄소화합물의 종류는 1,000만 가지가 넘으며 매일 더 많은 탄소화합물이 발견되고 있다.[2]

밀리는 거의 60년에 걸쳐 과학 탐구자로서 끝없는 호기심을 가지고 연구했고, 탄소의 다양한 형태와 성질에 대해 생각하는 방법에서 큰 도약을 이루었다. 과학과 공학에 크게 기여한 밀리의 연구 덕분에 인류는 수많은 실질적인 혜택을 누리고 있다. 밀리는 막 연구를 시작하던 시절에 발명된 레이저의 빛을 이용하여 탄소의 내부 활동을 조사했다. 평평한 층 속 탄소 원자는 입체구조의 결정에 있는 탄소 원자와 어떻게 다르게 작용하는지, 특히 열이나 자기장에서 전자가 어떻게 움직이는지 탐구했다.

밀리는 또한 오늘날 '탄소 나노튜브'라고 부르는 물질이 존재할 수 있다고 예측했다. 이 물질은 탄소 원자로 이루어진 시트가 말린 작은 원기둥 모양이며, 전기가 매우 잘 흐른다. 밀리의 심오한 기초연구를 바탕으로 과학자와 공학자들은 나노 규모 물질 연구에서 엄청난 발전을 이루었다. 나노 규모는 사람 머리카락 굵기의 10만분의 1 정도 크기를 말한다. 축구공 모양의 버키볼, 원통 모양의 탄소 나노튜브, 그래핀이라고 부르는 2차원 탄소 시트가 에너지 저장, 의학 연구, 건축자재, 종이처럼 얇은 전자제품 등의 용도로 개발되었다. 탄소의 발견 속도는 지난 10년 동안 또다시 하늘 높이 치솟았다. 이러한 탄소 구조는 계속해서 무수히 새로운 용도로 이용되고 있어서 과학소설에서나 볼 수 있었던 양자컴퓨터, 해수를 담수화하는 것 같은 효율적인 염분 제거 장치, 전자회로가 융합된 신체 기관까지 개발되고 있다.[3]

〈스타트렉〉에 나올 것 같은 작은 장치를 손목에 차고 인류의 모든

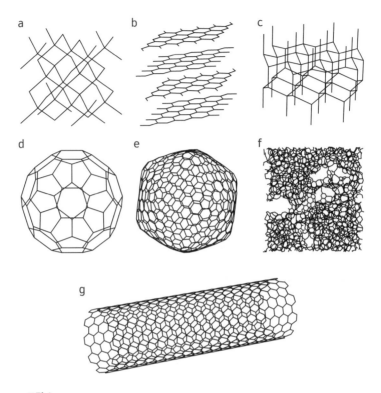

그림 1

밀드레드 드레셀하우스는 거의 60년 동안 탄소를 연구하면서 특히 전자구조와 관련된 탄소의 기본적인 성질을 밝혀냈다. 이 그림은 탄소가 가질 수 있는 일곱 가지 구성 또는 동소체(같은 원소의 원자로 된 분자 또는 결정에서 원자들의 배열이 다른 물질)이다. a. 다이아몬드, b. 흑연, c. 론스달라이트, d와 e. 풀러렌 또는 버크민스터풀러렌이라고 부르는 C_{60}, f. 비정질 탄소, g. 탄소 단층 나노튜브.

지식을 찾아볼 수 있게 된 지금 시대에서 보면, 밀리가 연구를 막 시작하던 1958년에는 컴퓨터과학이 학문 분야로 자리 잡지 못하고 있었다는 사실을 이해하기 어려울 수도 있다. 실리콘이 트랜지스터 제작에 처음 사용된 것은 1954년이었다. 이 반도체장치는 전자의 흐름을 제어할 수 있어서 현대적인 컴퓨터의 기초가 되었다. 오늘날 공학자들은 탄소에서 전자가 나타내는 특성을 이제 막 이용하기 시작했지만, 언젠가는 이 기술적 진보의 물결을 타고 실리콘밸리에 필적할 만한 탄소의 도시가 만들어질 수도 있다. 수많은 과학자와 공학자가 탄소 기반 기술의 미래를 향한 길을 닦는 데 기여했다. 그전에 밀리는 우리에게 알려진 탄소의 전자구조에 관한 이론과 실험을 개척했다. 이 지식을 바탕으로 다른 연구자들이 탄소 구조 안에 다른 원소를 집어넣자 놀랍고 매혹적인 일이 일어났다.[4]

특히 나노과학자들은 밀리가 수행한 다양한 연구에 막대한 빚을 지고 있다. 나노과학은 간단히 말해 1에서 100나노미터nm(1나노미터는 10억분의 1미터이다) 사이의 물질 구조를 연구하는 학문이다. 생물학, 화학, 컴퓨터과학, 전기공학, 재료과학, 재료공학, 기계공학, 물리학 등에 기여하는 매우 다양한 연구 분야로, 여러 가지 물질의 비밀을 밝혀내는 데 도움을 주었다. 그중에서도 탄소는 의심할 여지없이 나노 크기에서의 응용 가능성이 가장 많은 흥미로운 물질이다. 탄소의 여왕은 나노과학과 그에 따른 나노기술의 선구자로서 엄청난 역할을 했다고 말할 수 있다. 이 모든 기술은 지금도 비약적으로 성장하고 있다.

밀리가 단독 또는 공동 저술한 1,700편의 놀라운 연구논문과 여덟 권의 책은 주로 탄수와 그 기본적인 성질에 관한 것들이다. 밀리는 과학과 공학의 언어를 모국어처럼 말했다. 한 사람의 뛰어난 연구자를 넘어 훨씬 큰 영향력을 지닌 사람이었다. 함께 일하는 젊은이를 가르치는 지칠 줄 모르는 교육자였고, 밀리의 발자취를 따르는 것을 목표로 하는 가깝고 먼 사람들에게 역할 모델이 되어주었다. 밀리의 멘토 활동은 젊은 교수(MIT의 첫 번째 여성 교수 가운데 한 사람이었다) 시절부터 시작되어 나중에는 과학과 공학의 옹호자로서 국제적으로도 인정받게 되었다. 밀리는 언제나 사랑받는 사람이었고 학계나 다른 곳에서 많은 사람을 일이 진행되는 모든 단계마다 도와주었다.

밀리의 제자이자 현재 렌셀리어공과대학교 부총장인 샌드라 브라운은 2017년 밀리를 위한 추도문에 이렇게 썼다.

"밀리는 단지 실험실을 만든 것이 아니라 가족을 만들었다. 우리와 함께 일하면서 우리가 확실히 성공하도록 도와주었다. 또한 진실하고 진지한 사람이었다. 내 인생에서 가장 자랑스러운 날은, 밀리가 개발도상국에서 온 이민 1세대로 블루칼라 노동자였던 나의 부모님을 만났을 때였다. 밀리는 대통령, 왕, 고위 인사에게 하듯이 부모님과 따뜻하게 악수했다. 밀리는 지위나 출신과 무관하게 상대방이 존중받는다고 느끼게 하는 방법을 알고 있었다."[5]

멘토 활동과 사람들을 돕는 일 말고도 밀리는 과학과 공학 분야의 수많은 여성이 우러러보는 선구자였다. 밀리는 최초의 여성 MIT 연구소 교수Institute Professor였다. 연구소 교수는 MIT 교수가 누릴 수 있는 가장 영예로운 직함이다. 또한 공학 부문에서 국가과학훈장을 받은 최초의 여성이었다. 천체물리학, 나노과학, 신경과학 분야의 과학자에게 2년마다 주어지는 권위 있는 카블리상을 처음으로 단독 수상했다. 물론 밀리가 받은 상에는 최초라는 영예보다 상 자체의 권위가 훨씬 압도적인 경우가 더 많았다. 그러나 유명해지면 영향력이 생긴다. 소수집단이라는 이유로 계속해서 어려움을 겪는 사람들에게 밀리가 받은 최초의 영예는 많은 영감을 준다. 밀리의 모습에서 공학, 물리학, 수학은 내가 갈

길이 아니라고 생각하는 사람들에게 용기를 불어넣어 그 사람의 일생에 큰 영향을 줄 수 있다.

자신의 힘을 알고 있던 밀리는 할 수 있을 때마다 선구자로서의 영향력을 이용했다. 밀리는 미국의 과학자와 기술자를 대표하는 많은 국가적 단체의 지도자가 되어 이 같은 영향력을 발휘했고, 외국의 수많은 동료를 위해서도 똑같이 했다. 그렇다고 남들에게 업적을 내세우지 않았으며 자신이 몸담은 MIT에서 조용히 활동했다.

대공황 시대의 뉴욕에서 자란 밀리는 어린 시절부터 고난을 유연하게 넘기는 능력을 보여주었다. 밀리와 가족을 괴롭혔던 수없는 난관을 헤쳐나간 모습을 보면 밀리는 다른 방향으로 갔어도 큰돈을 벌었을 것이다. 밀리는 어린 시절과 성인기 초기에 힘든 환경에 놓였지만 결국 극복했다. 교육자와 주변 사람 가운데는 밀리의 용기를 꺾어버리려는 사람들도 있었다. 그러나 누구도 밀리의 호기심을 꺾지 못했다. 자신의 경험을 바탕으로 나중에 다른 사람들이 그런 일을 당하지 않도록 밀리는 모든 노력을 기울였다.

밀리의 삶을 축하하는 광고에서 세계적인 인기를 누리는 미디어의 유명 인사는 아니었을지 모르지만, 밀리는 모국인 미국뿐만 아니라 전 세계에서 많은 사람에게 영웅 그 이상이었다. 비참한 가난으로 시작했고 이런 시절 치명적인 질병을 이겨냈으며, 성차별과 편견을 극복하고 존경받는 과학자가 되기 위해 끈기 있게 노력했던 밀리의 삶은 훌륭한 통찰을 준다. 또한 밀리는 특유의 친절함이 지닌 힘으로 과학과 공학에서 여성을 대하는 사회적 태도를 계속 변화시켰다.

1

다듬어지지 않은
다이아몬드

브루클린 대교의 그늘 아래, 혼잡한 브루클린-퀸즈 고속도로와 다리가 만나는 곳에는 조용하고 겸손한 샌즈 스트리트의 한 자락이 그 비밀을 감추고 있다. 반세기 동안 번성했던 이 도로는 서쪽으로 브루클린과 뉴욕의 나머지 지역을 연결하는 거대한 환승역으로 연결되면서 끝났고, 환승역은 도시로 뻗어 있는 고가철도의 신경중추로 고동치는 곳이었다. 3층으로 이루어진 환승역은 근처에 있는 브루클린의 해군 조선소로 들어가는 관문 역할을 했다. 캔두 조선소는 19세기와 20세기에 USS 오하이오호부터 USS 콘스텔레이션호까지 여러 군함을 건조했고, 전성기였던 1940년대에는 약 7만 명의 여성과 남성이 이곳에서 일했다.[1]

　오늘날 걸어서 10분쯤 걸리는 이 두 랜드마크 사이에 있는 길은 여전히 몇몇 브루클린의 이웃을 연결하고 있다. 그러나 지나가는 사람들을 위한 길가의 상점, 술집, 그곳을 드나들던 해군으로 붐비던 화려한 과거는 이미 사라진 지 오래다. 샌즈 스트리트 급행 환승역은 1944년에 폐쇄되었다가 나중에 철거되었다. 환승역이 없어진 자리에는 일련의 진입로가 도로 서쪽 끝을 자르면서 지나가고 있다. 약 1만 명의 보행자와 자전거, 6만 대가 넘는 자동차가 매일 이 진입로를 이용해 다리로 올라가 이스트강을 건너 맨해튼으로 간다.[2]

현대사에서 가장 영향력이 큰 과학자 가운데 한 사람인 밀드레드 드레셀하우스가 놀라운 인생을 시작한 곳은 지금의 주차장 맞은편에 있는 샌즈 45번가이다. 밀리는 브루클린 플랫부시 지역 근처에서 태어났다. 밀리가 태어나고 얼마 뒤에 이민자 부모님인 마이어와 에델은 신문 가판대와 사탕 가게의 새 주인이 되어 샌즈 45번가로 이사했다. 샌즈 스트리트 환승역은 아침에 출근하느라 붐비는 시간 동안 브루클린의 노동계급을 빨아들였다가 여덟 시간, 열 시간, 열두 시간 교대 후에 다시 뱉어냈다. 환승역에서 불과 몇 걸음 떨어진 가게에서는 가벼운 식사와 함께 잡지, 신선한 과일, 차가운 코카콜라를 팔았다. 확실히 가난한 살림이었지만 이 가게는 마이어와 에델에게 약간의 경제적 안정과 월세 25달러를 낼 수 있는 수단이 되었다.[3]

밀리의 부모님은 제1차 세계대전 이후에 점점 더 불안정해져가는 유럽에서 탈출해 미국으로 건너왔다. 밀리의 아버지 마이어 스피웍 Meyer Spiewak은 폴란드의 지알로지체 마을에서 태어났다. 마이어 집안 사람들은 대대로 노래를 잘 불러서 마이어의 할아버지, 아버지, 형이 모두 유대교 회당의 성가대 독창자였다(스피웍은 폴란드어로 가수라는 뜻). 밀리의 어머니 에델 테이히테일Ethel Teichtheil은 오스트리아-헝가리제국의 갈리시아 출신으로, 오늘날에는 폴란드 남동부와 우크라이나 서부의 일부를 포함하는 지역이다. 어머니는 에델이 어렸을 때 갑자기 세상을 떠났고, 제1차 세계대전이 일어나자 아버지는 안전을 위해 가족과 함께 네덜란드로 갔다. 그곳에서 에델은 여성으로서 당시의 기준으로는 좋은 교육을 받았다. 적어도 8년의 정규교육을 받았고 여러 언어에 뛰어났다. 에델의 아버지는 나중에 태어날 손녀처럼 탄소 전문가였다. 다이아몬드를 거래했던 것이다. 스피윅 가족도 다이아몬드와 관련된 일을 했고, 두 가족이 같이 일하면서 만난 에델과 마이어는 나중에 부부가 된다.[4]

　제1차 세계대전이 끝난 뒤 유럽의 여러 나라 사이에 긴장이 점점 더 커지자 에델과 마이어는 미래를 걱정하기 시작했다. 두 사람은 많은 고민 끝에 미국에서 사는 것이 더 좋겠다고 판단하여 대서양 반대편에서 새로운 삶을 시작할 계획을 세웠다. 마이어가 1921년에 먼저 뉴욕에 들어와 살다가 1926년 12월 13일에 에델이 도착하자 둘은 이틀 만에 결혼했다. 그들이 유럽을 떠난 것은 선견지명이 있는 선택이었다. 밀리가 나중에 말했듯이, 유럽에 남아 있던 스피윅과 테이히테일 가족은 제2차 세계대전 당시 거의 모든 사람이 홀로코스트로 나치에게 살해당했다.[5]

　미국에서 기본적인 자유를 보장받기는 했지만 뉴욕에서 스피윅 가족이 살아가기는 쉽지 않았다. 1928년에 어빙이, 1930년 11월 11일에 밀리가 태어나 4인 가족이 되었다.[6] 그들이 이사한 샌즈 스트리트 지역은 오늘날의 브루클린 하이츠, 다운타운 브루클린, 덤보DUMBO, 해군 조선소가 조금씩 포함되어 있는 거친 지역이었다. 악명 높은 갱단 두목 알 카포네는 어렸을 때 샌즈 스트리트 동쪽 끝에 있는 해군 조선소 정문의 남쪽에 살았다. 작가 로버트 J. 쇤베르크는 알 카포네의 전기에서 "샌즈에는 '술 취한 선원들'이라는 구절이 암시하는 모든 일탈이 있었다"고 썼다. 선원들은 맞춤 제복을 입고 샌즈 스트리트에 늘어서 있는 살롱에서 건들거리다가 댄스홀, 매춘업소, 여관, 전당포, 문신 가게에 온 손님들에게 시비를 걸기도 했다.[7] 브루클린의 이 지역은 위험한 갱단의 본거지이기도 했고, 샌즈 스트리트 역에는 경찰이 거의 없어서 도둑이 들끓었다.[8] 밀리는 나중에 자녀들에게 꽤 어렸을 때 자신이 밤에 겪은 이야기를 들려주곤 했다. 세 살이 겨우 되었을 무렵에 술에 취한 선원이 가족이 사는 아파트에 침입해서 소란스럽고 무시무시한 장면을 연출해 모든 사람이 기겁했다는 이야기였다.

가족의 상황이 훨씬 더 어려웠던 이유는 밀리가 태어나기 한 해 전에 미국에 경제대공황의 먹구름이 닥쳐왔기 때문이다. 밀리의 어린 시절과 초기 생활의 대부분은 1930년대 내내 지속된 대공황으로 얼룩졌다. 브루클린에 살 때부터 시작된 가난은 브롱크스로 이사 간 다음에 더욱 심각해졌다. 무엇보다 대공황 때문에 아버지가 직업을 갖기 어려워지면서 어머니는 식탁에 음식을 올리기 위해 오랜 시간 일해야 했다. 어린 밀리마저 가족의 생계를 돕기 위해 학교 공부 말고도 여러 가지 일을 해야 했는데, 아동 노동법으로 금지된 일도 마다하지 않았다.[9] 그러나 곧 밀리에게 뛰어난 재능이 있다는 것이 알려지면서 밀리의 인생 궤적을 완전히 바꿔놓았다. 이 재능을 추구하면서 가난한 어린 소녀는 세상에서 무엇이 가능한지 알아가게 된다. 어른이 된 뒤에 이 재능은 자신의 길을 갈 때, 그리고 마침내 높은 평가를 받는 학자이자 멘토가 되었을 때 세계에서 가장 뛰어난 학자들과 어울리는 데 도움을 주었다. 또한 평생 동안 밀리의 가정과 정신을 채워주었고 의사소통할 수 있는 특별한 언어를 주었다. 밀리는 읽기를 배우기도 전에 이 언어를 완전히 익혔다. 밀리의 재능은 음악이었다. 오빠 어빙 덕분에 익힌 음악은 길고 사연 많은 인생을 사는 동안 최고의 취미가 되었다.[10]

——— 브루클린에서
브롱크스로

어린 어빙 스피웍Irving Spiewak에게 바이올린 연주는 숨 쉬는 것이나 마찬가지였다. 어빙이 작은 악기를 들고 그저 손가락을 움직이기만 하면 자연스럽게 음악이 흘러나왔다. 연주를 위해 억지로 집중하거나 의식적으로 행동할 필요가 없었다. 이 가족에게 어빙의 재능은 특별히 놀라운 일이 아니었다. 스피웍 가문은 대대로 음악가 집안이었기 때문이다. 어빙이 유치원에 다닐 때쯤부터 사람들이 어빙의 바이올린 연주 솜씨에 관심을 갖기 시작했다. 특히 뉴욕에서 가장 훌륭한 바이올리니스트 가운데 한 사람인 선생님은 다섯 살 난 어빙을 만났을 때 신동의 자질을 가지고 있다고 확신했다. 선생님은 어빙을 장학생으로 추천했다.[11]

아들의 성공을 위해서라면 무슨 일이든 하려고 했던 부모님은 무엇보다 음악적 재능을 발전시키는 것이었기에 아들을 적극 후원하기로 했다. 어빙은 장학생으로 선생님의 도제가 되어 일주일에 몇 번씩 완전 무료 레슨을 받았다. 유일하게 곤란한 점은 어빙의 선생님이 브롱크스에 살았다는 것이었다. 브루클린에 있는 샌즈 스트리트에서 브롱크스

하우스 음악학교까지 다니는 것은 보통 큰 문제가 아니었다. 부모님은 한 가지 계획을 세웠다. 가게를 팔고 브롱크스로 이사를 가면 어빙은 선생님과 훨씬 더 가까워지고, 수업을 받으러 가는 시간도 그렇게 오래 걸리지는 않을 것이다. 위험한 계획이었다. 이 계획을 실행하려면 가진 것을 모두 처분해야 하는 데다 아버지는 가족을 부양하기 위해 새로운 직업을 찾아야 했다. 그러나 부모님은 감행할 만한 가치가 있는 도박이라고 생각했다. 음악은 가족의 혈통이 물려준 재능이었고 어빙의 음악적 전망은 확고해 보였으니까.[12]

1930년대 초에 뉴욕에 정착한 미국 이민자들이 자주 그러했듯이, 모든 일이 계획대로 되지는 않았다. 부모님이 모든 것을 포기하고 브롱크스에 있는 빈약한 아파트로 이사하고 나서 불과 몇 달 뒤에, 어빙의 바이올린 선생님이 갑자기 죽었다. 엄청난 타격을 입은 이 사건을 시작으로 가족은 꽤 오랫동안 가난에 허덕인다. 그럼에도 밀리의 인생에서 다른 중요한 순간들과 마찬가지로 먹구름 뒤에는 태양이 빛나고 있었고, 시간이 지나면서 어빙과 밀리는 둘 다 중요한 기회를 얻게 된다.[13]

가족이 사우스 브롱크스(당시에 중유럽과 동유럽 이민자가 많은 가난한 지역)로 이주하면서 모든 재산이 없어졌기 때문에 새로운 바이올린 선생님에게 수업료를 낼 돈이 없었다.[14] 미국은 이미 대공황에 깊이 빠져 있었고, 신문들은 난파선이 보내는 구조 신호 같은 제목의 기사를 싣고 있었다. "산업 대공황 – 실업 – 빈곤! 나태와 욕망이 사람들을 범죄와 자살로 몰아넣다! 절망적인 상황은 심각한 고려를 필요로 한다!"[15] 사탕가게를 포기하고 일용직 노동자가 된 마이어는 아내와 아이들을 부양하는 데 필요한 안정적인 일을 찾지 못하고 있었다. 정부가 복지 차원에서 주는 얼마 안 되는 돈으로 버티면서도 가족은 어빙의 재능을 살리려는 노력을 포기할 수 없었다. 어쩌면 그렇게도 필요한 현금이 가까운 미래에 이 아이의 재능에서 나올지 모른다고 생각한 것이다. 어빙을 무료로 가르쳐줄 다른 선생님을 찾아야 했다.[16]

어빙의 엄청난 재능 덕분에 곧바로 선생님을 찾을 수 있었다. 그런데 이번에는 도시 반대편에 있는 맨해튼 시내의 그리니치 하우스 음악학교여서 또다시 먼 거리를 다녀야 했다. 브롱크스로 이사하기 전과 똑같은 상황이었다. 무료로 가르쳐줄 선생님을 구할 수밖에 없는 상황에서 선택의 여지가 거의 없었다. 가족은 어빙의 재능에 미래를 걸었지만 또 이사할 수는 없었다. 결국 먼거리를 왕복하는 어빙의 도제 생활이 다시 시작되었다.[17]

그런데 이때쯤 어린 밀리 스피웍도 음악적 가능성을 보여주기 시작했다. 어른들이 밀리에게 감명을 받은 이유는 바이올린 연주 때문이 아니었다. 그 재능은 좀 더 나중에 드러났다. 밀리는 음악을 기억하는 능력이 뛰어났다. 오빠의 레슨에 따라 다니던 네 살짜리 아이 밀리는 수많은 음악의 선율을 정확하게 기억해서 다시 부를 수 있었다. 어빙의 음악학교 선생님들은 또 다른 신동이 나타났다고 생각했다. 그래서 밀리도 오빠와 함께 그리니치빌리지의 중심부에서 따로 음악을 공부할 수 있는 장학금을 받았다. 당시는 음악 공부가 자신의 인생과 경력을 얼마나 크게 바꿔놓을지 잘 알지 못했다.[18] "음악학교는 나에게 큰 영향을 끼쳤어요." 밀리는 1976년 오랫동안 학문적 고향이었던 MIT에서 구술사 인터뷰를 녹음할 때 이렇게 말했다. "음악학교가 아니었다면 지금의 나는 없었을 거예요. 결코 이렇게 될 수 없었을 겁니다."[19]

——— 가난과 역경으로 점철된
　　　어린 시절

　　밀리는 거의 20년 동안 살게 되는 동네로 이사한 뒤 이웃에 어린 밀리가 알려지던 무렵 그리니치 하우스 음악학교에 입학했다. 밀리가 살았던 건물이 있던 브롱크스의 워싱턴 애비뉴 1631번지는 오늘날 별 특징이 없는 주차장이다. 그곳에는 트레일러와 자동차들이 어지럽게 주차되어 있고 빈 운송 팔레트가 쌓여 있다. 거리 바깥쪽에는 뉴욕 소방서 소속의 구급차들이 출동을 대기하면서 줄지어 서 있고, 주차장 옆에는 병원과 최근에 현대화된 소방서가 있다. 길 건너편에 있는 거대하고 단조로운 산업단지에는 세계에서 가장 큰 제약회사 가운데 한 곳이 운영하는 공장이 들어서 있다. 병원에서 처방전을 받아 약을 사거나 처방전 없이 편의점이나 월마트 같은 가게에서 약을 산다면, 그 약은 이 공장에서 만들어졌을 가능성이 꽤 크다.[20]

　　1930년대로 거슬러 올라가면 워싱턴 애비뉴 1631번지에는 틀에 찍어낸 듯 똑같이 생긴 연립주택이 들어서 있었다. 이곳은 가난한 이웃들이 모여 사는, 범죄가 자주 일어나는 지역이었다. 밀리의 가족이 이사를 올 때는 대공황이 최고조였던 데다 뉴욕 시민들의 일상을 힘들게 하는 다른 요인도 있었다. 그때는 1920년에 발효되어 1933년에 폐지된 전국적 금주법이 막바지였고, 주류 밀매업자와 갱단이 활개를 치고 있었다. 그들 가운데 대부분은 최근에 유입된 아일랜드, 이탈리아, 유대인, 폴란드계 이민자로 밀수입한 술을 암시장에 팔았다.[21] "나는 될 수 있으면 언제나 집에 있었어요." 밀리는 1976년 MIT 구술사 인터뷰에서 이렇게 말했다. "거리가 워낙 위험해서 부모님은 우리가 보이지 않으면 언제나 크게 두려워하셨어요."[22]

부모님의 걱정은 당연했다. 밀리는 학교나 다른 목적지를 오가는 길에서 무작위적인 폭력의 대상이 되었다. 같은 학교에 다니거나 다른 구역에서 온 아이들이 저지르는 소행이었다. "아이들은 늘 맞고 다녔어요. 나도 여러 번 갱단 아이들에게 맞아서 여기저기 멍이 들었어요. 피를 흘려서 엉망이 된 채 집에 돌아온 적도 있었죠."[23]

폭력은 거리에서 끝나지 않았다. 공립초등학교에서 수업을 받기 시작했을 때 밀리는 학생들이 학교 공부에만 집중할 수 없다는 것을 알았다. 선생님은 학생들을 줄 세우는 것조차 힘겨워했으니 제대로 된 수업을 진행하기는 더욱 어려웠다. 중학교에서도 상황은 나아지지 않았다.[24] "선생님들은 가르칠 시간이 거의 없었어요." 밀리는 2015년 인터뷰에서 이렇게 말했다. "선생님들은 학교 질서를 잡느라 바빴어요. 교육적인 경험은 아니었죠. 부모님은 학교에 가기 전에 집에서 미리 화장실에 가라고들 했어요. 학교 화장실에 가지 않도록 하려고요. 화장실에 가면 여학생들이 강도를 당하기 때문에 위험하다고 생각했어요."[25]

부모님은 아이들이 보호자 없이는 절대로 밖에 나가지 못하게 했다. 어빙과 밀리는 스포츠와 그 밖의 신체 활동에 참여할 수 없었다. 아이들과 놀고 싶다면 반드시 다른 어른이 함께 있어야 했고, 그렇지 않으면 놀 수 없었다. 부모님은 가족의 전통에 따라 자식들을 위해 음악과 교육만큼은 강력하게 장려했다. 덕분에 밀리가 초등학교와 중학교에 다니던 시절 교육 활동을 할 때만은 어른이 따라다니지 않아도 지하철을 탈 수 있었다. 이 말은 밀리가 여섯 살 때부터 혼자 도시를 가로질러 음악학교를 다녔다는 뜻이다.[26] "고가 열차에서 지하철로 갈아타려면 계단을 많이 올라가야 했어요." 밀리는 2012년 인터뷰에서 이렇게 말했다. "바이올린과 책을 들고 계단을 오르다 얼마나 많이 넘어졌는지 생각납니다."[27]

1930년대와 1940년대 초에 밀리의 삶은 또 다른 이유로 힘들어졌다. 당시 미국 전체의 실업률이 20퍼센트를 넘어서면서 밀리의 아버지도 직장을 구하는 데 어려움을 겪을 때가 많았다. 설상가상으로 아버지는 자주 아파서 돈을 벌기가 더 어려웠다. 어쩔 수 없이 어머니가 일자리를 구해야 했다. 어머니는 고아원에서 밤을 새워가며 하루에 열두 시간씩 아이들을 돌보는 일을 가까스로 얻었다. 이 일자리가 생계에 조금 도움이 되기는 했지만 급여는 보잘것없었고 어머니가 육체적으로 너무 힘들었다. 이러한 엄청난 노력에도 불구하고 생계를 유지하려면 계속해서 공공 지원을 받아야 했다. 힘겨운 삶이었다. 가족의 기본적인 욕구를 충족시키기 위한 어머니의 끈질긴 노력은 일생 동안 밀리에게 영향을 미쳤다.[28] "어떤 날엔 먹을 것이 없었어요. 그렇지만 정말 상황이 나빴을 때는 감자수프밖에 먹을 게 없었을 때였습니다. 감자수프는 아직도 생각나요. 감자가 꽤 싸서 큰 솥에 물과 함께 넣고 끓이면 멀건 수프가 가득 나왔죠."[29] 2001년 인터뷰에서 밀리는 이렇게 회상했다.

식량이 부족했을 뿐만 아니라 부모님은 다른 물건을 살 여유가 거의 없었던 터라 어린 밀리에게는 장난감이 하나도 없었다. 밀리는 2001년 인터뷰에서 이렇게 말했다 "어머니는 나를 완전히 깨끗하고 단정하게 다듬고 온 정성을 다해 머리카락을 빗어주셨어요. 하지만 나에게는 옷이 한 벌뿐이라 매일 그 옷을 입었죠."

밀리는 초등학교에 다니던 여덟 살 때부터 돈을 벌기 시작했다. 기억력에 심각한 문제가 있어서 특별한 도움이 필요한 학생을 가르쳤다. 일주일에 열다섯 시간에서 스무 시간을 수업하며 50센트를 받았다.[31] "수업료가 많지는 않았지만 꽤 환상적인 경험이었어요. 그 아이를 가르치기가 엄청 어려웠으니까요." 밀리는 이렇게도 말했다. "어떻게든 꼬드겨서 공부하도록 해야 했고 많은 것을 배웠습니다. 그 아이를 가르치면서 좋은 선생님이 되는 법을 훈련했던 거죠."[32]

이때쯤 선생님들은 밀리의 호기심과 추진력이 또래들을 훨씬 뛰어넘는다는 것을 알아챘다. 그러나 밀리가 중학교에 입학하자 어떤 선생님이 밀리가 수업에 참여하면 완전히 시간 낭비일 뿐이라고 딱 잘라 말했다. 그 선생님은 밀리에게 수업 대신 관리 보조 일을 해달라고 부탁했다. 밀리는 이때 일을 조직하는 방법과 관리자로서 사람 대하는 방법을 익혔다.[33]

미래의 물리학자는 살림에 보태려고 잡일을 하면서 집안일까지 감당했다. 어머니가 가장 역할을 맡으면서 밀리는 청소, 식사 준비같이 오빠는 절대 손대지 않는 집안일을 해야 했다. 밀리의 손녀인 쇼시 드레셀하우스-쿠퍼Shoshi Dresselhaus-Cooper는 이렇게 말했다. "밀리는 이 일을 결코 원망하지 않았고, 전혀 불공평하다고 생각하지 않는다고 말했습니다. …… 이 의무를 떠맡았기 때문에 오빠보다 더 좋은 훈련을 받게 되었다고만 회상했어요. 어린 시절에 해야 했던 일 때문에 불가능한 양의 일을 해내는 방법을 배울 수 있었다고요!"[35]

급여가 없는 집안일 말고도 밀리는 어머니가 가족의 수입을 보충하려고 집으로 가지고 오는 조립 작업도 매일 몇 시간씩 했다. "나는 항상 손으로 무언가를 만드는 일을 잘했어요." 밀리는 1976년에 이렇게 말했다. "우리는 보석과 조각품 따위를 만들었죠. 시간당 만든 물건의 양에 따라 돈을 받았습니다."[36]

밀리는 여름방학 동안 지퍼를 조립하는 뉴욕의 한 공장에서도 아동 노동자로 일했다.[37] "꽤 힘든 일이었어요. 그 공장에서 일하면서 모든 공정을 한 번씩은 다 해봤죠."[38] 밀리는 나중에 이렇게 말했다.

밀리는 2000년대에 가족과 함께 영화를 보다가 그 시절의 추억이 밀물처럼 밀려오는 것을 느꼈다. 찰리 채플린이 감독하고 주연한 1936년 고전영화 〈모던 타임스Modern Times〉로, 생산 공정에 맞추려고 힘들게 일하는 노동자를 통해 대공황에 멍든 미국의 현실과 20세기에 떠오르던 산업화 시대를 풍자하는 코미디였다.[39] 영화관을 나온 밀리는 오래전에 일했던 지퍼 공장을 회상하며 공장에 감독관이 오면 숨어야 했다고 말했다. 당시에 뉴욕에서 정한 노동자의 법적 최소 연령보다 어렸기 때문이다.[40]

─── 경험과 기회를 준
    그리니치 하우스 음악학교

그리니치 하우스 음악학교에만 가면 밀리는 세상의 무게를 잊고 호기심 많은 아이가 되어 삶을 탐험할 수 있었다. 그곳에서 영특한 밀리는 처음 몇 년 동안 삶의 궤적에서 만날 수 있는 모든 경험과 기회를 받아들이는 스펀지가 되었다.[41]

사우스 브롱크스의 가난한 이웃들과는 반대로 밀리가 사랑하는 그리니치빌리지의 도피처에서는 모든 환경이 달랐다. 음악학교는 밀리와 오빠의 안식처였다. 밀리에게 그리니치빌리지로 가는 지하철 여행은 언제나 신데렐라의 마차를 탄 것처럼 지긋지긋한 일상 현실에서 벗어나 온갖 호기심이 솟구치는 환상의 세계로 들어가는 길이었다. 그곳에만 가면 선생님과 부모님을 돕기 위해 힘겹게 일하는 대신 음악과 예술을 탐구하고 지성에 기댈 수 있었다.[42]

밀리가 음악 레슨을 받기 위해 그곳에 있는 동안 그리니치 하우스(오늘날에도 잘 운영되고 있는 뉴욕 주변의 협동문화센터 가운데 하나)는 아르페지오와 조옮김 이상의 것을 가르쳤다. 그리니치 하우스의 지휘자 맥스웰 파워스는 1950년에 〈뉴욕타임스The New York Times〉와의 인터뷰에서 이렇게 설명했다. "우리는 아이들을 단조로운 환경에서 벗어나게 하고, 존재하는지조차 몰랐던 다채로운 면들을 보여주려고 합니다."[43] 이 학교의 장학생이었던 밀리는 이러한 전망을 가진 학교로부터 엄청난 혜택을 받았다. 밀리는 그리니치 하우스에서 만난 친구와 그 가족들을 통해 어린 시절의 힘겨운 환경을 극복하고 위로 올라가는 방법을 배웠다.[44]

엄청난 재능을 가진 밀리는 필기체 영어를 읽는 법을 배우기도 전에 악보를 읽을 수 있었다. 그러나 오빠 같은 천재성을 보이지는 않았다. 밀리는 오랫동안 음악학교에서 수많은 바이올린 레슨을 받았지만, 나중에 자기에게는 거장이 되기 위해 필요한 열정과 동기가 부족했다고 인정했다. 그렇지만 밀리는 여전히 그리니치 하우스 음악학교에 있는 것을 좋아했다. 음악학교에서 받은 교육과 거기에서 만난 사람들은

일생 동안 밀리에게 영향을 주었다.[45]

그리니치 하우스 음악학교의 관리자들은 장학금의 대가로 밀리에게 가끔씩 일을 시켰다. 장학생은 콘서트와 연극 공연을 볼 수 있는 무료 티켓을 우선적으로 받았으므로 주어진 일들을 기꺼이 맡아서 했다. 성공하고 싶은 야심이 컸던 밀리는 공연을 볼 기회를 될 수 있는 한 놓치지 않았다. 밀리는 매사추세츠주 로런스 태생의 레너드 번스타인이 세계적으로 유명한 작곡가와 지휘자가 되기 훨씬 전에 했던 초기 공연을, 음악학교에서 받은 무료 티켓으로 볼 수 있었다.[46]

그러나 밀리가 받은 가장 큰 혜택(무료 바이올린 레슨을 제외하고)은 그리니치 하우스 음악학교 뉴스레터에 영화 평론을 쓰게 된 일이었다. 밀리의 선생님들은 극장에서 유명한 영화를 보면서 짜릿한 신세계를 경험할 수 있도록 돈을 주었고, 이 어린 평론가는 맨해튼을 떠나지 않고도 세계를 여행할 수 있는 흥미진진한 기회를 얻었다.[47]

여러 개의 단편을 엮은 디즈니 애니메이션 〈판타지아Fantasia〉는 밀리의 열 번째 생일 이틀 뒤에 극장에서 상영되었고, 이를 본 밀리는 '엄청난 인상'을 받았다.[48] 이 애니메이션 가운데 잘 알려진 단편 〈마법사의 제자〉는 시대를 뛰어넘어 인기를 누리는 미키마우스가 폴 뒤카의 음악을 배경으로 신비한 마법을 보여준다. 또 다른 단편 〈토카타와 푸가〉에서는 요한 세바스티안 바흐가 작곡한 〈토카타와 푸가 D단조〉를 연주하는 오케스트라의 추상적인 영상을 통해 다른 어떤 작품도 하지 않았던 방식으로 교향악에 시각적인 생동감을 불어넣는다. 플루트의 굽이치는 선율은 다른 악기들의 요란한 합주를 뚫고 솟구쳐 올라 단 하나의 비행운으로 짙은 진홍빛 구름 속을 정처 없이 떠다니고, 화면을 뚫고 나

오는 듯한 현악 파트의 극적인 굴곡은 빛과 소리의 화려한 향연 속으로 다시 파묻힌다.[49]

밀리는 〈판타지아〉를 여러 번 보았고, 음악학교에서 작곡의 특징을 조금 배우고 난 뒤엔 더 좋아하게 되었다. 영화를 보면서 다른 시간과 장소로 떠나는 체험 말고 영화에 대해 쓰는 글도 큰 도움이 되었다. 손녀 쇼시에 따르면, 밀리는 그리니치 하우스 음악학교 뉴스레터에 영화 리뷰를 쓰면서 글 쓰는 법을 제대로 익혔다고 한다. 선생님들이 리뷰에 대해 주의 깊고 세심한 비평을 해주었기 때문에 더 많은 것을 배울 수 있었다. 이때 배운 것들은 나중에 밀리가 학생과 동료를 북돋아줄 때 소중한 도움이 되었다.[50]

그리니치 하우스 음악학교에 다니는 동안 밀리에게 가장 소중한 에피소드는 특별한 방문객과 있었던 일이었다. 밀리는 이 손님에게서 말로 표현할 수 없을 만큼 큰 영감을 받아 평생 영웅으로 우러러보게 된다. 그리니치 하우스 음악학교에 영감을 주는 설립자, 사회운동가, 도시 계획가인 메리 킹스버리 심호비치와의 인연으로 이 학교를 여러 번 방문했던 손님은 프랭클린 D. 루스벨트 대통령의 부인인 엘리너 루스벨트였다.[51]

루스벨트는 신문에 연재했던 칼럼 〈나의 날My Day〉에서 적어도 두 번은 그리니치 하우스 음악학교와의 관계를 언급했다. 1939년 7월 칼럼에 이렇게 썼다. "오늘 저녁에는 그리니치 하우스 음악학교와 음악 예술 고등학교를 후원하기 위해 만든 영화 〈그들은 음악을 가질 것이다They Shall Have Music〉의 시사회가 열린다. 내일은 이 영화에 대해 쓸 것이다."[52]

이 영화는 음악적 재능이 있는 프랭키가 가출했다가 가난한 사람들을 위해 무료 음악 수업을 하는 뉴욕의 학교를 발견하는 과정을 따라간다. 재정난에 빠진 학교를 살리기 위해 프랭키는 실제로도 유명 바이올리니스트 야샤 하이페츠를 설득하여 자선공연을 연다.[53] 루스벨트는 다음 날 "나는 이 영화를 매우 즐거운 마음으로 감상했다"면서 "많은 사람이 이 영화를 보고 가난하지만 재능 있는 아이들을 위한 음악학교를 지원해주면 좋겠다"고 썼다.[54]

루스벨트는 그리니치 하우스 음악학교의 후원자였고, 심호비치는 프랭클린 D. 루스벨트 대통령의 정치 경력을 포함해 진보 진영의 대의를 열렬하게 지지했다. 그들의 관심사가 겹쳐 있었기 때문에 루스벨트는 때때로 그리니치 하우스 음악학교를 방문해서 음악회를 비롯한 여러 행사에 참석했다. 당시 행사 가운데 하나에서 어린 밀리는 영부인을 위해 연주해달라는 요청을 받았는데, 이 연주는 일생 동안 그녀의 마음에 깊이 새겨졌다.[55] 밀리는 2016년에 가족들에게 이렇게 말했다. "정말로 놀라운 일이었어. 미국 영부인처럼 중요한 사람이 학생 연주회에 와서 아이들을 응원한다는 것은 좀 놀라운 일이었지. 하지만 루스벨트 부인은 그런 성품을 가진 분이었어."[56]

이 만남에는 단지 젊은 숭배자가 자신의 우상을 위해 연주한 것 이상의 의미가 있었다. 밀리는 이때의 영감을 자주 떠올렸다. 영부인같이 중요하고 국제저으로 유명한 사람이 다양한 배경을 가진 도시 아이들을 찾아온다는 모범을 본 것이다. 루스벨트가 대통령의 배우자라는 전형적인 틀에서 과감하게 벗어나 독립적으로 진보적인 활동을 하면서 미국 국민, 특히 불이익을 받는 사람들을 위해 노력했다는 점에서, 밀리에게는 인상적인 모습이었다.

——— 책에서 찾은 과학의 영감

어린 밀리는 자신이 해야 했던 모든 일을 끝낸 뒤에 맨해튼에서 음악 수업을 받으려고 오랜 시간 지하철을 타고 다녔다. 다른 아이들과 함께 어울려서 놀 시간은 거의 없었다. 그래서 밀리에게는 어린 시절 친구가 많지 않았다. 밀리는 가까스로 자투리 시간을 이용해서 좋아하는 활동을 했는데, 이 활동이 그녀의 특별한 미래를 암시했다.[57]

밀리는 폴 드 크루이프가 1926년에 쓴 고전 《미생물 사냥꾼MICROBE HUNTERS》에 매료되었다. 이 책은 안톤 판 레이우엔훅부터 파울 에를리히에 이르기까지 전염병과 질병을 정복하기 위해 노력했던 14명의 과학자(그리고 그들의 동료와 친구들)를 멋있게 묘사한 에세이집이다. 논픽션 서사로 베스트셀러가 된 이 책은 과학자의 인간적인 면모를 극적인 글솜씨로 보여주며 그들을 영웅으로 묘사했다. 이는 똑똑하고 호기심 많은 젊은이를 사로잡기에 충분했다.[58]

유명한 물리학자이자 화학자인 마리 퀴리Marie Curie의 전기도 밀리가 과학에 흥미를 느끼는 계기가 되었다. 퀴리의 둘째 딸 에브 퀴리가 쓴 《마담 퀴리Madame Curie》는 수많은 기사와 편지에서 골라낸 글과 함께 이 주제를 잘 알고 있는 작가의 통찰을 담아 노벨상을 두 번이나 받은 과학자의 개인사를 상세하게 그려냈다. 밀리는 한참 더 지난 뒤에야 과학자로서의 경력을 준비하게 되지만, 이 책은 어린 밀리에게 탁월한 여성 과학자의 초상을 보여주었다.[59]

밀리는 부지런히 푼돈을 모아서 《내셔널 지오그래픽National

Geographic》을 샀다. 이 잡지를 탐욕스럽게 읽으면서 과학과 인문학적 사고에 더욱 빠져들었다. 밀리는 한때 이렇게 말했다. "10센트로 과월호 세 권을 살 수 있었죠. 그 정도는 용돈으로 쓸 수 있었기 때문에 그 잡지로 과학을 배웠습니다."[60]

여러 활동과 책을 통해 밀리의 삶에 과학과 자연이 들어왔다. 그러나 중학교 시절에는 하루하루를 살아가는 것조차 너무 힘들었다. 대공황 기간 동안의 빈곤은 큰 시련이었다. 매일 집안일을 묵묵히 해야 했고, 수업 분위기가 엉망인 학교에 다니면서도 아무렇지 않은 척해야 했으며, 여러 일을 하면서 돈을 벌어야 하는 처지 등이 끊임없이 밀리의 용기를 시험했다. 밀리는 2004년 인터뷰에서 어린 시절을 지나온 것이 인생에서 가장 힘겨웠다고 말했다. "나에게 가장 큰 도전은 어린 시절에 살아남는 거였어요. 내가 이제까지 한 일 가운데 가장 힘들었죠."[61]

그러나 밀리는 항상 그래왔듯이, 힘든 환경에서조차 밝은 면을 찾아내고 거기에서 이득을 얻는 법을 배웠다. 밀리는 인터뷰에서 이렇게도 말했다. "어린 시절의 역경은 사람을 만들거나 부숴버립니다. 힘겨운 시절을 견뎌내고 나면 더 강해지죠. …… 그런 사람은 남들이 도달하지 못하는 성숙의 수준에 도달하고 또 다른 역경을 극복하는 힘이 생깁니다."[62]

밀리는 어린 나이에 어려운 환경에 맞서는 방법을 터득했다. 집 근처에는 위험한 갱이 득실거리고 초등학교에서는 배우는 게 거의 없는 지경이었지만, 밀리는 여러 파벌의 갱 단원을 설득하기도 하면서 친해지려고 노력했다. 이런 노력이 브롱크스에서 살아가는 데 도움이 되었다. "갱들은 서로 싸워댔어요. 하지만 어떤 갱에도 소속되지 않고 모든 사람과 친한 아이들이 있었죠. 그런 아이들은 건드리지 않고 보내줬어요. 나는 어릴 때 그런 아이로 살아서 다른 친구들에 비해 비교적 싸움에도 덜 휘말렸습니다."[63]

밀리는 이웃에 인종 화합의 뿌리를 내리려고도 노력했다. 그 시절 사우스 브롱크스는 유럽과 서인도제도에서 온 이민자와 미국의 다른 지역에서 온 흑인들로 다양한 인종이 섞여 살았다. 인종의 용광로라는 미국을 그대로 축소해놓은 곳이었다. 밀리는 백인이 주도하는 공동체에서 유색인종 이웃과 다리를 놓으려고 적극적으로 노력했다. 밀리는 1976년에 이렇게 말했다. "나는 흑인과 백인 모두를 위해 인종 간 화합을 이끄는 어린이 지도자 가운데 한 명이었습니다."[64] 이러한 노력과 적극적인 친절로 밀리는 "이 구역의 밀리Millie from the block(제니퍼 로페즈의 노래 〈Jenny from the block〉을 빗댄 것이다. 제니퍼 로페즈도 브롱크스 출신이다-옮긴이)" 같은 사람이 되었다. 밀리는 몇몇 친한 친구끼리만 어울려 다녔지만 만나는 모든 사람으로부터 존경을 받았다. 이렇게 해서 밀리는 어린 시절 내내 거의 방해받지 않고 마음대로 거리를 돌아다닐 수 있었다.[65]

── 신세계로 가는 티켓

밀리는 이웃 사람들과 부대끼면서 길거리의 지혜를 익히고 다른 사람들의 일상을 개선하기 위해 자기가 할 수 있는 일을 하려는 욕구를 키웠다. 한편 음악학교는 지적으로 성장하도록 도와주었다. 중학교 시절 밀리는 그리니치 하우스 음악학교에서 만난 사람들 덕분에 더 많은 교육을 받아야겠다는 의지를 굳게 다졌다. 부모님은 물론이고 그리니치 하우스 음악학교의 선생님과 동료들도 밀리의 교육을 매우 중요하게 여겼다. 그러나 부모님은 수업료를 낼 돈이 없는 상황에서 밀리와 어빙에게 더 많은 교육을 시키려면 어떤 방법이 있는지 잘 몰랐다. 다행히도 그리니치 하우스 음악학교에서 만난 사람들이 밀리에게 더 많은 교육을 받을 수 있는 구체적인 방법을 알려주었다. 그들은 밀리에게 뉴욕에는 공립으로 운영되는 특수목적고등학교가 있으며, 가장 우수하고 똑똑한 학생들이 입학한다고 알려주었다.[66]

오빠 어빙도 자기의 능력으로 이런 학교에 입학했다. 1940년대 중반에 어빙은 바이올린 연주뿐만 아니라 과학과 수학에서도 뛰어난 능력을 나타냈다. 그는 음악적 재능으로 쉽게 전문 음악가가 될 수 있었지만(나중에 다양한 공연을 하며 돈도 벌었고 평생 동안 취미로 음악 활동을 즐겼다) 과학 연구에 열정을 보여서 과학자로서의 삶을 개척했다. 어빙은 매우 조숙해서 여러 학년을 건너뛰고 우수한 학생이 가는 브롱크스 과학고등학교를 다녔고, 이 학교에서도 조기졸업을 하고 수업료가 무료인 맨해튼의 쿠퍼유니언대학교에 들어갔다. 그다음에는 열여덟에 이미 MIT 화학공학과 석사과정에 입학해서 자신의 길을 잘 가고 있었다. 사실 오빠의 별이 너무 빛나서 밀리는 오빠의 발자취를 너무 가깝게 따라가는 것을 일부러 피했다. 오빠만큼 잘하지 못할까 봐 두려웠기 때문이다.[67]

밀리가 중학교를 졸업하던 때 뉴욕의 4대 특수목적고등학교 가운데 브롱크스 과학고등학교, 스타이베산트 고등학교, 브루클린 기술고등학교는 여전히 여학생의 입학을 금지하고 있었다. 이 가운데 브롱크스 과학고등학교는 가장 빨리 방침을 바꿔서 밀리가 고등학교를 마치기 직전인 1946년부터 여학생을 받아들였다. 스타이베산트 고등학교와 브루클린 기술고등학교가 그 뒤를 따르기까지는 20년이 넘게 걸렸다. 스타이베산트 고등학교는 1969년에 차별로 고소당한 뒤에야 바꿨고, 브루클린 기술고등학교도 1970년이 되어서야 여학생을 받아들였다.[68]

그런데 1940년대 초에 한 특수목적고등학교는 특별히 여학생만 가르쳤다. 이 학교는 맨해튼 어퍼이스트사이드에 있는 헌터컬리지고등학교였다. 공립학교인 헌터컬리지고등학교는 뉴욕에 사는 사람이면 누구나 무료로 다닐 수 있었지만, 엄격한 입학시험을 통과해야 했다. 그러나 밀리가 다니던 중학교에서는 이 학교에 지원조차 하지 못하도록 적극적으로 만류했다. 밀리는 나중에 이렇게 회상했다. "선생님은 나에게 '오, 너에게는 기회가 없어'라고 말씀하셨어요."[69]

헌터컬리지고등학교 입학이 뉴욕의 다른 특수목적고등학교에 입학하는 것보다 더 어려웠다는 점을 고려할 때(여학생은 이 학교에만 들어갈 수 있었고 1년에 100명 미만의 학생만 입학할 수 있었다. 반면 남자 학교는 세 개인 데다 학생 수도 더 많았다) 선생님이 밀리가 진학할 기회를 가로막은 것이 완전히 잘못된 판단은 아니었다. 그러나 장벽이 아무리 높아도 확고한 의지를 가진 밀리에게는 해내고야 말겠다는 마음만 굳혀줄 뿐이었다. 빈곤한 어린 시절에서 탈출할 방법이 있다는 것을 알고 나자, 그 고등학교에 입학하겠다는 결심을 막을 수 있는 것은 아무것도 없었다.[70] 밀리는 나중에 이렇게 말했다. "달리 선택할 것이 없었어요. 다음 단계로 올라가려면 나 자신이 슈퍼스타가 되어야 한다는 것을 잘 알고 있었습니다."[71]

밀리는 헌터컬리지고등학교 입학시험을 정복하겠다고 결심했지만, 시험에 대해 아는 것이 거의 없었다. "나는 완전히 혼자서 입시 준비를 해야 했는데, 그냥 내가 하던 대로 준비했어요."[72] 밀리는 직접 학교에 가서 이전 입시의 기출문제를 포함해 몇 가지 정보를 얻었다. "시험에 쓰인 언어조차 이해할 수 없었습니다. 완전히 다른 세계 같았죠. 하지만 뉴욕에는 아주 좋은 도서관이 있어서 책을 빌려서 공부를 시작했어요."[73]

이 책이 영화였다면 진취적인 젊은 도전자가 조금 정신이 나간 듯한 목표를 향해 열심히 달려가는 장면과 함께 〈불의 전차Chariots of Fire〉(1981년 영국 영화로 두 젊은이가 올림픽에 도전하는 이야기이다–옮긴이)나 그 비슷한 영화의 주제곡이 흘러나올 것이다. 우리의 주인공은 두꺼운 교과서를 살펴본다. 찌푸린 이마에 주름이 잡히고 책의 내용을 유창하게 익혀야 하지만 도저히 이해할 수 없는 횡설수설을 들여다보면서 머리를 싸맨다. 그는 여기저기에서 난관에 부딪히지만 천천히, 조금씩 발전한다. 드디어 시험 날이 다가오고 우리의 주인공은 준비가 끝났다. 그는 지금 시험에 대해 모든 것을 속속들이 알고 있다. 그리고 만점을 받았다.[74]

2

두뇌 더하기
재미

밀리는 은밀하게 공격을 계획했다. 어느 겨울 오후, 학교 밖에는 폭풍우가 몰아치고 쉬는 시간에 따분해진 밀리는 작은 문제를 일으키기로 결심했다. 적절한 기회를 틈타 분필 가루투성이인 칠판지우개를 집어들고 수류탄처럼 내던졌다. 밀리는 급우들이 반격하기 전 재빨리 되돌아오는 포탄을 피하기 위해 달리다가 분필 가루가 교실에 최대한 많이 날리는 궤적을 계산한 뒤 두 번째 칠판지우개를 날렸다.

교실은 순식간에 혼란에 빠졌다. 칠판지우개가 이리저리 날아다니는 교실은 전사들이 자랑스럽게 여길 만한 서사시 같은 전쟁터가 되었다. 밀리와 한편이 되어 칠판지우개 싸움에 참전한 아이 둘은 헌터컬리지고등학교에 입학하기 전에 밀리보다 더 안 좋은 학교에 다녔던 학생이었다. 더 좋은 배경을 가진 학생들도 이 말도 안 되는 상황에서 재빨리 다른 급우들에게 포탄을 날리면서 참전했다.

밀리는 나중에 회상했다. "그때 갑자기 선생님이 들어오시는 바람에 내가 던진 칠판지우개에 얼굴을 맞았어요."[1]

"윽." 선생님은 너무 당황해서 아무 말도 하지 않고 곧바로 수업을 시작했다. 밀리가 기억하기로는 아무도 처벌받지 않았다. "그렇게 끝났어요. 헌터컬리지고등학교에서 더 이상 칠판지우개 싸움은 없었죠." 밀리는 옛 추억에 잠겨서 말했다.[2]

맨해튼에 있는 명문 헌터컬리지고등학교에 밀리가 합격한 일은 과학자로서의 경력을 쌓아가는 쉽지 않은 여정에서 결정적 한 걸음이었다. 그러나 그 뒤로도 순탄하지는 않았다. 밀리는 뛰어난 지적 재능과 성공을 위한 추진력을 지니고 있었지만, 고등학교와 대학원, 그 너머 과학 세계의 정점을 향해 길을 개척하는 동안 수많은 장애물이 기다리고 있었다.

헌터컬리지고등학교에는 주로 헌터컬리지고등학교의 하급 학교 출신 학생이 진학했다. 1945년 2월, 밀리와 함께 입학한 학생 가운데 밀리와 같은 처지의 다른 지역 중학교 출신은 몇 명에 불과했다. 밀리는 그리니치 하우스 음악학교에서 성실하게 바이올린을 배웠고 혼자 공부하면서도 학업에서 큰 진전을 이루었다. 한편 밀리는 갱단 친구들을 포함해 이웃의 사교적인 친구들과 잘 어울려 지냈다. 중학교까지의 수업은 늘 혼란스러웠고 급우들은 일상에서 제멋대로 행동했다. 선생님들은 질서를 유지하는 일조차 힘들어서 제대로 된 수업은 거의 이루어지지 않았다. 밀리는 나이에 비해 혼자서도 뭐든지 잘했고 새로운 경험을 찾을 때는 조금 화끈한 면도 있었다. 짐짓 점잖을 빼는 학생으로 가득한 헌터컬리지고등학교에 입학했을 때 밀리는 물 밖으로 던져진 물고기와 같았다.[3]

확실히, 배우려고 하는 의욕으로만 보면 밀리는 학교 공부나 세속적인 경험과 재주 등 모든 면에서 이미 다른 학생들보다 훨씬 앞서 있었다. 가정 형편은 매우 어려웠고 이웃들과의 경험도 그다지 유익하지 않았지만, 이런 상황은 밀리가 십대 청소년으로 성장하는 데 도움이 될 것이다. 또한 자기가 직접 문제를 해결하는 데 보탬이 되고 인생의 소소한 즐거움에도 감사하게 될 것이다. 그러나 밀리의 부모님은 스포츠나 다른 신체 활동에 참여하지 못하게 했기 때문에 밀리는 어린 시절에 경쟁에 뛰어들거나 나이에 맞는 장난기를 적절히 해소해본 적이 없었다. 그래서 밀리가 칠판지우개 싸움이나 다른 엉뚱한 일을 벌였던 것은 그리 이해하기 어려운 일이 아니다.[4]

─── 맨해튼을 점령한 밀리

밀리의 고등학교 시절은 홀로코스트와 제2차 세계대전의 막바지에 시작되었다. 뒤얽힌 인간사가 진행되면서 나치 정권은 밀리의 친척들을 포함해 무수한 가정을 단숨에 파괴해버렸다. 그러나 전쟁이 끝나감에 따라 미국에서는 많은 사람의 빈곤이 조금씩 나아졌다.[5]

이 무렵 밀리의 어머니는 고아원에서 하던 힘든 밤샘 근무를 그만두고 가죽 공장에 새 일자리를 얻어서 지갑 만드는 일을 하고 있었다. 새로운 직장에서는 정해진 근무 시간 동안만 일하면 됐다. 더욱이 최근에 연방정부가 결정하는 최저임금이 오른 덕분에 재정적으로 큰 도움이 되었다. 직장이 어퍼 이스트사이드에 있는 밀리의 학교와 가까워서 어머니와 밀리는 한 시간 걸리는 출근길을 아침마다 함께 다니기 시작했다.[6]

이제 밀리와 어머니가 단둘이 보내는 시간이 생겼다. 집에 둘만 있는 시간도 많아져서 모녀 사이에 특별히 긴밀한 유대 관계가 만들어졌다. 이때 어빙은 그리니치빌리지의 쿠퍼유니언대학교에서 화학공학을 공부하느라 집에 오는 일이 드물었다. 밀리의 아버지는 유럽에 있는 가족 대부분을 잃고 힘든 시간을 보냈다. 그는 이리저리 직업을 전전했고 때때로 병원에서 치료를 받아야 했다. 병원에 장기간 입원하는 일도 늘어나 집에는 어머니와 밀리만 남게 되었다.[7]

어린 시절 밀리는 이동의 자유를 마음껏 누렸다. 부모님은 밀리가 초등학교 때부터 맨해튼의 음악 레슨뿐만 아니라 시내의 다른 교육 활동에 갈 때도 혼자 긴 시간 동안 열차를 타고 다니도록 허락해주었다. 이제 밀리는 고등학교에 다니면서 장거리 통학을 하게 되었다. 장거리 이동은 학교 공부와 학교 활동뿐만 아니라 개인적인 활동에도 도움이 되었다.[8]

밀리는 계속 새로운 사람들을 사귀는 한편 어린 시절부터 알고 지내던 브롱크스 이웃의 몇몇 친구와도 자주 연락하면서 지냈다. 밀리는 "넘칠 정도로 헌신적인" 이 친구들과 함께 도시를 돌아다녔다. 친구들은 밀리만 따라다니면 새로운 모험이 펼쳐질 것이라고 생각하면서 어울려 다녔다.[9] "그때는 5센트만 내면 지하철을 탈 수 있었어요. 지하철만 타면 시내 어디든 갈 수 있었고요. 나는 언제 어디로든 갈 수 있었죠."[10]

밀리가 가장 좋아한 활동 가운데 하나는 이 도시에 있는 세계적으로 유명한 박물관을 탐험하는 일이었다. 미술 박물관과 함께 특별히 미국자연사박물관을 좋아했다. 밀리는 한때 자연사박물관 컬렉션을 모두 외웠다고 주장했다. 이런 경험들 덕분에 고등학교에 들어갔을 때 수학과 과학 수업에 흥미를 느끼게 되었다.[11]

십대 초반에 특히 천문학에 매료되었던 밀리와 친구들은 헤이든천문관에도 자주 드나들었다. 이곳에서는 우주의 경이로움에 빠져들게 하는 해설, 음악과 함께 밤하늘의 모습을 천장에 투영해 보여주었다. 세계와 우주에 매료된 십대에 한 이 모든 체험은 결코 잊히지 않았다.[12]

그런데 작은 문제가 하나 있었다. 헤이든천문관에 들어가려면 입장료를 내야 했다. 늘 용돈이 부족했던 밀리와 친구들은 입장권을 살 수 없었다. 그러나 이런 시시한 이유로 좌절할 밀리가 아니었다. 밀리는 1976년에 MIT 구술사 인터뷰에서 웃으며 설명했다. "나는 천문관으로 몰래 들어가는 방법을 알아냈어요. 그곳에서 공연하는 프로그램을 하나도 빼지 않고 봤지만 입장료는 한 번도 내지 않았죠."[13]

한 번은 진취적인 밀리가 매의 눈을 가진 경비원에게 들켰다. 밀리는 "천문관에 몰래 들어가는 절차 중에 뭔가가 조금 어긋나서 결국 들켰어요. 경비원에게 천문관의 수집품을 건드리지는 않았다고, 나는 돈이 없고 천문학에 관심이 있을 뿐이라고 말했어요. 그랬더니 그냥 나가라고만 하더군요"라고 말했다.[14] 하지만 밀리는 여기에서 끝내지 않았다. 몇 주일이 지난 뒤 "알다시피 냉각기를 좀 보내고 나서" 다시 천문관에 갔고, "예전 수법을 그대로 써서" 무사히 입장했다.[15]

박물관에 몰래 들어가는 것만이 밀리가 도시를 돌아다니면서 저지른 유일한 불법 행위는 아니었다. 밀리는 연극에 푹 빠져 있었으나 그리니치 하우스 음악학교에서 얻는 표를 제외하면 입장권은 무료가 아니었고, 사실 꽤 비싼 편이었다. 그러나 밀리는 브로드웨이 연극을 보러 공연장으로 몰래 안전하게 들어가는 방법을 생각해냈다. 연극의 처음 3분의 1이 진행되는 동안은 밖에 있다가 경비원들이 좀 느슨해지는 틈을 타서 슬그머니 들어가는 방법이었다. 밀리는 "저급에서 고급까지 모든 연극을 봤습니다. 연극을 볼 형편이 안 됐지만 난 꼭 봐야 했어요"라고 말했다.[16]

나중에 대학생이 된 밀리는 자원봉사 안내원이 되면 몰래 들어가지 않아도 연극을 볼 수 있다는 것을 알았다. 하지만 어린 학생이었을 때는 친구들과 함께 극장에 몰래 들어가는 것을 좋아했다. "함께 간 친구들 중에는 연극보다 몰래 들어가는 스릴을 더 좋아하는 아이도 있었어요."[17]

─── 밀드레드 드레셀하우스 =두뇌+재미

밀리는 헌터컬리지고등학교에 다니는 동안 선생님과 반 친구들에게서 얻는 지적인 자극을 좋아했고, 과외 활동을 최대한 많이 했다. 헌터컬리지고등학교가 자신의 경력에 전환점이 되었다고 평생 되풀이해 말하곤 했다. 그곳에서 밀리는 여러 분야, 특히 수학과 과학에 대한 호기심을 채우기 위해 자기 표현에 따르면 '과부하' 과목을 들었다. 보너스 선택과목을 배운다는 뜻이었다.[18] "그 선택과목이야말로 진짜 나의 중심이었어요. 물리학 연구와 교육을 하는 데 평생 도움이 되었죠." 밀리는 2009년 헌터컬리지고등학교 졸업식 연설에서 이렇게 말했다.[19]

밀리는 헌터컬리지고등학교에 다니는 동안 대인관계에서도 크게 발전했다. 학생들은 대개 점심시간에 동아리 활동을 했다. 밀리는 여러 동아리와 오케스트라에 참여하면서 수십 명의 새로운 친구를 사귀었고, 오케스트라에서는 자연스럽게 바이올린을 연주하게 되었다. 밀리는 이렇게 회상했다. "나는 모든 종류의 활동에 참여했어요. 날마다 다른 동아리에 있었죠. 모든 것이 우리 동네에 있던 학교와는 너무 달랐어요. 이때부터 나는 고등학교에 다니는 아이처럼 행동하기 시작했습니다."[20]

밀리의 가장 오래된 친구 가운데 한 사람인 엘리자베스 베티 스튜어트는 열네 살에 밀드레드를 만났다. 헌터컬리지 예비학교 출신이 아니었던 스튜어트와 밀리는 1945년에 입학했을 때부터 친구가 되었다. "밀리는 항상 다정하고 따뜻한 소녀였고 함께 있으면 늘 마음이 편안했습니다. 나는 오래지 않아 밀리의 재능이 남다르다는 것을 알았지만 결코 자신의 능력을 과시하거나 자랑하지 않았어요. 밀리는 자신의 모든 성취를 당연하게 받아들이는 것처럼 보였지만, 나에게는 굉장히 인상적이었습니다. 모든 과목에서 뛰어났고 진지한 음악가였으며 심지어 옷도 스스로 만들어 입었어요. 나는 이렇게 다양한 재능을 가진 사람을 본 적이 없습니다."[21]

혼자 수학을 공부했음에도 헌터컬리지고등학교 입학시험에서 1등을 한 밀리는 자기가 수학을 잘한다는 것을 알게 되었다. 이 학교에 다니는 내내 뛰어난 수학 실력을 가진 학생이었다. "밀리의 수학 실력은 전설적이었지요"라고 스튜어트는 단언한다. "나는 꽤 쉬운 수학 수업인 기하학이 어려웠습니다. 당시 중간고사를 완전히 망쳤는데 경쟁이 심한 헌터컬리지고등학교에서는 받아들일 수 없는 일이었어요. 내 고민을 들은 밀리는 자진해서 내가 수업 진도를 따라갈 수 있게 가르쳐주겠다고 했습니다. 그러면서 아무 보답도 요구하지 않았어요. 밀리는 한두 번 우리 집에 와서 기본적인 개념을 끈기 있게 설명해주었죠. 밀리가 도와준 덕분에 나는 93점을 받아 기말고사를 통과했어요. 나는 밀리가 보여준 우정을 결코 잊은 적이 없습니다."22

밀리는 중학교를 다니면서 가족을 위해 여러 가지 잡일을 해서 돈을 벌었다. 고등학생이 되자 밀리의 사업은 한 단계 발전했다. 주로 입소문을 통해 돈을 많이 받는 과외교습을 하게 된 것이다.23 전에 특별한 도움이 필요했던 어린이를 가르쳤던 것처럼 처음에는 누군가의 추천으로 어려움을 겪고 있는 동료 학생을 가르쳤다. 수업료가 상당했다. 시간당 5달러로 2021년 기준으로 환산하면 시간당 67달러다.24 당시 밀리 스스로 이 정도면 "노상강도"라고 생각할 정도였다. 그러나 밀리가 과외교습으로 쌓은 명성이 드높았으므로 기꺼이 그 정도의 돈을 부담할 의향이 있는 부모들이 길게 줄을 섰다. 대학에 들어갈 무렵에는 부모님을 도울 뿐만 아니라 재정적으로 독립할 수 있을 정도로 돈을 벌었다.25 가장 자신 있는 수학과 과학을 가르쳤지만, 필요하다면 영어, 역사, 스페인어 등 어떤 과목이든 가르칠 수 있었다. "과외는 나의 작은 사업이었어요. …… 거의 언제나 내가 맡은 학생이 그 과목에서 A를 받도록 만들었죠. 나는 그들의 문제가 무엇인지, 왜 따라가지 못하는지 알아냈어요. …… 그리고 어떻게 공부해야 하는지, 어떻게 시험 준비를 하는지 그 방법을 가르쳤습니다."[26]

학생들을 한 사람 한 사람 가르칠 때마다 교습 실력이 계속 발전하다 보니 밀리는 중등학교 교사를 미래의 직업으로 그려볼 정도가 되었다. 그러나 학교 수업과 과외 활동, 여러 가지 일을 거침없이 해나가는 사이 심각한 질병이 밀리의 존재 자체를 위협했다.

밀리는 고등학교 2학년 초에 기침이 심해지다가 기침을 한 뒤에는 숨을 쉴 때 고음의 '흅' 하는 소리가 났다. 백일해에 걸린 것이다. 밀리가 백일해에 감염되었던 1946년엔 거의 11만 명의 미국인이 이 병에 걸렸다.[27] 백일해는 아기나 면역체계가 발달되지 않은 사람이 걸리면 목숨을 잃을 수도 있는 위험한 질병이다. 1906년 벨기에의 세균학자 쥘 보르데와 옥타브 겡구가 매우 전염성이 높은 백일해를 일으키는 박테리아를 발견했고, 1940년대 초에는 소아과 의사 레일라 덴마크 등의 노력으로 처음 백신이 개발되었다. 이후 미국의 과학자 그레이스 엘더링과 펄켄드릭이 연구를 이끌면서 로니 고든의 도움을 받아 오늘날 우리가 알고 있는 백일해 백신을 만들었다. 그러나 미국소아과학회가 1943년에 승인하기 전까지 미국에서는 백신을 잘 접종하지 않았다.[28]

예방접종을 받지 않았던 밀리는 심하게 앓았다. 병마와 싸우면서 급우들을 감염시키지 않으려고 몇 달 동안 집에 있어야 했다. 한 인터뷰에 따르면, 밀리가 그리니치 하우스 음악학교의 바이올린 레슨과 다른 활동을 중단한 이유도 백일해를 앓았기 때문이라고 한다. 밀리는 이렇게 말했다. "고등학교에 다니다가 갑자기 크게 아팠던 탓에 하던 일을 중단할 수밖에 없었어요. 거의 한 학년을 쉬어야 했죠."[29]

마침내 백일해가 완전히 나은 밀리는 고등학교를 우수한 성적으로 마치고 난 뒤 대학에 가기 위한 계획을 세웠다. 제2차 세계대전이 끝난 직후에 미국에서 여성이 대학 교육을 받는다는 것은, 이러한 생각을 하는 것조차 그리 흔한 일이 아니었다. 1940년에 여성은 약 7만 7,000명만이 학사학위를 받았으나 남성은 11만 명이 학사학위를 받았다. 오늘날 2017년 기준, 여성 학사의 수는 112만 명으로 남성 학사의 수 83만 6,000명을 넘어섰다.[30]

헌터컬리지고등학교의 우수한 교육체계는 밀리가 학문을 계속하는 데 큰 전환점이 되었다. 밀리는 나중에 1940년대 후반 젊은 여성이 학업을 계속하고 발전할 수 있는 기회를 얻는 과정에서 자기가 몰랐던 어려움도 있었다고 밝혔다. 당시 대학 진학을 원하는 여성에게는 선택지가 별로 없었는데, 재정적 여유가 거의 없는 경우엔 더 심했다. 제2차 세계대전이 벌어지는 동안 수많은 여성이 전통적으로 남성이 지배하는 STEM 분야에 진출했지만, 전쟁이 끝나자 많은 여성이 직업을 잃거나 여성에게 주어지던 자리가 전쟁에서 돌아온 남성에게 돌아갔다. 이렇게 되자 여성들, 그 가운데서도 불리한 배경을 가진 사람들은 이 분야의 일자리와 교육받을 기회에서 조직적으로 제외되었다.[31]

"나는 포부가 크지 않았어요." 밀리는 2012년 인터뷰에서 이렇게 말했다. "여자인 데다 돈도 없었던 내가 선택할 수 있는 직업은 교사, 간호사, 비서 세 가지뿐이라는 말을 들었죠."[32]

밀리는 세 가지 가운데 가르치는 쪽에 자연스럽게 마음이 끌렸고, 수학을 좋아해서 수학 교사가 되겠다는 계획을 세웠다. 밀리는 고등학교 때 이미 교사가 되어보았다. 가르치는 실력도 아주 좋았던 밀리는 예리한 사업 감각으로 오늘날 교육 벤처라고 할 수 있는 사업을 1940년대

에 창업했던 것이다.[33]

그런데 다른 선택지는 없었을까? 이때는 밀리에게 과학자, 수학자, 공학자가 되는 길을 보여줄 수 있는 STEM 분야 전문가의 역할 모델이 없었다. 밀리의 선생님들은 격려를 아끼지 않았지만, 학교의 진학 상담사는 학생에게 재정적으로 부담이 너무 클 것 같은 대학교는 알려주려고 하지도 않았다. 게다가 헌터컬리지고등학교의 과학과 수학 과정은 브롱크스에 있는 다른 고등학교와 완전히 달랐다. 헌터컬리지고등학교는 인문 교육에 집중했고 과학과 수학의 고급과정은 자매기관에 맡겼다. 그래서 밀리는 수학과 과학에서 선택과목을 최대한 많이 들었지만, STEM 분야로 진출할 때 필요한 수준으로 배울 기회는 없었다. 그럼에도 밀리는 수학과 과학을 보충할 방법을 찾았다. 밀리는 로어 맨해튼의 스타이베산트 고등학교에 다니는 몇몇 학생과 친해졌다. 그들에게 아는 것을 서로 가르쳐주자고 제안했고 그들도 동의했다.[34]

그러나 대학에 지원할 때가 되자 밀리는 망설였다. 다른 곳에 지원하기 싫었던 것은 아니었다. 밀리는 헌터컬리지고등학교를 졸업하면 자동으로 상급학교인 헌터컬리지에 입학할 수 있다는 것을 알고 있었고, 돈이 없으니 다른 곳에는 갈 수 없다고 생각했다. 과외교습을 해서 버는 돈으로는 계속 가족을 도와야 했다. 밀리는 과목 시험에서 우수한 성적을 받아 코넬대학교의 영예로운 장학금까지 확보했지만, 자기가 받는 과외 수업료로 추가적인 등록금을 감당할 수 있을지 염려했다. 결국 밀리는 코넬대학교나 다른 곳에 지원하지 않았다. "내게 있어 대학에 간다는 것은 분명히 헌터컬리지에 간다는 뜻이었어요."[35]

아이비리그 교육을 받을 기회를 잃어버린 것처럼 보일지 모르지만, 그래도 밀리는 잘 해냈다. 사실 헌터컬리지에서의 경험이 아니었다면 그리고 밀리의 삶을 영원히 바꿔놓은 한 교수가 아니었다면, 밀리는 놀라운 과학자와 공학자가 되지 못했을 것이다.

1948년 2월 3일 밀리는 미래에 대한 희망으로 부풀어 헌터컬리지고등학교의 무대 위를 둥둥 떠다녔다. 학급에서 수석 졸업자였던 밀리는 두 개의 특별상을 받았다. '사회를 위한 봉사와 유망한 학자가 될 전망'으로 학부모-교사협회 장학금을 받았고, '뛰어난 수학 실력'으로 파이 뮤 입실론 헌터컬리지 지부상을 받았다.[36]

1948년 1월에 발간된 《연보Annals》라는 단순한 제목이 찍혀 있는 밀리의 졸업앨범은 짙은 회색 직물 소재의 표지로 덮여 있다. 표지를 장식하는 미래적이며 거의 홀로그램에 가까운 초승달 무늬가 반복되는 패턴은 살짝 휘었을 때 빛을 받아 반짝인다. 1940년대의 이 멋진 디자인은 테니스 라켓과 휴대전화 커버로 만들어졌을 때, 비틀면 반짝반짝 빛나는 또 다른 짙은 회색 소재인 탄소의 가장 기본적인 성질을 발견한 밀리의 미래를 예고하는 것 같다.[37] 졸업앨범 편집위원에 이름을 올린 밀리의 이름 옆에는 "똑똑하고 친절하다"라고 쓰여 있다.

한편 밀리의 졸업앨범 사진에는 나이에 걸맞은 설명이 붙어 있다.

밀드레드 스피웍: 어떤 방정식이든 다 풀 수 있다. 어떤 문제든 다 해결할 수 있다. 밀드레드=두뇌+재미. 수학과 과학에서 그녀를 따라잡을 사람은 아무도 없다.[38]

61년 하고도 반년이 지난 뒤 밀리는 같은 학교의 졸업생들에게 자기가 대학으로 가기 전에 받았던 것과 같은 격려의 말로 연설했다. "세상에서 저만큼 일을 즐기는 사람은 거의 없습니다. 여러분 모두에게 그렇게 하기를 강력히 권합니다. 그러니 크게 생각하고 넓게 생각하십시오. …… 여러분이 마음속에서 정한 대로 무엇이든 할 수 있습니다."[39]

밀리가 과학과 공학에서 이룬 모든 성취는, 특히 20세기 중반에 밀리 말고도 직업을 가지려던 여성들이 맞서야 했던 수많은 장벽을 고려하면 결코 작은 업적이 아니다. 그러나 앞으로 닥쳐올 힘겨운 도전들을 이겨내기 전에 밀리는 먼저 꿈꾸던 미래를 어떻게 실현할 수 있을지부터 상상해야 했다. 인생에서 가장 중요한 멘토 가운데 한 명 덕분에 고등학교를 졸업한 지 1년 만에 이러한 전망이 구체화되기 시작했다.

3

갈림길에 서다

1940년대 후반 미국의 물리학은 독특한 상황에 놓여 있었다. 제2차 세계대전이 정점에 이르렀을 때 미국의 주도 아래 저명한 과학자들을 모아서 맨해튼 프로젝트(미국의 원자폭탄 개발 프로젝트이다 – 옮긴이)를 추진했다. 당시 실험 결과는 아주 작은 원자 안에 이전까지는 상상조차 할 수 없었던 막대한 에너지가 들어 있다는 명백한 증거가 되었다. 이 연구에 참여했던 사람 가운데 일부는 계속 핵물리학을 연구하면서 이 거대한 힘을 평화적으로 이용하기 위해 노력했다. 그러나 레오 실라르드 같은 사람들은 다른 일로 옮겨갔다. 실라르드는 가장 먼저 우라늄의 핵연쇄반응을 생각해냈지만, 핵무기 사용을 앞장서서 반대하다가 전쟁이 끝난 뒤에는 분자생물학으로 옮겨갔다.[1]

그로부터 10년 전에 오스트리아의 물리학자 리제 마이트너Lise Meitner는 오토 한과 핵분열을 공동으로 발견해서 핵과학에 엄청난 기여를 했다(오토 한은 나중에 노벨상을 받았지만 마이트너는 받지 못했다). 맨해튼 프로젝트 연구에는 수십 명의 여성 과학자가 기여했는데, 여기에는 리오나 우즈Leona Woods, 미래의 노벨상 수상자인 마리아 괴퍼트 메이어 Maria Goeppert-Mayer, 중국계 미국인 물리학자 우젠슝吳健雄도 있었다. 그러나 전쟁이 끝난 직후 미국에서는 여성이 과학과 공학 분야에서 직업을 얻으려고 해도 전체적으로 만류하는 분위기였다. 많은 일류 대학이 1960년대 후반이나 1970년대 초까지만 해도 여성을 정규 학생으로 입학시키지 않았다. 20세기 중반 내내 실험실과 과학 학술지에서 유색인종 여성은 특히 찾기 힘들었다.[2]

1948년 2월 밀리가 헌터컬리지에 입학했을 때의 일반적인 사회적 상황이었다. 밀리가 인터뷰와 연설에서 언급했듯이, 당시에 그녀가 과학자가 될 수 있다는 전망은 거의 그려지지 않았다. 밀리는 대학에 가게 되면 과학과 수학 관련 분야에서 학위를 받을 수 있는 관심과 적성을 확실히 보여주었으나 고등학교 진학 상담사는 밀리에게 과학을 전공하라고 권하지 않았다. 밀리 이전의 똑똑하지만 가난했던 많은 학생(특히 여성)도 마찬가지였다. 주변에서는 밀리가 재정적인 부담을 질 여유가 없다는 이유만으로 애초부터 연구자의 길을 갈 만한 지원자라고 여기지 않았다.[3]

이런 분위기에서 밀리 스스로도 별 기대 없이 대학 생활을 시작했다. 어린 시절에 《미생물 사냥꾼》과 《마담 퀴리》를 읽고 헤이든천문관을 수없이 다니면서 영감을 받았지만, 학문적 연구를 장기적으로 추구할 생각이 없었다. "나는 처음부터 수학과 과학에 관심이 많았어요. 수학과 과학을 공부하면서 이거야말로 내가 해보고 싶은 분야라는 느낌이 들기는 했지만, 과학을 직업으로 삼아야겠다고 생각해본 적은 없었습니다."[4]

밀리의 첫 번째 목표는 무엇보다 돈을 좀 벌어서 경제적으로 힘들어하는 부모님을 돕는 것이었다. "나의 목표는 약간의 훈련을 받은 뒤 지퍼 공장에서 하던 일보다 조금 더 나은 일을 하는 것이었어요."[5]

밀리는 수학과 과학을 연구하는 자신의 미래를 그려볼 수 없었다. 자신이 계획했던 자급자족이라는 목표가 넉넉한 수업료를 받는 과외교습으로 이미 이루어졌다고 생각했다. 밀리는 대학에 와서도 과외교습을 계속하고 있었다. 물론 입학할 때 생각했던 대로(초등 수학 교육에 집중해서) 대학 생활을 마쳤다고 해도 밀리는 엄청난 성공을 거두었을 것이다. 과외교습 경험만 봐도 밀리가 훌륭한 학교 교사가 될 수 있다는 것은 분명했다. 그런데 실제로 일어난 일은 조금 더 특별했고 밀리와 부모님이 할 수 있는 가장 과감한 상상을 훨씬 뛰어넘었다.[6]

부모님은 밀리가 대학에 진학하자 놀라면서도 기뻐했다. 밀리의 부모님이 처음부터 밀리에게 많은 교육을 받도록 장려한 것은 맞지만, 그 시절 대부분의 부모는 여학생이 고등학교를 졸업한 뒤에 더 높은 교육을 받는다는 생각은 하지 않았다. 밀리의 부모님도 아들은 직업을 얻기 위해 대학에 갈 것이라고 생각했으나 밀리가 대학에 갈 것이라고 생각하지는 않았던 것이다. 부모님은 밀리가 교육받는 것을 결코 반대하지 않았지만, 그렇다고 대학에 가도록 이끌어주지는 못했다.[7]

밀리는 1948년 겨울에 고등학교를 졸업하자마자 대학 생활을 시작했다. 대학에 들어간 초반에는 교사 자격증을 얻을 생각이었다. 밀리는 2008년에 "나는 이 학교에서 아이들에게 과학을 잘 가르치는 법을 배우려고 했습니다"라고 말했다.[8] 고등학교 성적이 매우 우수했던 밀리는 선택과목을 더 들을 수 있었다. 밀리는 이 기회를 적극 활용해 주로 수학과 과학 과목을 들었다. 처음에는 그냥 재미로 공부했다. 헌터컬리지가 대체로 여성을 지원하기는 했지만, 1940년대 교육자들은 여성이 진출할 수 있는 소수의 직업 말고 다른 분야의 '직업을 가진 여성'을 특별히 지원하지는 않았다. 결과적으로 야심 많고 다재다능한 밀리 같은 학생이 미래를 설계하는 일은 어려웠다.[9]

첫 학기가 빠르게 지나가는 동안 밀리는 진심으로 대학 생활을 즐기기 시작했다. 밀리는 여전히 집에서 살면서 매일 수업을 받기 위해 통학했다. 그럼에도 여러 가지 활동에 열심히 참여했으며 꽤 인기도 있었다.[10]

2학년이 되자 상황이 매우 급격하게 바뀌었다. 이 시기에 밀리는 어떤 사람과 금방 친해졌고, 그 이후로 수십 년 동안 연락을 유지하면서 선생님, 역할 모델, 친구, 심지어 어머니 같은 인물이 되어줄 누군가를 얻게 되었다.[11]

─── 밀리의 첫 번째 멘토
로절린 앨로

로절린 서스먼 앨로Rosalyn Sussman Yalow는 1977년 노벨 생리의학상을 받은 두 번째 여성으로 잘 알려져 있다. 앨로는 혈액 속 펩티드호르몬의 농도를 측정하는 방법인 방사성 면역측정법을 개발한 공로로 노벨상을 받았다(앨로는 다른 두 사람과 공동 수상했는데, 두 사람은 그녀의 업적과 무관하다. 앨로의 오랜 협력자인 솔로몬 버슨이 죽은 뒤에 노벨상이 주어졌기 때문에 버슨은 수상 대상자가 아니었다). 여성으로서 최초로 노벨 생리의학상을 받은 거티 테레사 코리Gerty Theresa Cori는 정확히 30년 전인 1947년에 동료이자 남편인 칼 코리, 아르헨티나의 생리학자 베르나르도 알베르토 우사이와 함께 당대사 과정에 대한 연구로 상을 받았다.[12]

과학 분야에서 미국 출신 여성으로서 최초로 노벨상을 받은 앨로가 성공을 향해 다가간 길은 개미가 보금자리를 찾아가는 길과 같았다. 그 길은 구불구불하기는 했지만 목표는 하나였다. 앨로는 날카로운 과학적 안목을 연구 경력으로 전환시키면서 꾸준히 나아갔다. 앨로는 1949년에 미래의 제자가 될 밀리를 만났다. 당시 앨로는 과학계에서 자리 잡으려고 힘겨운 노력을 하고 있었다. "앨로는 박사학위를 받고서도 적절한 연구직을 얻을 수 없었어요." 밀리는 2002년 인터뷰에서 "앨로는 헌터컬리지에서 학생들을 가르치고 있었는데, 이 학교에 다니는 학생들은 주로 교사가 되었어요. 실제로 연구를 위한 자리는 아니었죠"라고 말했다.[13]

10년 전 헌터컬리지에 다녔던 앨로는 이 학교의 첫 번째 물리학과 졸업생이었다. 연구직에 들어가려고 노력하는 과정에서 잠시 비서로 일하기도 했고, 강사로 일하다가 일리노이대학교에서 핵물리학 박사학위를 받았다. 그러나 1940년대 중반에는 여성(그리고 유대인)이 연구직으로 일할 수 있는 자리가 별로 없던 데다, 특히 제2차 세계대전에 참전했던 군인들이 돌아오면서 여성의 연구직 일자리가 더 부족해졌다. 앨로는 당시 브롱크스 재향군인 관리병원에서 전임연구원이 되어 은퇴할 때까지 40년 동안 근무했다. 그전에 다른 곳의 연구직을 알아보는 동안 모교에서 겸임교수로 일했다. 앨로가 헌터컬리지에서 겸임교수로 있었던 기간은 불과 몇 년이었지만, 한 학생의 인생 궤적에 믿을 수 없을 정도로 중요한 역할을 했다. 앨로와 스타 제자가 미국의 가장 큰 도시에 있는 공립대학교에서 약 16개월 동안 함께 있지 않았다면, 밀리의 인생은 완전히 달라졌을 것이다.[14]

1949년 2월에 2학년이 된 밀리는 앨로의 전공인 핵물리학 기초를 배우는 입문 수준의 물리학 과목을 들었다. 밀리는 물질에 대한 최신 이론의 발전에 푹 빠져 있었다. 인간의 정신은 단순한 호기심만으로 무시무시한 파괴와 일상생활의 개선이 모두 가능한 수단을 찾아냈다. 밀리는 이런 것을 배울 수 있는 기회를 그냥 지나칠 수 없었다.[15]

강좌 안내문을 읽어본 밀리는 무엇보다 여성이 핵물리학을 가르친다는 사실에 흥미를 느꼈다. 헌터컬리지고등학교에서 밀리는 여성 학우와 선생님들에게 둘러싸여 지냈지만, 그곳의 과학 선생님들은 핵물리학의 최신 이론을 전혀 알지 못했다. 반면 이 분야에서 막 박사학위를 마친 앨로는 입문 수업을 가르치는 다른 교수들만큼 뛰어난 전문가였다.[16]

밀리는 이 강좌가 "아주 재미있어서 완전히 빠져들었죠"라고 말했다.[17] 등록한 학생이 10명도 되지 않았기 때문에 선생님과 학생은 서로 잘 알게 되었다. 두 사람은 금방 절친한 사이가 되었고, 나중에 이를 두고 밀리는 "첫눈에 반한 사랑 같은 것"이었다고 말했다. 밀리는 앨로에게서 학생과 연구 열정을 공유하고 학문과 경력을 추구하도록 용기를 주는 과학자를 발견했고, 앨로는 영리한 밀리에게서 자신의 모습을 보았다. 이 순간부터 밀리는 앨로와 학문적 관심을 공유하며 실재하는 것

이든 암묵적인 것이든 어떤 규칙이 앞을 가로막아도 학문의 길을 가게
될 것이다.[18]

앨로는 경력 내내 크고 작은 방식으로 밀리를 계속 도와주는 믿음
직한 멘토가 되었다. 앨로는 우선 밀리에게 교사의 길은 잊어버리고 연
구자가 되라고 격려했다. "선생님은 자신의 힘으로 생물물리학 분야를
개척한, 과학 분야에서 세계적 인물이 된 놀라운 사람이었어요." 밀리
는 2012년 인터뷰에서 앨로에 대해 이렇게 말했다. "선생님은 내가 대
학원에 진학하고 최고의 학교를 다니고 최고의 학자들과 함께 연구하
도록 이끌어준 가장 영향력이 큰 사람이었습니다. 내가 여자이지만 해
낼 수 있다고, 여성 과학자가 가는 길은 더 험난하지만 단념해서는 안
된다고 말씀해주셨어요."[19]

앨로는 밀리에게 학교 공부를 보충할 수 있도록 컬럼비아대학교
물리학과에서 주최하는 정기 세미나에 참석하라고 권했다. 당시 컬럼
비아대학교 물리학과에는 윌리스 램이나 폴리카프 쿠시 같은 뛰어난
학자들이 있었다. 그들은 1955년 각각 전자와 수소에 대한 연구로 노벨
물리학상을 받게 된다. 또한 이 학과의 우젠슝은 방사능 붕괴 전문가였
고, 나중에 반전성보존에 대한 기념비적인 실험으로 두 남자 동료에게
노벨상을 안겨주었다. 앨로는 적어도 한 번은 밀리를 집으로 초대했다.
"감동했죠. 어떤 선생님도 그렇게 해주신 적은 없었으니까요."[20]

사실 앨로가 밀리를 처음 만난 시절에 그녀가 밀리를 '격려했다'
고 말하면 정확한 표현이 아닐 수도 있다. 밀리에 따르면, 그녀의 멘토
는 밀리의 재능을 알아보고 밀리가 미래 계획을 바꿔야 한다고 우겼다.
"선생님은 매우 지배적인 분이었어요." 밀리는 2012년 권위 있는 카블

리상을 받은 뒤에 이렇게 회상했다. "선생님이 무엇을 명령하면 나는 거의 그대로 따랐어요." 밀리는 같은 해 〈뉴욕타임스〉 인터뷰에서 앨로에 대해 이렇게 말했다. "선생님은 이런 방식으로 말씀하셨어요. '넌 이렇게 할 거야.' 선생님은 나에게 과학에 집중해야 한다고 했어요. 구체적으로 어떤 과학을 하라고 알려주지는 않았고, 내가 과학의 최전선에 있어야 한다고 말씀하셨죠."[22]

두 사람의 성격은 달랐다. 밀리는 대체로 사람들과 잘 어울리고 대립을 피하며 항상 조용히 긍정적 기여를 할 수 있는 자리를 찾았지만, 앨로는 고집이 대단한 사람이었다.[23] 과학(그리고 다른 많은 분야)에서 여성이 남성보다 여전히 열등하다고 여기던 시기에 지도자가 되고자 애쓰는 사람에게는 앨로 같은 성격이 좋았을 것이다. "선생님은 그렇게 할 수밖에 없었어요." 밀리는 1990년대 중반에 앨로의 전기 작가 유진 스트라우스에게 이렇게 설명했다. "선생님이 그렇게 행동하지 않았다면 오늘날 같은 인물이 되지 못했을 것이라는 점이 아주 강력한 핵심입니다. 선생님이 그렇게 하지 않으면 오늘날 같은 인물이 되지는 못했겠지요. 정말 집중력이 대단한 분이었어요. 세상은 회색이지만, 선생님은 회색에서 흑과 백을 만들어낼 수 있었죠. 그런 능력으로 모든 역경을 헤쳐나가셨습니다. 그런 면이 선생님의 경력에 항상 도움이 되었어요."[24]

하지만 일단 밀리와 같은 누군가를 자기 밑에 두면 앨로는 매우 충실하게 돌봐주었다. 밀리는 2002년 인터뷰에서 이렇게 회상했다. "선생님에게는 대중들은 모르는, 나만 볼 수 있는 면이 있었어요." 밀리가 대학을 졸업하고 아직도 한참 신출내기 연구자일 때 미국물리학회에서

10분짜리 짧은 강연을 하면, 앨로는 사정이 되는 한 남편 에런 편에 군것질거리가 가득 담긴 쇼핑백을 보내주었다(앨로는 일리노이대학교 박사과정 동료인 에런 앨로와 결혼했고, 에런도 의학물리학자가 되었다 - 옮긴이) 밀리는 이렇게 덧붙였다. "선생님은 어머니 같은 분이기도 했습니다."[25]

밀리는 앨로의 조언을 새겨듣고 교육보다 물리학에 집중하기로 했다. 하지만 어느 방향으로 가야 할지 확실하게 결정하지 못했다. 물리학과 화학을 좋아했지만, 심도 깊은 수학 과목도 함께 들으면서 수학을 계속 연구하는 길도 진지하게 고려했다. 그때까지도 밀리는 대학 공부를 끝낸 뒤에 무엇을 해야 할지 구체적인 생각이 없었다. 밀리가 대학원에 진학했을 땐 그렇게까지 공부에 매달려야 하느냐면서 부모님도 약간 싫어하는 기색을 내비쳤다.[26]

밀리가 3학년이 되자 앨로는 브롱크스 재향군인 관리병원의 전임 연구원이 되어 헌터컬리지를 떠났지만, 밀리에게 연구 프로그램을 지원하는 권위 있는 펠로우십을 신청하라고 끊임없이 독려했다. 펠로우십은 밀리가 대학원에 들어가도록 이끌어줄 수단이었다. 물론 밀리도 자신의 능력을 발휘했다. 수강한 과목들에서 1등을 했으니 여성에 대한 편견이 없다면 밀리를 펠로우십에서 제외하기 어렵게 만들었다. 한편 쉼 없는 과외교습으로 더 많은 경험을 쌓아가면서 대학원에 다니려고 돈을 저축했다.[27]

앨로만이 밀리를 칭찬하고 도와준 유일한 사람은 아니었다. 헌터컬리지는 큰 공립대학교였지만 물리학 분야 학과의 규모는 작았다. 밀리가 뛰어난 학생이었기 때문에 교수들도 밀리를 잘 알았다. 앨로와 마찬가지로 다른 교수들도 밀리가 대학원에 진학하도록 격려하고 도와주

었다.[28]

밀리는 앨로와 헌터컬리지의 교수들로부터 아낌없이 칭찬을 들으면서, 졸업을 앞둔 1951년 더 수준 높은 교육을 받을 수 있는 여러 가지 기회를 얻었다. 첫 번째는 래드클리프컬리지에 입학하여 자매기관인 하버드대학교에서 물리학을 공부하는 것이었다. 이 시나리오를 선택하면 하버드대학원에 다니던 남성과 데이트도 계속할 수 있었다. 두 번째는 MIT 수학 펠로우십으로, 이쪽을 선택하면 수학을 더 공부하고 미국 해군의 진공관컴퓨터 개발 프로젝트인 휠윈드Whirlwind(소용돌이라는 뜻의 암호명이다-옮긴이)에 참여하면서 컴퓨터과학을 접할 수 있었다. 세 번째는 당시 새로 설립된 풀브라이트 펠로우십으로, 영국 케임브리지 대학교에 가서 물리학을 공부할 수 있었다.[29]

밀리는 세 가지 기회의 장점을 신중하게 살펴보았다. 밀리의 미래를 결정할 선택에서 가장 중요한 요소는 단 하나, 여행이었다. 어렸을 때 너무 가난해서 자주 끼니를 걱정하던 밀리는 세계의 다른 곳을 탐험하면서 물리적 지평을 넓힐 기회를 외면하기 어려웠다. "외국에 나가 여행하면서 세상을 돌아본다는 생각에 끌렸어요." 나중에 밀리는 "이 선택은 내가 수학보다 물리학을 더 좋아한다는 점보다 여행이 더 큰 요인이었습니다"라고 말했다. 미래에 탄소의 여왕이 될 밀리는 이렇게 해서 물리학으로 진로를 선택하게 되었다.[30]

그러나 래드클리프컬리지도 놓치고 싶지 않았다. 밀리는 래드클리프컬리지에 들어가기 전에 먼저 풀브라이트 펠로우십 과정을 마칠 수 있도록 1년 동안 입학을 연기할 수 있는지 문의해 긍정적인 답변을 받았다. 밀리는 MIT의 수학 펠로우십은 완전히 거절했지만, 결국 이 학교

에서 자신의 흔적을 남길 방법을 찾게 된다. 나중에 MIT는 반세기 이상 밀리의 보금자리가 된다.[31]

1951년 6월 21일 저녁, 1,000명의 젊은 학생이 헌터컬리지에서 학위를 성공적으로 마친 것을 기념하려고 모였다. 뉴욕 소방서 악대와 헌터컬리지 합창단의 연주가 울려 퍼지고, 헌터컬리지의 보라색 학사모와 가운을 차려입은 졸업생들은 학업의 결실인 졸업장과 상을 받았다. 대부분의 졸업생에게 이 행사는 정규교육의 마침표를 의미했지만, 극소수에게는 단지 시작일 뿐이었다.[32]

확실히 밀리의 기억에 남을 만한 날이었다. 헌터컬리지에서의 3년 반은 밀리에게 큰 영향을 주었다. 무엇보다 밀리의 새로운 친구이자 수호자인 앨로가 밀리의 미래에 대한 가능성을 극적으로 일깨워준 덕분이었다. 밀리는 나중에 이 학교에서 들은 대부분의 과학과 수학 과목이 깊이와 전망이 부족했다고 말했다. 그러나 밀리는 분명히 헌터컬리지의 전반적인 철학으로부터 많은 배움을 얻었다. "사회에 대한 개인의 책임이라는 면에서 많은 것을 배웠습니다. 받는 것으로는 충분하지 않고 베풀어야 합니다."[33]

밀리는 반에서 최우등으로 졸업한 5명 가운데 하나였다. 졸업식 프로그램을 보면 밀리는 여러 상을 받았다. 파이 베타 카파 회원 자격과 수학과 물리학에서 각각 한 개씩 조셉 질레트 기념상을 두 개 받았다고 적혀 있다.[34] 그러나 그날 가장 기념할 만한 일은 시상식의 특별 연사인 미국해군연구소의 수리과학 책임자 미나 리스Mina Rees와 따로 만난 것이었다. 졸업식이 끝난 뒤에 리스는 특별히 밀리를 축하했다. 밀리는 미국과학진흥협회의 첫 여성 회장이 될 이 수학자가 "많은 장소와 많은 것을 알고 있었다"고 나중에 말했다. 리스는 풀브라이트 펠로우십에 대해 밀리와 이야기를 나누면서 아주 좋은 기회이니 열심히 공부하라고 격려했다. 밀리는 몇십 년 뒤에도 이 대화를 기억해내면서 "리스가 내 등을 기분 좋게 토닥여주었다"고 말했다.[35]

─── 케임브리지대학교로 날아가다

스무 살의 밀리에게 영국 케임브리지대학교에서 1년을 보낸다는 것은, 오랫동안 고치 속에 있던 애벌레가 이제 막 나방이 되어 날아가는 것과 같았다. 밀리는 고등학교와 대학 시절 탐욕스럽게 경험을 추구하는 애벌레였지만, 난생처음 스스로 날 수 있다는 것은 완전히 다른 일이었다.

밀리에게 풀브라이트 펠로우십 프로그램은 재정적인 부담을 포함한 다른 부담을 모두 내려놓고 온전히 기술적, 문화적 관심사의 탐구에만 전념할 수 있었던 첫 번째 경험이었다. 또한 부모님이 떠나온 대륙의 일부를 처음으로 직접 탐험하는 계기이기도 했다. "그해는 나의 해였어요."[36]

밀리가 공부하러 간 곳은 캐번디시연구소였다. 케임브리지대학교 물리학과로도 알려진 이 연구소는 밀리가 간 당시 12명 이상의 노벨상 수상자를 배출했다(지금은 29명이다). 원하는 사람은 누구나 강의를 들을 수 있었고 다양한 주제를 다루었다. 밀리는 케임브리지대학교에서 지낸 1년 동안 고에너지물리학(원자의 근원적 본질 속으로 파고들어 가는 입자물리학)과 고체물리학(물질의 거시적 성질에 대한 연구)을 더 깊이 이해할 수 있게 되었다.[37]

헌터컬리지에서 물리학에 깊이 빠져들 기회가 많지 않았던 밀리는 캐번디시연구소에서 수업을 들으면서 물리학에서 잘 몰랐던 부분을 보충할 수 있었다. 어떤 분야든 자유롭게 배울 수 있었으므로 밀리는 과학과 인문학 과목을 잘 조합해서 선택했다. 일례로 밀리는 예술사 강의를 즐기면서 들었고, 케임브리지대학교가 "엄청난 미술 강의"를 하고 있다고 말했다.[38] 물리학에서는 이론에 대한 이해를 크게 향상시켰다. 그러나 실험을 배울 적당한 곳은 없었던지 밀리는 박사과정에 들어갈 때까지도 제대로 실험을 익히지 못했다.[39]

케임브리지대학교의 교수 가운데 한 사람은 나중에 밀리의 인생 궤적에서 엄청난 역할을 하게 된다. 그는 초전도성 연구로 물리학계에 이름을 떨친 브라이언 피파드Brian Pippard였다. 초전도물질은 어떤 임계온도 이하로 냉각되면 전혀 저항을 받지 않고 전기가 흐르는 마법 같은 물질이다. 초전도물질의 초전도성을 이용하면 자기공명영상Magnetic Resonance Imaging, MRI으로 질병을 진단할 수 있고, 자기부상열차가 자유롭게 떠다닐 수 있고, 대형강입자충돌기Large Hadron Collider, LHC 같은 고에너지 가속기에서 원자보다 더 작은 아원자 입자를 서로 충돌시킬 수 있다. 둘은 밀리가 피파드의 강의를 들으면서 처음 만났고, 그들의 관계는 몇 년 뒤 밀리가 박사과정으로 있던 시카고대학교에 피파드가 방문했을 때 꽃을 피웠다.[40]

케임브리지대학교에 있는 동안 밀리에게는 개인 교사도 배정되었다. 구어로 돈don이라고 부르는 개인 교사는 학생을 일대일로 가르치면서 정규과정과는 별도로 공부하는 제도였다. "마치 음악 레슨을 받는 것 같았어요." 밀리는 이렇게 말했다. "돈은 과제를 많이 내준 뒤 그다음 주에 만나 끝낸 과제에 대해 이야기했어요." 밀리에게 배정된 개인 교사는 응집물질물리학을 전공한 로버트 딩글, 고체물리학을 전공한 로버트 챔버스, 고에너지 핵물리학을 전공한 토니 레인이었다.[41]

밀리가 물리학을 공부하거나 연구자로서 뭔가를 하고 있지 않을 때는 여러 가지 활동에 아주 활발하게 참여했다. 외국에서 온 학생을 위한 기숙사에 살면서 같은 풀브라이트 펠로우십 학생뿐만 아니라 영국 현지 학생과도 자유롭게 어울렸다. 밀리는 뛰어난 바이올린 실력으로 잘 아는 친구들과 새로 사귄 친구들을 놀라게 했고, 킹스채플 성가대에서 노래를 불렀다.[42] 기숙사 생활은 판타지 소설에 나오는 마법의 기숙학교와 비슷했다. "공부를 쉬는 시간에는 차를 마시면서 대화하고 …… 식사할 때도 옆 사람들과 대화를 나눴죠. 다 함께 큰 식탁에 둘러앉아 식사를 했는데, 한 달에 한 번쯤은 교수 전용 식탁high table에서 개인 교사들과 함께 식사를 했어요."[43]

풀브라이트 펠로우십 프로그램을 하는 동안 밀리는 인생에서 처음으로 편안하게 살았다. 이 프로그램은 학생에게 모든 생활비와 여행비도 지급했다. 밀리가 하고 싶은 것은 무엇이든 보살핌을 받았던 것이다. "돈이 정말로 많았어요!" 밀리는 이렇게 회상했다. "오, 나는 영국에서 여왕처럼 살았답니다."[44]

밀리는 할 수 있을 때마다 유럽을 탐험하는 데 여행비를 썼다. 주말에는 영국의 지방에 사는 동료들과 함께 그들의 집이 있는 지역으로 여행을 했다. 또한 케임브리지대학교의 긴 방학을 활용해 유럽의 여러 지역을 돌아다녔다. 그때까지도 유럽은 오랫동안 전쟁으로 이어진 갈등에서 헤어나지 못하고 있었다. 밀리는 가능한 한 유럽에 있는 친척들을 방문하려고 노력했고, 특히 파리에 사는 삼촌을 보기 위해 정기적으로 여행했다. 그러는 동안 밀리는 유럽의 역사와 전통에 매료되었다.[45] "나에게는 모든 것이 대단히 새로웠고 미국과는 너무나 많이 달랐어요. 그리고 다른 사람들은 어떻게 사는지 볼 수 있었습니다. 그게 중요했죠."[46]

케임브리지대학교에서의 1년은 여러 면에서 밀리에게 엄청난 영향을 주었다. 교수, 동료 학생, 프로그램의 모든 면이 대학원 진학을 준비하는 밀리의 마음에 쏙 들었다. 밀리는 1950년대 초 케임브리지대학교에서 한 경험이 "매우, 매우, 매우 활력 있었고 흥분되었다"고 말했다.[47] 이 과정에서 밀리는 스스로 많은 것을 배워나가며 마음속에 과학자로 성공할 수 있다는 자신감을 얻게 되었다. 풀브라이트 펠로우십은 밀리의 평생을 영원히 바꾸어놓았다. "내가 만족스러울 정도로 과학을 할 수 있다는 것을 알았을 때 좋은 느낌이 들었습니다."[48] 밀리는 또한 여러 수준의 물리학자와 물리학도들을 만나면서 학문 연구자가 된다는 것이 무엇인지 알게 되었고, "전문성에 대해 많은 것"을 배웠다.[49]

열정에 넘친 밀리는 더 높은 학위를 받아야겠다는 결심을 새롭게 다졌다. 이 새로운 여정의 출발을 위해 영국 케임브리지에서 대서양을 건너 매사추세츠주 케임브리지에 안착했다.

─── 성차별 문제를 깨닫게 한 래드클리프컬리지

미국에서 가장 오래된 고등교육기관은 설립된 지 243년 동안 오로지 남학생만 가르쳤다. 다시 말해 하버드대학교는 1879년(알베르트 아인슈타인이 태어나 세계를 영예롭게 한 해)이 되어서야 변했다. 이 해에 더 높은 교육을 받고 싶어 하는 여성들에게 새로운 기회가 열렸다. 은행가이자 자선가인 아서 길먼의 지원으로, 자연사학자 엘리자베스 캐리 애거시가 이끄는 7명의 여성 그룹이 '하버드 에넥스The Harvard Annex'라는 프로그램을 설립했다. 하버드대학교 교수에게 정규 급여 말고도 수당을 주고 여성들에게 강의하는 프로그램이었다.[50]

이 프로그램을 만든 사람들은 궁극적으로 여성도 정규 학생으로 입학시키려고 계획했다. 다른 많은 대학교처럼 하버드대학교에서도 여성이 단번에 학교 구성원으로 환영받지는 못했다. 당시 이 대학 총장 찰스 윌리엄 엘리엇과 이사회는 여성의 입학을 "심하게 반대"했다.[51]

그러나 1894년 하버드 에넥스의 실험이 크게 성공하여 매사추세츠주의 인가를 받아 래드클리프컬리지(래드클리프는 하버드대학교의 첫 번째 여성 후원자의 결혼 전 성)라는 새로운 이름으로 문을 열었다. 래드클리프컬리지는 105년 동안 미국에서 가장 유명한 여자대학교로 명성을 유지하다가, 1999년에 하버드대학교에 합병되어 래드클리프고등연구소(현재는 래드클리프연구소)로 개편되었다.[52]

1952년에 밀리가 입학했을 때 래드클리프컬리지는 확실히 여학생에게 초기보다 더 많은 자율성과 권위를 부여했다. 하지만 여전히 여성

은 남성 동료가 받는 대우와 비교하면 다른 종족처럼 느껴질 정도로 차별받았다.[53]

밀리의 말에 따르면, 그 시절 래드클리프컬리지에서는 과학 강좌가 열리지 않았다. 과학으로 학위를 받고 싶은 여학생은 하버드대학교에서 수업을 들어야 했다. 밀리에게는 이것이 단점이 아니라 장점이었다. 밀리가 래드클리프컬리지에 관심을 가지게 된 중요한 이유가 세계 최고인 하버드대학교의 물리학자들에게 배울 수 있기 때문이었다. 하지만 당시에 하버드대학교에서 수업을 듣는 여학생은 남학생과 함께 시험을 볼 수 없었다.[54] 밀리의 1999년 인터뷰에 따르면, 남학생이 여학생과 함께 시험을 치르면 너무 산만해진다는 이유로 여학생은 과목과 무관하게 모두 모여서 시험을 봐야 했다.[55] 그래서 여학생은 시험 문제가 애매해도 질문할 수 없었고 시험 도중 문제에 오류가 발견되어도 통지를 받을 수 없었다.

이때까지 밀리는 과학에서, 적어도 과학과 공학을 공부하는 기회에서 나타나는 성차별을 의식하지 못했다. 밀리는 좋은 여자고등학교에 다녔고, 멘토인 로절린 앨로를 비롯해 대다수의 학생과 교수가 여성인 대학에 진학했기 때문이다. 또한 헌터컬리지에서 밀리는, 1944년 군인재편성법에 따라 입학한 퇴역 군인이 대부분이었던 남학생이 여학생보다 실력이 떨어지는 경우를 자주 보았다. 그래서 결코 여성이 불이익을 받는다는 느낌을 받지 못했다. 영국에서 풀브라이트 펠로우십을 하는 동안에도 수학과 물리학 분야에서 여성의 비율이 꽤 높은 것을 보았다.[56]

그랬던 밀리가 하버드대학교에서 1년을 보내면서 성차별 문제를 의식하게 되었다. "조금 이상하다고 느꼈어요. 여성은 극소수였고 어떤 수업에서는 내가 유일한 여성이었죠."[57] 심지어 어떤 과목을 수강할 때는 교수가 수업 준비를 조금 귀찮아해서 수업을 시작할 때마다 밀리에게 지난 수업에서 했던 내용을 요약해서 설명하게 했다. 밀리는 그 수업에서 유일한 여학생이었고 교수는 다른 어떤 학생에게도 이런 일을 시키지 않았다. 마치 비서에게 직전 회의의 회의록을 낭독하도록 하는 것과 같았다. 밀리는 계속 되풀이되는 이 일로 엄청난 압박감을 느꼈다고 말했다. 수업 내용이 전혀 쉽지 않은 데다 아무리 밀리라도 수업의 모든 내용을 이해하지는 못했기 때문이다.[58] "교수님은 좋은 뜻으로 그렇게 했겠지만 나는 마음의 상처를 받았어요." 밀리는 1976년에《코스모폴리탄COSMOPOLITAN》잡지와의 인터뷰에서 이렇게 말했다.

밀리와 비슷한 시기에 뉴욕에서 자란 루스 베이더 긴즈버그도 거의 같은 상황을 경험했다. 긴즈버그는 1993년 미국 연방대법원의 대법관이 된 인물이다. 긴즈버그는 밀리가 석사과정을 마친 지 얼마 되지 않아 하버드대학교 법대에 입학했다. 입학생 가운데 남학생은 500명이나 되었지만 여학생은 딱 9명뿐이었다. "누군가가 나를 계속 보고 있다는 느낌이 들었습니다." 긴즈버그는 2018년 다큐멘터리 영화에서 이렇게 회상했다. "그래서 수업 중에 발표를 해야 할 때 내가 잘하지 못하면 나 혼자 못 한 게 아니라 모든 여성이 못 했다는 느낌이 들었죠. 내가 감시 당하고 있다는 불편한 느낌도 있었어요."[60]

밀리는 석사과정에 다니는 동안 시카고대학교 박사과정에 들어가고 싶어졌다. 당시 시카고대학교는 물리학에서 가장 앞선 대학교였다. 시카고대학교에는 다른 누구보다도 이탈리아 출신의 미국 물리학자 엔리코 페르미Enrico Fermi가 있었다. 그는 세계 최초의 원자로를 만든, 이 분야의 거인이었다. 느린 중성자의 특별한 능력과 우라늄보다 원자번호가 더 큰 원소인 초우라늄 원소를 발견한 공로로 1938년에 노벨 물리학상을 받았다.[61] 페르미는 노벨상을 받은 직후 유대인 부인 라우라 페르미와 함께 나치의 박해를 피해 미국으로 도망쳤고, 나중에 맨해튼 프로젝트에서 원자폭탄을 만드는 데 크게 기여한다.

밀리는 페르미 같은 사람이 지휘하는 학과에 들어간다는 생각에 고무되었다. 시카고대학교에 지원해 합격함으로써 밀리의 다음 행선지가 정해졌다. 밀리의 과학 경력은 1953년에 석사학위를 받은 뒤 시카고대학교에서 본격적으로 시작된다.[62]

4

위대한 정신과의
만남

1942년 12월 2일 오후, 시카고대학교의 미식축구장으로 쓰이던 예전 스태크필드 서쪽 관중석 아래 스쿼시코트에 수십 명의 과학자가 모였다. 그들은 새까만 흑연 더미에서 놀라운 역사적 사건이 일어나는 현장을 지켜보고 있었다. 과학자들은 여러 해에 걸친 이론 연구와 땀과 숯검정으로 얼룩진 힘겨운 작업 끝에, 스쿼시코트 한쪽 구석에 고도로 정제된 흑연 벽돌 4만 개를 쌓아올려 정교한 격자 구조물을 만들었다. 흑연 벽돌의 전체 무게는 약 400톤이고, 흑연 안에는 1만 9,000개의 산화우라늄과 우라늄 금속조각이 들어 있었다. 이날 과학자들은 인간의 통제 아래 연쇄 핵분열을 일으킬 수 있다는 것을 확인하려고 했다. 이 실험이 성공하면 원자가 계속 쪼개지면서 자유롭게 이용할 수 있는 에너지가 방출된다.[1]

오후 3시 25분, 이 실험을 지휘한 물리학자 엔리코 페르미의 지시에 따라 마지막 남은 카드뮴 제어봉을 조심스럽게 흑연 더미에서 제거

하자, 역사상 처음으로 통제할 수 있고 자체적으로 유지되는 핵반응이 성공적으로 시작되었다. 인류가 수십만 년 전에 처음 불을 사용하기 시작했을 때처럼 이 실험은 완전히 새로운 시대의 시작을 알렸다. 이제 인류는 극도로 강력한 자연의 힘을 통제할 수 있게 되었고, 좋은 일이든 파괴적인 일이든 어느 쪽으로나 이 힘을 이용할 수 있다.[2]

11년이 지나 인류가 핵 시대에 확고히 들어서고 냉전이 가열되던 무렵 밀리는 스물두 살에 세계적으로 유명한 시카고대학교 물리학과에 입학한다. 맨해튼 프로젝트에 크게 기여했던 연구원 가운데는 다른 기회를 찾아 떠난 사람도 있었다. 그러나 페르미와 또 다른 노벨상 수상자 해럴드 유리, 마리아 괴퍼트 메이어(기숙사에서 밀리와 1년쯤 함께 살았다), 1942년 최초 핵분열 실험에 참여했던 유일한 여성 물리학자 리오나 우즈같이 뛰어난 연구진은 그대로 남아서 시카고대학교는 여전히 세계 최고의 물리학 교수진을 보유하고 있었다.[3]

당시 이 학교의 물리학과는 상당히 작았다. 밀리는 그해에 들어온 겨우 12명의 신입생 가운데 한 명이었으며, 물리학과의 유일한 여학생이기도 했다. 밀리는 풀브라이트 펠로우십과 석사학위까지 받았지만 아직도 박사과정을 시작하기에 실력이 부족하다고 느꼈다. 고등학교에서 받은 물리학 교육이 보통 수준보다 낮았고, 캐번디시연구소와 하버드대학교에서도 본격적으로 물리학을 공부할 만큼 꾸준히 따라잡을 기회가 부족했기 때문이다. 고민하던 밀리는 박사과정을 시작하면서 헌터컬리지고등학교에 입학할 때 썼던 방법을 다시 사용했다. 물리학과에서 오래전에 치렀던 시험지를 찾아내어 그 문제들을 공부하면서 빠르게 풀 수 있을 때까지 익혔다.[4]

이렇게 열심히 공부했음에도 박사과정 첫해는 무지막지하게 가혹했다. 물리학과에 입학한 학생들 가운데 무려 약 4분의 3이 수업을 따라가지 못해 학교를 떠났다. 다행히도 밀리는 훌륭한 멘토가 되어줄 또 다른 사람들로부터 예상하지 못한 도움을 받았다.[5]

원자폭탄 개발뿐만 아니라 전쟁이 끝난 뒤 입자물리학에서도 결정적 진보를 이룩한 페르미는 어떤 역경에도 흔들리지 않는 사람이었다. 페르미와 밀리의 첫 만남은 밀리가 페르미의 양자역학 수업을 들으면서 이루어졌다. 밀리는 강의를 들으면서 이 위대한 거장의 인내심 있고 영감 넘치며 마음이 열린 교육 방식을 알게 되었다.[6] 페르미는 느리고 의도적이며 이탈리아 억양이 강한 영어 발음으로 복잡한 주제를 능숙하게 풀어내 그 자리에 있는 모든 사람이 이해할 수 있게 해주었다. 밀리는 페르미가 "멈칫거리면서" 강의한다고 묘사했다.[7] 페르미는 물리적 개념의 본질을 벗겨내어 보여주기를 즐겼다. 연구에만 열중하고 끈기 있게 가르치는 일을 귀찮아하는 다른 교수들과 달리 페르미는 자기가 아는 물리적 개념을 사람들에게 찬찬히 설명하는 기회를 소중히 여겼다. 그는 설명하는 재주가 뛰어났다. 이런 방식으로 양자역학의 세밀한 부분까지 설명해주다 보니 밀리의 말에 따르면, "어떤 젊은이라도 그의 강의를 들으면 모든 말을 단어 하나까지 이해했다."[8]

이 저명한 물리학자는 워낙 명료한 강의를 해서 학생들에게 노트 필기도 못 하게 했다. 페르미는 온전히 강의에만 집중하도록 요구했다. 대신 그는 강의하기 전에 직접 손으로 쓴 강의록 사본을 나눠 주어 학생들이 강의를 듣다가 펜이나 계산자(휴대용 계산기가 나오기 전에 많이 사용하던 장치이며, 곱셈, 나눗셈, 로그 등의 계산을 빠르게 할 수 있다 – 옮긴이)를 꺼

내야겠다는 생각이 들지 않도록 배려했다. 밀리는 2001년 인터뷰에서 "정말로 인상적이고 놀라웠던 점은 주제가 무엇이든 간에 강의가 굉장히 재미있었다는 것"이라고 말했다.[9]

페르미가 내준 숙제는 항상 까다롭지만 답을 알아내면 즐거운 깨우침을 주는 문제들이었다. 수업이 끝날 때마다 페르미는 다음 강의에 앞서 간단한 연습 문제를 냈다. 하늘은 왜 푸를까? 태양과 별은 왜 빛의 스펙트럼을 방출할까? 시카고에는 피아노 조율사가 몇 명이나 있을까? 같은 문제가 나왔다.[10] 2012년 미국 에너지부가 에너지 개발과 사용에서 업적을 이룬 과학자에게 수여하는 엔리코 페르미상 수상 연설에서 밀리는 이렇게 말했다. "집에 올 때까지는 문제가 아주 쉽다고 생각합니다."[11] '페르미 문제 또는 페르미 추정'이라고 부르는 이런 문제들은 오늘날에는 유치원에서 대학원까지 세계의 수많은 학교에서 가르친다. 페르미 문제는 관련된 모든 정보를(분명히 필요한 것들도) 몰라도 답을 추정하거나 간접적으로 밝혀내는 방법을 보여준다.

하지만 밀리가 아는 것이라고는 이 문제들을 하루나 이틀 뒤에 있는 다음 수업 때까지 풀어야 한다는 것뿐이었다. 학생들은 답을 얻기 위해 상당히 노력해야 했다. "물리학 문제를 공식화하는 것부터 물리학에 대해 생각하고 문제를 해결하고 직접 비슷한 문제를 만드는 방법까지 페르미에게서 많은 것을 배웠다고 생각합니다."[12]

밀리는 언제나 "물리학자로서 생각하는 방법"을 가르쳐준 페르미의 천재성 덕분에 이론과 실험 모두에서 뛰어난 능력을 갖출 수 있었다고 말했다.[13] 또한 페르미의 교육 시스템에서 핵심적인 개념은 독립적으로 연구하는 것이라고 자주 이야기했다. 대학원생은 자기보다 수준이 높은 교수의 지도를 받지 않아도 어느 정도는 자신의 논문을 구상하고 연구하고 발표할 수 있어야 한다. 이렇게 하려면 다른 사람들과 함께 연구하면서 물리학을 폭넓게 이해해야 하고, 스스로 만들어낸 연구주제에 대해 이해한 것을 적용할 수 있어야 한다.[14]

페르미는 강의만으로 학생과의 관계를 끝내지 않았다. 그는 젊은 이들과 자주 교류하는 것으로 잘 알려져 있었고, 교수로는 드물게 사적으로도 학생들과 주기적인 모임을 가졌다. "학생들과 자유롭게 어울리고 그들을 동등하게 대우하는 것이 그에게는 자기를 낮추는 일이 아니었다." 페르미의 대학원생이었으며 오랜 경력의 물리학자인 제이 오리어는 자신의 지도교수를 추모하는 책에 이렇게 썼다. "사실 페르미는 나이가 많은 동료들보다 물리학과의 어린 학생들과 어울릴 때 더 즐거워하는 것 같았다."[15]

밀리와 페르미의 관계는 문자 그대로 학교 가는 길에서 시작되었다. 비슷한 곳에 살았던 밀리와 페르미는 매일 아침 일찍 일어나서 엘리스 애비뉴를 따라 연구실로 갔다.[16] "나는 아침에 제일 먼저 선생님의 강의를 들었어요. 학교를 향해 걸어가다 보면 선생님이 길을 건너와 내 옆에서 함께 걸어갔죠." 밀리는 2007년 MIT 구술사 인터뷰에서 이렇게 회상했다. "그런 행동은 매우 다정하게 느껴졌고 오랫동안 좋은 인상으로 남았어요."[17]

밀리의 말에 따르면, 페르미는 만날 때마다 항상 어떤 화제를 떠올린 다음 먼저 말했고 밀리를 격려하고 영감을 주는 것을 잊지 않았다. "나는 수줍음이 많아서 선생님에게 먼저 말을 걸 생각을 하지 않았어요." 2013년에는 이렇게 말했다. "선생님은 늘 '만약에 이런 것과 이런 것이 사실이라면? 만약 이런 것을 만들 수 있다면 재미있지 않을까? 우리가 무엇을 배울 수 있을까?' 하고 저에게 물었어요."[18]

페르미와 그의 부인 라우라는 매달 집에서 만찬을 주최하고 식사가 끝난 뒤에는 춤을 추는 것으로 잘 알려져 있었다. 만찬에는 언제나 학생들을 초대했다. "페르미는 특히 젊은 사람들을 좋아했다." 페르미의 대학원생이자 오랫동안 물리학자로 일했던 해럴드 애그뉴는 페르미가 죽은 뒤에 출판된 회고록에 이렇게 썼다. "시카고에서 그가 살던 집 꼭대기 층에는 학생들을 초대하여 스퀘어댄스를 추는 큰 방이 있었다."[19]

"그 만찬에 참석한 날들을 기억해요." 밀리는 2012년 "라우라 페르미의 이탈리아 요리 솜씨는 아주 훌륭했어요. 그러나 요리보다 그 집안의 밝고 다정한 분위기에 이끌려서 우리는 정말로 물리학을 즐기게 되었습니다. 그 분위기는 진짜 좋았어요"라고 말했다.[20]

나중에 밀리는 자신의 학생들도 연구실에서 '이런 분위기'를 느낄 수 있도록 학생들과 함께 점심 식사를 했고, 드레셀하우스의 집에서 열리는 행사에 학생들을 초대했다. 이렇게 해서 학생과 교수 사이가 더 친밀해지고 가까운 사람들끼리 서로 어울려 함께 즐기게 되었다.[21]

밀리와 페르미가 서로 잘 알고 지낸 기간은 겨우 1년밖에 되지 않았다. 페르미가 인생의 마지막 해에 자신이 치료가 불가능한 위암에 걸렸다는 것을 알게 되었던 것이다. 어쩌면 그가 초기 핵분열 연구에서 방사능에 너무 많이 노출되었기 때문일지도 모른다(위암은 대개 방사능 노출과 무관하다고 알려져 있다. 페르미는 함께 실험한 사람들보다 열심이었기 때문에 방사능에 더 많이 노출되었을 수는 있지만, 어쨌든 초기에 함께 실험에 참여한 사람 가운데 암에 걸린 사람은 없었다 – 옮긴이). 페르미는 1954년 11월 28일에 세상을 떠났다. 짧은 시간이었지만 밀리는 페르미에게서 깊은 인상을 받았다. 특히 사회에 봉사하고 학생들을 가르치는 일에서 페르미에게 받은 영향은 평생 지속된다.[22]

밀리는 2001년에 이렇게 말했다. "선생님은 미국에서 물리학 교육에 가장 심대한 영향을 미쳤으며, 우리의 대학원 과정은 …… 넓게 볼 때 그의 교육 방식을 따르고 있습니다."[23] 나중에 이렇게 덧붙였다. "우리가 모든 분야의 리더가 될 필요는 없지만, 우리가 아는 평범한 것들만 활용해도 남들이 보지 못하는 많은 것을 꿰뚫어볼 수 있다는 점을 선생님에게서 배웠습니다."[24] 밀리는 대학원생을 가르치는 페르미에게서 배운, 광범위한 물리적이고 과학적인 지식을 평생 동안 여러모로 활용했다. 밀리는 다양한 배경의 참여자들로 이루어진 국가적 사업의 지도자가 되었을 때, 이러한 지식을 바탕으로 참여자에 대한 사전 지식이 거의 없는 상태에서 중심적인 역할을 훌륭하게 해냈다.[25]

그러나 밀리가 자신의 멘토였던 페르미에게서 배운 가장 큰 교훈은 훌륭한 스승과 후원자가 되는 방법이었을 것이다. "젊은이에게 가장 중요한 것은 성공할 수 있다는 자신감입니다." 밀리는 2012년에 이렇게 말했다. "그게 내가 하는 일입니다. 나는 학생이 스스로 문제를 공식화하고 해결할 수 있다는 자신감을 심어주죠. 학생이 내게 찾아와서 이야기하면 도와주고요. 그리고 그들이 졸업한 뒤에 일을 잘할 수 있도록 준비시킵니다. 페르미와 앨로가 늘 나의 앞길에 관심을 가진다고 느꼈던 만큼 나의 학생들에게도 똑같은 관심을 보여주려고 노력합니다."[26]

──── 배척하는 사람, 도와주는 사람

여러 면에서 물리학 원로이자 존경받는 멘토였던 페르미는 삶이 끝나갈 무렵 시카고대학교 물리학과에서 가장 밝은 빛이었다. 획기적인 연구로 인상적인 상을 받은 다른 학자들도 있었다는 점을 고려하면, 이 말은 페르미에 대해 많은 것을 알려준다. 이처럼 페르미는 위대한 인격의 소유자이고 물리학계에서 영향력이 큰 사람이었지만, 물리학과를 이끄는 직접적인 지도자는 아니었다. 1950년부터 1956년까지 시카고대학교 물리학과의 학과장은 앤드루 워너 로슨Andrew Werner Lawson으로, 고압에서의 물질 연구로 가장 잘 알려진 물리학자였다.[27]

밀리는 연구주제를 정할 때가 되자 페르미와 여러 학자가 다듬어 놓은, 그 시절에 가장 인기가 많았던 아원자물리학이 아니라 고체물질의 다양한 성질을 연구하는 고체물리학에 관심을 두기로 결심했다. 밀리에 따르면, 당시 시카고대학교에서 이 분야를 지도할 수 있는 교수는 로슨뿐이었다. 그는 밀리의 박사학위 논문의 지도교수로 배정되었으나 이 지도교수와 학생은 처음부터 잘 맞지 않았다. 밀리에게는 불행한 일로 어쩔 수 없이 홀로 치열하게 연구해야 했다. 그러나 장기적으로는 이 경험도 도움이 되었다.[28]

로슨은 훌륭한 연구자였을지 모르지만 1950년대 중반에는 깊은 편견에 빠져 있었다. 여성이 과학계에서 할 일은 전혀 없다고 생각했던 로슨은 밀리에게도 되풀이해서 그렇게 말했다. "그는 내가 과학 연구를 하면 안 된다고 생각했어요." 밀리는 2002년 인터뷰에서 이렇게 말했다. "그는 내가 펠로우십을 얻거나 다른 방식으로 인정받을 때마다 굉장히 불쾌한 기색을 내비쳤어요. 내가 그런 혜택을 받는 것은 자원 낭비라고 말했죠."[29] 로슨의 말은 남성이 그 혜택을 받아야 과학자로 잘 성장해서 결과적으로 자원을 효율적으로 사용하게 된다는 것이고, 밀리는 남성만큼 과학자로 성장하지 못할 것이라는 뜻이었다. "로슨은 나와 대화조차 하지 않았는데, 여성이 과학에 종사해서는 안 된다고 생각했기 때문이었어요." 밀리는 2012년 카블리연구소와의 인터뷰에서 자신의 지도교수에 대해 이렇게 말했다. "나는 그에게 가르침을 받으려고 했지만 나에게 그냥 꺼지라고 말한 거나 다름없어요."[30]

당시 로슨과 같은 태도를 가진 사람은 드물지 않았다. 많은 남성 학자가 수십 년 동안 이런 태도를 보였다. 1976년 《코스모폴리탄》에 실린 공학 분야에서 활동하는 여성을 다룬 기사에서 "중서부의 권위 있는 대학교"의 이름을 밝히지 않은 어떤 학과장은 이렇게 썼다. "내가 구식일지 모르지만 …… 오늘날 우리가 여성에게 가르치는 많은 공학 교육은 낭비라고 생각한다. 그들은 결혼하고 아이를 낳을 것이고, 생산적인 일을 할 수 있는 기간은 길어야 몇 년을 넘기지 못할 것이다."[31]

불행하게도 여성을 반기지 않는 분위기는 밀리의 지도교수로 끝나지 않았다. "여성은 가정을 지키는 게 좋다고 믿는 사람들이 나에게 내뱉는 부정적인 말을 많이 들었어요." 밀리는 한때 이렇게 말했다. "이런 이야기를 계속 듣다 보니 나도 그걸 믿게 되었죠."[32] "내가 학생이었을 때 생각나는 또 다른 기억은 벽에 여성의 나체 사진이 정말로 많이 걸려 있었다는 거예요." 밀리는 1999년 인터뷰에서 이렇게 회상했다. "실험에 성공하려면 이런 일을 그냥 참고 넘길 수밖에 없었어요. 여성이 편안하게 느낄 만한 환경은 아니었죠. 하지만 이런 일을 감당할 수 없다면 과학 분야에서 경력을 쌓을 수 없다는 것은 분명했어요."[33]

그러나 늘 그랬듯이 지금껏 역경을 헤쳐왔던 밀리의 모습대로, 이런 정도의 장애물로는 좌절하지 않았다. 밀리는 자기의 길을 개척하기 위해 두 배로 노력했다. 페르미가 사라지고 로슨이 관심을 주지 않자 밀리는 물리학과의 동료 학생과 다른 교수에게 배우기 시작했다.[34]

그 가운데 한 명이 클라이드 허친슨이었다. 그는 밀리가 물질을 연구할 때 자석과 마이크로파를 사용할 수 있도록 도와주었다. 허친슨은 자기공명분광학magnetic resonance spectroscopy 연구로 높은 평가를 받았다. 세포를 구성하는 물질이 자기장에서 마이크로파에 반응하는 성질을 이용해 조직과 장기의 모습을 선명하게 보여주는 자기공명영상의 선조라고 할 수 있다.[35] 허친슨의 연구는 밀리가 최종적으로 선택한 학위논문 주제와 공통점이 있었기에 밀리는 자신의 가설을 시험하는 방법으로 허친슨의 실험 연구를 이용했다.[36]

이 시기에 결정적인 영향을 준 또 한 사람이 있었다. 그는 시카고대학교에서 박사과정을 밟는 동안 밀리를 크게 도와주었고, 그 뒤로도 평생 계속 돕게 된다. 1950년대 중반 진 드레셀하우스Gene Dresselhaus는 캘리포니아대학교 버클리 캠퍼스에서 시카고대학교로 온 이론물리학의 떠오르는 스타였다. 진은 1929년에 한때 미국의 영토였던 파나마운하 지대에서 태어났다. 버클리에서 물리학을 공부해 학부를 졸업한 뒤에 같은 학교에서 유명한 응집물질물리학 교수인 찰스 키텔(그가 쓴《고체물리학 입문Introduction to Solid State Physics》은 물리학과 학부 교과서로 사용되었으며, 국내 번역서도 있다-옮긴이) 밑에서 박사학위를 받았다.[37]

진은 1955년에 박사학위를 마치면서 많은 연구논문을 발표했다. 그는 키텔, 버클리의 동료 물리학자 아서 킵과 공동으로 논문 두 편을 썼다. 한 편은 실리콘과 게르마늄을 연구한 논문, 다른 한 편은 마이크로파와 자기장의 상호작용을 연구해서 MRI와 비슷한 주제를 다룬 논문이었다. 진이 단독으로 쓴 세 번째 논문은 박사학위 논문의 요약이었다. 그는 이 논문으로 과학계에서 신동의 지위로 올라섰다. 이 연구는 스핀spin이라고 부르는 전자의 성질에 관한 초기 이론의 형성에 기여했다. 특정한 상황에서 고체 속 전자가 가질 수 있는 에너지 범위에 스핀이 영향을 줄 수 있다는 중요한 발견이 이 연구에서 나왔다. 초고속, 초고집적 반도체 기술을 구현해줄 스핀트로닉스spintronics 기술이 여기에서 시작된다. 이를 요즘은 '드레셀하우스 효과'라고 부른다.[38] 물리학자인 아들 폴은 이렇게 말했다. "아버지는 훌륭한 이론 고체물리학자였어요. 아버지의 박사학위 연구는 고체물리학의 주요한 진보였습니다."[39]

박사학위를 마친 뒤에 진은 시카고대학교 금속연구소에서 박사후 연구원 자리를 얻었다. 이곳에서 응집물질 연구를 계속하면서 강의도 하기 시작했다. 이렇게 해서 그는 미래에 탄소의 여왕이 될 학생을 만난다.[40]

여기서 잠깐 멈추어서 밀리가 평생의 사랑을 만나기 전에 동료 물리학자 프레더릭 라이프(인기 있는 물리학 교과서 《통계 및 열물리 Fundamentals of Statistical and Thermal Physics》를 썼으며, 국내 번역서도 있다 – 옮긴이)와 결혼했다가 금방 헤어진 이야기를 해야겠다. 라이프는 홀로코스트를 피해서 뉴욕으로 이주한 뒤 컬럼비아대학교와 하버드대학교에서 공부한 다음 시카고대학교 교수가 되었다. 밀리는 라이프와의 관계를 공개적으로 말하지 않았지만, 1976년 인터뷰에서 이 시기의 삶에 대해 털어놓았다.[41] "나 자신에 대해 많은 것을 배운 시절이었어요." 밀리는 이렇게 말했다. "내 인생에서 무엇이 중요하고 내가 무엇을 하고 싶은지 배웠어요. 그래서 우선순위를 정했습니다. 나에게는 무엇보다 가족이 중요하다고 생각했고, 이 생각이 내 인생의 다음 10년 동안 많은 영향을 주었죠."[42]

라이프와 헤어지고 나서 밀리는 결국 자신의 가장 위대한 수호자이자 평생의 동반자가 될 남자를 만나게 된다. 가족들이 알고 있는 이야기에 따르면, 진은 자기가 가르치는 재주가 없다는 것을 기꺼이 인정했다. 그는 학생들 앞에서 조금 긴장하는 편이었지만 이러한 약점은 행운을 안겨주기도 했다. 어느 날 강의가 끝난 뒤 밀리는 진에게 다가가 그가 얼마나 강의를 못 했는지 말했다. 나중에 진은 그 자리에서 이 젊은 물리학자와 결혼해야겠다는 생각이 들었다고 말했다.[43]

밀리의 가족에 따르면, 둘은 자전거를 타거나 산책하고 밀리의 운전 연습을 도와주는 등 여러 활동을 함께하면서 데이트를 했다. 진은 분명히 반했고 밀리도 서로 마음이 통한다고 느꼈다. 진은 자기 어머니에게 보낸 편지에서 새로운 동료에 대한 기쁨을 굳이 감추려고 하지 않았다.

"어머니, 캄(진의 동생)이 어머니 집의 페인트칠을 끝내면 제 아파트에 페인트칠을 하도록 시카고로 보내주시면 어떨까요? 하지만 밀리가 도와주겠다고 했어요. 밀리가 캄보다 더 보기 좋으니 캄이 오지 않아도 될 것 같기는 합니다."[44]

──── 초전도성 연구에 발을 내딛다

진이 시카고대학교에 왔을 때 밀리는 박사학위 연구의 초기 단계를 진행하고 있었다. 그는 지도교수의 도움을 받지 못하는 밀리를 크게 격려했다. 밀리의 연구는 막 성장하기 시작한 분야였기 때문에 실험을 준비하기가 쉽지 않았다. 미국의 물리학자 존 바딘John Bardeen, 리언 쿠퍼Leon Cooper, 로버트 슈리퍼Robert Schrieffer는 나중에 노벨상을 받게 되는 이론을 아직 발표하기 전이었다. 그들이 연구한 주제는 초전도성이다. 이는 물질을 충분히 낮은 온도로 냉각하면, 전기저항이 완전히 사라져서 전력을 소비하지 않고도 큰 전류를 흐르게 하는 성질을 말한다. 밀리에게는 다행스럽게도 시카고대학교에 맨해튼 프로젝트에서 사용했던 잉여 물자가 많이 남아 있었다. 밀리의 실험실은 12년 전 페르미와 동료들이 처음으로 통제된 핵반응을 시작했던 장소인 스태그필드 지하에 있었는데, 원자로를 설치했던 곳에서 매우 가까웠다.[45] 밀리는 2012년 엔리코 페르미상 시상식에서 반쯤 농담으로 이렇게 말했다. "내가 거기에 있을 때 그곳에는 방사능이 아주 많았죠."[46]

초전도성 연구에 필요한 물질들을 개발하면서 밀리는 필요한 걸 만드는 데도 상당한 능력을 발휘했다. 특히 액체헬륨과 초전도물질로 이루어진 전선을 만들었고, 맨해튼 프로젝트에 사용하고 남은 마이크로파 장비를 자신의 실험 장비로 개조했다.[47]

밀리는 1955년 시카고대학교 물리학과에 방문한 사람에게 큰 도움을 받았다. 풀브라이트 펠로우십으로 영국에 갔을 때 알고 지낸 케임브리지대학교의 물리학자 브라이언 피파드였다. 피파드는 시카고에서 1년 동안 지내면서 주로 구리에서 일어나는 전자의 거동을 연구했지만, 초전도성에도 큰 관심을 가졌다. 그의 연구는 여러 방식으로 밀리에게 영감을 주었다.[48]

밀리는 초전도체와 그 마이크로파 특성에 대해 피파드가 쓴 초기 논문을 읽으면서 자신의 논문에서 다룰 주요 질문을 공식화하기 시작했다. 자기장에서 초전도체의 마이크로파 성질은 어떻게 될까? 밀리는 이미 초전도물질이 충분히 큰 자기장 속에 있으면 초전도성이 사라지고 보통의 물질로 돌아간다는 것을 알고 있었다. 그러나 밀리는 초전도성이 사라지고 물질이 보통의 도체로 바뀌는 도중에 구체적으로 어떤 일이 일어나는지 관찰하고 싶었다. 그래서 자신이 직접 만든 장비로 여러 물질을 실험했고, 특히 주석으로 전이온도(물질의 상태가 바뀔 때의 온도)와 자기장 방향을 계속 바꿔가면서 어떤 일이 생기는지 살펴보았다.[49]

밀리는 계속 실험을 하다가 초전도성이 사라지는 과정에서 한 가지 이상 현상을 발견했고, 이 결과는 물리학계에 약간의 관심을 불러일으켰다. 밀리의 발견에 따르면, 초전도성을 보이던 물질이 자기장에서 완전히 보통 물질이 되기 전에 잠시 초전도성이 더 커진다.[50] "나는 여러 가지 조건마다 이런 현상을 관찰했고 그 현상은 언제나 일어나는 것으로 보였어요." 밀리는 2001년에 이렇게 회상했다.[51]

밀리의 논문은 나중에 노벨상을 받은 다른 저자들의 논문과 같은 시기에 나왔다. 밀리가 논문 연구를 마무리한 1957년 12월에 바딘, 쿠퍼, 슈리퍼도 획기적인 초전도 이론을 발표했다. 이 이론은 저자들 이름의 머리글자를 따서 'BCS 이론'으로 알려져 있다. 이 이론이 모든 상황에 적용되지는 않지만(예를 들어 비교적 높은 온도에서 초전도성을 띠는 물질에는 해당되지 않는다) 고체에서 전자들이 쌍을 이루어 저항 없이 이동할 수 있다는 것을 설명한다. 이렇게 전자들이 짝을 이루는 것을 쿠퍼쌍 Cooper pair이라고 부른다. 또한 BCS 이론은 입자가속기에 들어가는 특수한 자석을 만들 때 사용되기도 한다.[52]

BCS 이론 논문을 읽은 밀리는 자신이 관찰한 이상 현상에 대한 언급이 없다는 점을 바로 알아챘다. 밀리는 몇 달 뒤에 열린 미국물리학회의 한 회의에서 자신의 발견을 보고했다. 이 보고는 곧바로 약간의 관심을 끌었는데, 바딘과 슈리퍼도 관심을 보였다.[53] "바딘은 사실 나의 연구결과에 매우 관심이 많았어요. 그의 이론으로는 이 결과를 설명할 수 없었기 때문이었죠." 밀리는 2001년에 이렇게 말했다.[54] 당시 반도체소자인 트랜지스터를 공동 발명한 공로로 첫 번째 노벨상을 받은 지 얼마 지나지 않은 바딘은 밀리가 발견한 결과를 설명할 수 없다는 사실에 아주 흥미를 느꼈다. 일리노이대학교 어바나-샴페인 캠퍼스의 교수였던 바딘은 밀리를 세미나 연사로 초청했다.[55]

밀리의 학위논문에 쏠린 관심은 경력에 도움이 되었다. 밀리의 실험은 조금씩 바뀐 형태로 여러 번 되풀이해서 수행되었다. 밀리가 발견한 이상 현상의 원인은 한참 뒤에 초전도성보다 전자기와 관련이 있는 것으로 밝혀졌다. 그전까지 이 문제가 오랫동안 해결되지 않으면서 바딘과 피파드는 학생과 연구자들에게 이상 현상의 원인을 찾을 수 있게 상세히 연구하도록 했다. 밀리는 자신의 발견 덕분에 "몇 가지 좋은 연구가 이루어졌고 BCS 이론의 전기동역학이 밝혀졌다"고 나중에 설명

했다.[56]

15년 뒤인 1972년에 바딘, 쿠퍼, 슈리퍼는 BCS 이론으로 노벨 물리학상을 공동 수상했다. 그때쯤 BCS 이론은 여러 동료의 연구로 더 발전했다. 노벨상을 수상한 이 업적에는 작지만 밀리도 기여했다. 밀리가 노벨상 수상 업적에 이바지한 첫 번째 경험이었다.[57]

이렇게 밀리는 박사학위 연구에서 좋은 업적을 냈지만, 여전히 물리학의 길을 계속 갈 수 있을지 확신하지 못했다. 오랜 뒤에 밀리는 1950년대에는 "여성이 과학 분야에서 경력을 쌓을 기회가 많지 않았지요"라고 말했다. "나는 좋은 학위논문을 썼지만 거기에서 더 나아갈 기회가 많이 있을지 의심스러웠어요."[58] 그러나 시카고대학교를 떠나 뉴욕의 코넬대학교 조교수가 된 진은 밀리가 잘 해낼 수 있다고 강조하면서 격려했다(그는 이때쯤 밀리에게 청혼해서 허락을 받아냈다).[59] "남편 진은 …… 내가 물리학을 잘할 수 있으며 물리학에서 성공할 수 있다고 나를 설득하는 데 아주 중요한 역할을 했어요."[60]

밀리에 따르면, 여성은 과학계에 있을 수 없다고 완강히 주장하던 공식적인 논문 지도교수 로슨은 밀리가 논문을 제출하기 2주 전까지도 자신의 연구를 전혀 모르고 있었다고 한다. 그럼에도 밀리는 논문 심사를 성공적으로 통과하여 박사학위를 끝낼 수 있게 되었다. 나중에 밀리는 졸업한 지 25년쯤 뒤에 로슨이 자신의 태도를 진심으로 사과했고, 저명 연구자 강연에 연사로 초대했다고 말했다. "그건 매우 친절한 일이었어요."[61]

1958년 5월 25일 밀리와 진은 간단한 예식을 치루며 결혼했다. 그들은 부부로서 새로운 삶을 시작하는 데 감격하면서 함께 물리학을 계속하기를 희망했다. 밀리는 국립과학재단이 후원하는 권위 있는 박사후 연구원 펠로우십을 확보했다. 어느 곳에서 박사후 연구원 일을 할 것인지는 밀리가 어느 정도 선택할 수 있었다. 우선 진이 있는 코넬대학교에서 제안한 2년 동안의 박사후 연구원 자리를 받아들였지만, 이 기간이 끝난 다음에 또 기회가 있을지는 두고 봐야 했다.[62]

그해 여름에 밀리는 뉴욕으로 떠났다. 밀리와 진이 코넬대학교에서 보낸 시간은 그들의 인생에서 아주 짧았지만 엄청난 기쁨과 상당한 좌절을 안겼다.[63]

——— 인생의 전환점이 된 새로운 선택

수십 년 뒤 밀리는 박사후 연구원 기간에는 성취한 것이 거의 없었다고 회상했다. 밀리는 1958년 8월 코넬대학교로 간 직후에 학위논문을 정리해서 미국물리학회에서 발간하는 《피지컬 리뷰 레터스Physical Review Letters》에 발표했고, 학위증을 받기 위해 시카고로 돌아가기 직전인 1959년 3월에는 《피지컬 리뷰Physical Review》에 발표했다. 밀리와 진은 자석을 이용한 초전도 연구의 중요한 후속 연구를 진행했고, 코넬대학교에 함께 있는 동안 논문 몇 편을 공동으로 발표했다.[64] 그러나 전체적으로 밀리는 새로운 연구의 생산이라는 면에서 1958년부터 1960년까지의 시기를 "꽤 실망스럽게" 여겼다.[65]

진은 캘리포니아대학교 대학원 시절에 알고 지냈던 물리학자 앨버트 오버하우저와 다시 만나 함께 연구하기 시작했다. 밀리도 1958년 여름에 박사후 연구원을 시작하면서 오버하우저를 비롯한 그의 동료들과 합류했다. 모든 면에서 행복한 학문적 동맹이었으나 이 협동 연구는 오래가지 못했다. 밀리가 코넬대학교에 온 지 몇 달 만에 오버하우저가 포드연구소로 떠났던 것이다.[66]

밀리와 진은 오버하우저가 떠난 뒤에 코넬대학교의 "매력이 사라져버렸다"고 나중에 말했다.[67] 밀리는 자기를 잘 도와주는 동료 한 사람을 잃었을 뿐만 아니라 다시 한번 여성에게 배타적인 상황에 맞서야 했다. 핀잔을 듣는 것은 그나마 좋은 경우였고 노골적으로 멸시당하기도 했다. 한 교수는 어떤 여성도 공학을 배우는 자기 학생들에게 강의를 할 수 없다고 밀리에게 말했다. 다시 말해 아무리 우수한 성적을 받아도 아무리 좋은 연구를 해도 국립과학재단의 지원을 받은 여성이라도 상관없다는 뜻이었다.[68]

"연구원이면 누구나 논문을 써야 했지요. 하지만 다른 사람들에게는 자기 연구에 대해 의논할 사람이 있었어요." 밀리는 2009년 미국화학회에서 발간하는 학술지 《ACS 나노ACS Nano》와의 인터뷰에서 이렇게 말했다. "나처럼 응집물질물리학을 하는 사람들은 그 교수에게 물어보았지만, 나는 (여성이기 때문에) 물리학을 하지 말라는 말을 듣고 싶지 않아서 그에게 찾아가지 않았어요. 혼자 해냈죠."[69]

그런데 전자기학을 가르치려고 했던 교수가 갑자기 코넬대학교를 떠나면서 대학 내 만연했던 이러한 여성혐오적인 태도가 시험대에 오른다. 밀리는 이미 펠로우십으로 급여를 받고 있었다. 시카고대학교에서 대학원생 시절에 이 과목을 공부했을 뿐만 아니라 수업 조교 경험도 있어서 가르칠 자격이 충분했다(고등학교와 대학 시절 여러 해 동안 과외교습을 한 경험은 말할 것도 없다). 밀리는 강의료를 받지 않고 수업하겠다고 나섰다.[70]

"큰 소동이 일어났죠." 나중에 밀리는 이렇게 말했다. "일주일 동안 매일 교수 회의가 열렸어요. 그런데 교수들은 내가 전자기학을 가르칠 자격이 있는지가 아니라 남학생들이 나에게 배우려고 할지를 걱정했고 …… 젊은 여성이 젊은 남학생을 가르친다는 걸 이해하기 힘들어했어요."[71]

밀리는 결국 전자기학 강의를 하게 되었고 놀랄 것도 없이 강의는 굉장히 성공적이었다. 이 강의를 들었던 학생들은 수십 년이 지난 뒤에 밀리의 독특한 통찰력과 강의 방식에 큰 감명을 받았다고 말했다.[72]

밀리의 박사후 연구원 시절은 다른 영역에서 생산적이었다. 1959년 9월 드레셀하우스 부부는 첫 아이이자 하나뿐인 딸 메리앤 드레셀하우스Marianne Dresselhaus를 맞이하는 기쁨을 누렸다. 밀리는 새로 태어난 딸에게 흠뻑 빠졌지만 거의 쉬지 않고 바로 출근했다. 1950년대에 젊은 과학자(당시에는 과학자라고 하면 무조건 남성이라고 생각했다)가 열심히 일하길 바라는 일반적인 기대 때문이기도 했겠지만, 밀리 스스로 연구에 대한 열정이 컸기 때문일 것이다. 메리앤은 2018년에 어머니에 대해 이렇게 썼다. "어머니는 그 시절 언제나 나를 데리고 실험실에 출근하여 나를 옆에 두고 일했던 이야기를 했습니다. 그때 나는 태어난 지 겨우 몇 주밖에 되지 않았어요. 어머니가 강의를 하러 가면 비서들이 나를 돌봐주었다고 합니다."[73]

밀리와 같은 상황에 있는 다른 여성이었다면, 남편의 경력이 우선

이기 때문에 과학자로서 잠시 날아올랐던 경력은 코넬대학교에서 끝났을 것이다. 밀리(그리고 세계의 모든 사람)에게 다행스럽게도 밀리는 다른 여성과 달랐다. 밀리의 기질도, 밀리가 찾은 인생의 반려자가 보여준 태도도 달랐다. 같은 분야의 뛰어난 이론가였던 남편은 자기 눈에 분명히 보이는 아내의 재능을 살려주려고 노력하는 열정적인 후원자였다.[74]

그러나 밀리의 박사후 연구원을 후원하는 기금이 바닥나기 시작하면서 현실적인 고민이 시작되었다. 둘은 경제적 상황과 사회적 규정으로 인해 곧 몇 가지 중대한 결정을 내려야 했다. 1950년대 후반과 1960년대 전반에 코넬대학교를 포함해 많은 학술기관과 연구기관은 친족 고용 금지 규정을 엄격하게 지키고 있어서, 한 가족에서 두 사람 이상 고용할 수 없었다.[75]

밀리는 정년이 보장된 교수인 진이 받는 봉급으로 가계를 꾸리고 자신은 급여가 없는 일을 해도 좋다고 생각했다. 그러나 코넬대학교에서는 밀리가 과학자로 일할 자리가 없다는 것이 금방 확실해졌다. "급여를 받지 않고 물리학을 하겠다고 제안했지만 …… 그들은 내가 자원봉사로 물리학을 하는 것조차 원하지 않았어요."[76] 이타카나 그 근처 어디에서도 자리를 잡을 만한 기회가 없다는 것이 확실해지자 밀리와 진은 냉정한 현실과 마주쳤다. "내가 경력을 포기하고 가정주부가 되어 그곳에 머물든지 아니면 어디론가 옮겨야 했어요." 밀리는 1976년에 이렇게 말했다.[77]

진은 단순히 성별 때문에 자기는 물리학자로서 안정된 직장을 누리는 반면 밀리의 재능을 살릴 수 없는 상황을 매우 싫어했다. 그는 밀리에게 두 사람 모두 과학자로 일할 수 있는 방법이 분명히 있다고 말했다. 그러면서 필요하다면 많은 사람이 탐내는 자신의 교수 자리도 포기하려고 했다. 메리앤은 아버지에 대해 이렇게 말했다. "아버지는 두 사람 모두 행복하게 일할 수 있는 곳으로 가고 싶다고 굳게 말했어요."[78] 손녀 엘리자베스 드레셀하우스Elizabeth Dresselhaus도 비슷한 이야기를 들려주었다. "당시에는 과학자가 되고 싶어 하는 여성을 이해하는 사람이 거의 없었겠지만 할아버지는 할머니의 능력을 믿었어요."[79]

MIT에서 오랫동안 일하면서 밀리와 진의 행정 지원을 담당했던 로라 도티Laura Doughty는 이렇게 말했다. "진은 밀리의 독특한 천재성을 알아보았어요. 그는 물리학계에서 그저 그런 사람이 아니었습니다. 진이 매우 똑똑했으니 밀리의 능력이 얼마나 뛰어난지 잘 알아보았던 거죠. 그래서 진은 밀리를 위해 길을 열어주고 그녀만이 할 수 있는 일을 하도록 최대한 돕는 것이 자신의 역할이라고 생각했어요. …… 진은 항상 밀리를 맹렬히 보호했고 사람들이 밀리를 나쁘게 대하는 곳에 그녀가 가는 것을 원하지 않았습니다."[80]

밀리와 진이 그들을 함께 고용하고 싶어 하는 곳을 찾는 데는 오래 걸리지 않았다. 둘은 갓난아기를 돌봐야 할 뿐만 아니라 아이를 더 낳고 싶어서 교수직보다는 연구직이 좋겠다고 생각했다. 교수가 되면 새로운 과목 강의를 준비하고 수업하면서 학생들을 가르치고 일주일마다 제출하는 학생들의 보고서를 검토할 시간이 부족할 것이라고 생각했다.[81]

밀리와 진에게 관심 있다고 연락한 여러 연구실 가운데 뛰어난 연구기관 두 곳에서 가장 중요한 요구 사항을 들어주겠다고 했다. 친족 고용 금지 규정의 적용을 받지 않고 부부가 같은 곳에서 일하게 해주겠다는 것이었다. 이제는 어느 쪽을 선택해야 할지 난처해지자 선택의 기로에 선 모든 사람이 하는 것처럼 각각의 장단점을 일일이 따져보았다. 밀리는 나중에 이렇게 말했다. "우리는 점수표를 만들어서 거기에 모든 조건을 적었어요. …… 그런 다음에 점수를 매겼죠."[82]

최종 후보 두 곳 가운데 하나는 IBM이었다. 세계적으로 유명한 첨단기술 기업인 IBM은 1960년까지 차세대 컴퓨터 개발을 지원하기 위해 기초과학과 공학 연구에 힘을 쏟기로 결정했다. 이 회사가 1945년에 최초로 설립한 기초과학연구소는 맨해튼 어퍼 웨스트사이드의 컬럼비아 대학교에 있었다. 나중에 벨연구소의 존 바딘, 윌리엄 쇼클리, 월터 브래튼이 트랜지스터를 발명하자 IBM의 포킵시연구소는 고체물리학과 공학에 집중하기 시작했다. 1950년부터 1954년까지 IBM의 연구개발 부문 직원의 수는 600명에서 3,000명으로 다섯 배가 늘었다.[83]

1956년에 IBM 경영진은 연구 부문을 통합하고 개발 부문과 분리하여 이 분야에서 최고의 인재들을 모으기로 했다. "연구 조직을 분리할 때 예상되는 이점 가운데 하나는 과학과 공학에서 고급 학위를 받은 우수한 졸업생을 끌어들일 수 있다는 것이었다." 에머슨 퓨는 1995년에 출간한《IBM 만들기: 기업의 형성과 그 기술Building IBM: Shaping an Industry and Its Technology》에 이렇게 썼다. "학위를 받은 젊은이들은 그들을 가르친 교수들이 말하는 대로 개발은 기초연구에 비해 열등한 활동이라고 믿었다"고 덧붙였다. [84]

밀리와 진이 코넬대학교를 막 떠나려고 할 때 IBM은 뉴욕 요크타운 하이츠에 번쩍거리는 새 연구본부인 토머스 J. 왓슨 연구센터의 건설을 마무리하고 있었다. IBM의 관리자들은 밀리와 진이 함께 IBM에 들어와 새로운 통찰력으로 물질의 본질을 알아내고, 이 기업이 미래의 기계를 만드는 데 필요한 지식을 알려주기를 원했다. IBM은 두 사람 모두에게 급여를 지급하는 것은 물론이고 원한다면 함께 일하게 해주겠다고 제안했다.[85] 밀리는 이렇게 말했다. "IBM은 진심으로 우리를 원했어요."[86]

IBM과 경쟁할 만한 최고의 제안을 한 곳은 링컨연구소였다. 당시 링컨연구소는 링컨, 렉싱턴, 베드포드, 콩코드 네 곳의 보스턴 교외 지역이 만나는 곳에 있었다. 1951년에 MIT가 만든 링컨연구소는 냉전시대 초기에 연방정부의 자금 지원으로 설립한 연구개발 시설이었다. 이 연구소는 1949년에 나온 보고서의 영향으로 설립되었다. 보고서에 따르면, 소련은 같은 해 8월 29일 비밀리에 최초의 원자폭탄 실험에 성공했다. 이 사실을 알게 된 미국은 큰 충격에 빠졌다. 당시 미국은 핵 공격에 무방비로 노출되어 있었으므로 국방부는 최대한 빨리 국가 방어 시스템을 구축하려고 했다.[87]

MIT 물리학과의 조지 밸리 교수는 야심 찬 조사 끝에 미국 정부가 자금을 지원하고 MIT가 관리하는 연구기관을 만들어서 미국 전역을 안전하게 지킬 수 있는 항공 방위 시스템을 개발하자고 제안했다. MIT 연구진은 제2차 세계대전 동안 레이더 분야에서 세계 최고의 기술을 보유하게 되었고, 이미 전국 방공 시스템에 필요한 컴퓨터 기술 가운데 일부를 개발했다. 여기에는 밀리가 풀브라이트 펠로우십을 받기 위해 포기한 훨윈드에서 개발한 컴퓨터도 있었다. 연구소 건립을 위한 여러 가지 필요성과 적합성 조사를 거쳐 프로젝트 링컨Project Lincoln에 의해 링컨연구소가 설립되었다. 처음에는 수백 명의 직원으로 시작했지만 2년

만에 약 1,800명으로 급격히 늘었다.[88]

1957년 링컨연구소의 초기 임무는 반자동 지상환경Semi-Automatic Ground Environment, SAGE 방공 시스템의 개발로 공식 완료되었다. 많은 사람이 시스템의 시험과 실현은 연구소의 업무 범위 밖이라고 생각했던 것이다. 이 시점에서 MIT 관리자들은 군사 응용 분야에서 연구소의 역할을 다시 생각하기 시작했다. 한편 소련은 1957년 10월에 최초의 인공위성인 스푸트니크 1호를 발사했다. 밀리와 진이 일자리를 찾기 2년 전쯤에 링컨연구소는 국가 안보에 영향을 주는 새로운 연구 분야를 시작했는데, 이 분야에서 일하는 과학자와 공학자들은 어쩔 수 없이 최신 고체물리학을 배워야 했다.[89]

밀리와 진은 둘 다 물리학자 벤저민 랙스가 이끄는 링컨연구소 고체 부문의 직원으로 와달라는 제안을 받았다. 둘이 긴밀히 협력할 수 있다는 점 말고도 특별한 업무 방식이라는 면에서 대단히 좋은 제안이었다. 링컨연구소에서 국방 관련 연구를 하는 사람들이 응집물질물리학을 이해하도록 도와주고 나면, 나머지 시간에는 밀리와 진이 하고 싶은 거의 어떤 기초연구라도 할 수 있다는 것이었다.[90] "이보다 더 좋은 조건이 있을까요?" 밀리는 2007 MIT 구술사 인터뷰에서 이렇게 말했다. "요즘은 자유롭게 자기의 관심사를 추구할 수 있는 그런 자리가 없죠."[91] 밀리와 진은 상당히 오래 고민한 끝에 링컨연구소로 가기로 결정했다. 이제 남은 일은 성장하는 가족을 위한 보금자리를 찾는 것뿐이었다.

드레셀하우스 가족은 1960년 9월에 침실 네 개짜리 이층집으로 이사했다. 50년이 넘도록 산 이 집은 링컨연구소와 케임브리지에 있는

MIT 캠퍼스의 중간쯤에 있어서 매우 편리했다. 밀리는 2015년 〈알링턴 퍼블릭 뉴스Arlington Public News〉와의 인터뷰에서 이렇게 말했다. "우리는 그 안으로 걸어 들어갔어요. 집이 아주 좋아 보였고 값도 적당했고 사람들은 우리를 환영해주었죠. 우리는 바로 이사했고 그게 전부였어요!"92

58년이 지나 이슬비가 내리는 4월의 어느 날 오후, 메리앤이 매사추세츠주 알링턴 교외에 있는 부모님 집에서 나를 맞아주었다. 4남매가운데 첫째인 메리앤의 환한 미소, 현명해 보이는 푸른 눈, 굽이치는머리칼을 하나로 묶어 늘어뜨린 모습은 밀리와 진을 모두 닮았다. 드레셀하우스 가족이 반세기가 넘도록 살았던 집은 아늑하고 친근한 느낌이 들었다. 케임브리지와 보스턴으로 쉽게 갈 수 있고, 뒷마당은 넓고아름다운 공원으로 이어져 있어 아주 좋은 위치에 있었다. 그러나 오랫동안 6명의 가족(게다가 낮 동안 상주하는 보모와 가정부도 오랫동안 고용했다)이 함께 살았다고 생각하면 조금은 소박해 보였다.93 집 안에는 과학자로 살아온 밀리와 진의 기념물이 아주 많았다. 과거 동료, 친구들과 함께 찍은 사진 액자, 과학 회의 로고가 새겨진 머그컵 등이 있었다. 드레셀하우스 가족의 중심이 되었던 음악에 관련된 물건도 많았다. 거실에는 수많은 악보와 보면대가 있었고, 파티와 추수감사절 만찬, 음악 연주를 위해 초대된 사람들, 바이올린이나 비올라를 연주하는 밀리, 지휘하는 진의 사진이 진열되어 있었다.

유명한 과학자가 살면서 꾸며놓은 집이라고 하면, 사람들은 대개훨씬 더 호화로운 모습을 상상할 것이다. 하지만 밀리가 얼마나 어렵게출발했고 얼마나 소박한 희망을 가졌는지 알게 되면, 이렇게 매력적으로 꾸며놓은 집을 완전히 이해할 수 있다. 밀리와 진이 1960년에 이 집을 선택했을 무렵 밀리의 연구 경력은 막 뻗어나가기 시작하고 있었다. 수십 년 동안 이 집은 드레셀하우스 가족의 여러 활동을 위한 인큐베이터 역할을 했다. 휴식과 육아의 장소이기도 했지만, 아이디어가 탄생하고 진화하는 장소였고, 학생과 동료들이 연구에 대한 통찰이나 짓궂은 농담을 주고받는 곳이기도 했고, 모차르트, 슈베르트와 브람스의 메아리가 여전히 들리는 곳이다.

5

한 과학자가
꽃을 피우다

환한 미소와 특징적인 큰 귀를 가진 물리학자 벤저민 랙스Benjamin Lax는 어린 학생 시절부터 생각이 많은 몽상가이자 천재적인 사상가였다. 또한 자연의 이론에 바로 빠져들어 자기가 세운 가설이 올바른지 알아보는 실험을 하면서 흥분을 느끼는 과학자였다. 그는 MIT에서 플라스마plasma(여분의 하전입자를 가진 기체로, 고체, 액체, 기체와 함께 물질의 네 번째 상태)에 자기장을 걸었을 때 일어나는 효과를 연구하여 박사학위를 받았는데, 이론과 실험이 섞인 연구였다. 그 뒤로도 랙스는 이론과 실험을 아우르는 연구를 하면서 오랫동안 풍부한 결실을 맺었다.[1]

MIT 링컨연구소가 설립될 때부터 참여한 랙스는 새로운 프로젝트를 잇따라 성공시키면서 빠르게 명성을 쌓았다. 밀리가 시카고대학교에서 코넬대학교로 떠날 무렵인 1958년에 그는 권위 있는 관리자가 되었다. 랙스는 링컨연구소의 고체 부문을 이끌면서 동료들과 함께 트랜지스터와 집적회로 같은 전자장치, 광전효과를 이용하는 태양전지 등의 개발에 집중했다. 이러한 장치들의 재료로 사용하는 실리콘이나 비소화갈륨 같은 물질은 어떻게 만드는지에 따라, 상황에 따라 도체처럼 전기가 잘 흐를 수도 있고 부도체처럼 전기가 흐르지 않을 수도 있다.[2]

반도체와 그 사촌인 반금속semimetal(금속과 비금속의 성질을 조금씩 가지는 원소)을 더 잘 이해하려고 랙스와 고체 부문의 연구원들은 MIT 캠퍼스의 유명한 킬리언 코트(MIT 캠퍼스의 한 구역이다-옮긴이) 동쪽 가장자리에 있는 4번 건물 지하에서 시간을 보냈다. 그곳에는 MIT 물리학과 교수인 프랜시스 비터가 작은 실험실을 만들어 운영하고 있었다. 이 실험실에 있는 제어된 자기장을 생성하는 강력한 전자석은 링컨연구소의 장비보다 상당히 강한 자기장을 만들 수 있었다. 랙스와 동료들은 이 장비를 사용해서 여러 물질의 전자기적 특성을 조사하는 실험을 했다.[3]

그러나 이 전자석으로 얻을 수 있는 자기장의 세기에도 한계가 있었으므로 랙스는 훨씬 크고 정교한 전자석을 만들 계획을 세웠다. 이러한 최첨단 시설과 장비는 MIT와 링컨연구소를 넘어 전 세계의 과학자와 공학자들이 몰려오게 할 것이다.[4] 추진력도 강하고 사람들을 설득하는 능력도 뛰어난 랙스는 금방 이 계획을 실현했다. 그는 비터를 포함한 팀을 구성하고 이끌면서 미국 공군과학연구국으로부터 국립자석연구소를 설립하는 데 필요한 자금을 확보했다. 1967년에 비터가 죽은 뒤 프랜시스 비터 국립자석연구소로 이름을 바꾼 이 연구소는 강력한 자기장을 생성할 수 있는 세계 최초의 연구시설이었다. 무엇보다 이곳에서 생성한 자기장으로 물질의 성질을 연구하기에 가장 좋은 시설이 되었다.[5]

밀리와 진이 링컨연구소에서 랙스와 함께 연구할 수 있게 되었을 때 국립자석연구소 설립은 아직 계획 단계였다. 랙스는 이전에 다른 연구를 하다가 두 과학자를 알게 되었다. 특히 하전입자(전하를 띤 입자)가 자기장에서 외부의 힘에 노출되었을 때 일어나는 현상인 사이클로트론 공명cyclotron resonance에 관련된 중요한 실험에서 진과 협력한 적이 있었다.[6] 당시 다른 연구 관리자와 달리 랙스는 여성을 고용하는 데 열심이었다. 몇 년 전 그는 물리학자 로라 M. 로스Laura M. Roth를 뽑아서 자기 그룹에서 연구하도록 했다. 밀리에 따르면, 밀리가 합류한 뒤부터 랙스는 연구소를 찾아온 손님들에게 자신이 "미국에서 가장 뛰어난 젊은 여성 물리학자 두 사람"과 함께 일한다고 말했다고 한다.[7]

밀리와 진이 이 새로운 직장에서 일을 시작할 당시 한 가지 중요한 예외 말고는 무슨 연구를 해도 좋다는 말을 들었다. 랙스는 나중에 밀리와 진이 자유롭게 연구하도록 보장해주었지만, 밀리의 전문 분야인 초전도성에 대해서만은 의심을 품었다. 그는 초전도성이 이미 BCS 이론처럼 큰 발전이 이루어진 데다 과학의 주제로서 근본적으로 끝났다고 생각했다.[8] 밀리는 2012년 인터뷰에서 상사였던 랙스에 대해 "그는 그때 막 발견된 메이저와 레이저를 이용해서 반도체의 특성을 연구하는 일에 더 관심이 컸어요"라고 회상했다.[9] 레이저Light Amplification by Stimulated Emission of Radiation, LASER(복사의 자극 방출에 의한 빛 증폭의 약자)와 메이저Microwave Amplification by Stimulated Emission of Radiation, MASER(복사의 자극 방출에 의한 마이크로파 증폭의 약자)는 당시에 갓 태어난 기술이었다. 링컨연구소와 다른 연구자들은 이 기술을 활용한 새로운 응용을 구상하느라 바빴다.[10]

랙스는 밀리에게 프로젝트에 참여하는 연구원들의 자문 요청에 답하는 일 말고 다른 연구에서는 궁극적으로 초전도물질 이외의 분야에 집중하라고 요구했다. 밀리는 초전도성에 대한 뛰어난 연구 덕분에 링컨연구소로 왔기 때문에 연구 방향을 바꾸라고 했을 때 당연히 좌절했을 것이다. 그러나 지금껏 그래왔듯이, 밀리는 단순하게 물리학의 또 다른 영역을 배울 수 있는 좋은 기회라고 여겼다. 밀리는 어린 시절에 뉴욕에서 자라면서 기회를 찾았고 대학원 시절에는 페르미에게 중요한 교훈을 배웠다. 이러한 삶의 여정을 거치며 사정이 되는 대로 한다는 유연한 사고방식을 자연스럽게 받아들이게 되었다. 근시안적으로 제한된 연구만 고집하지 않고 방향을 바꿔 과학에 대해 더 넓은 이해를 추구하는 것은 훨씬 (실용적일 뿐만 아니라) 현명한 태도이다.[11] 밀리는 "다른 분야를 배울 수 있어서 결국 내 경력에 큰 보탬이 되었습니다"라고 2007년 MIT 구술사 인터뷰에서 말했다. "나에게는 연구 분야의 제한이 정말 좋은 방향으로 작용했어요."[12]

랙스는 레이저와 메이저 말고도 자기광학magneto-optical이라는 물리학의 하위 분야에도 관심이 있었다. 자기광학은 간단히 말해 자기장에서 물질과 빛의 상호작용을 연구하는 분야이다. 밀리도 이 분야에 호기심이 생겨서 자세히 들여다보았다. 밀리도 초전도성을 연구할 때 자기장을 다루어본 적이 있었다. 그러나 광학과 관련된 경험은 없어서 완전히 새로운 기술을 배워야 했다. 광학 실험 기술을 익히려면 상당한 시간과 노력이 필요했다.[13] 밀리는 나중에 이렇게 설명했다. "강력한 자기장 속에서 전자가 어떻게 행동하는지 레이저를 이용해서 알아보는 연구였어요."[14]

밀리는 6개월 남짓 자기광학과 관련된 자세한 내용을 익혔다. 처음에는 반도체를 철저히 연구했다. 반도체는 상황에 따라 전기가 흐르기도 하고 흐르지 않기도 하는 물질로, 많은 연구자가 컴퓨터에 응용하고자 이 물질에 관심을 가지고 있었다. 밀리에 따르면, 당시 고체 부문에 소속되어 있던 대부분의 동료가 반도체가 어떻게 작동하는지 알아내는 데 집중하고 있었다고 한다. 자기광학 전문가들은 고체 반도체 물질이 가질 수 있는 에너지띠나 에너지의 범위를 더 잘 이해하려고 애썼다. 이것을 알면 반도체 속 전자의 성질을 확실하게 알 수 있고, 이 지식을 다음 세대의 전자부품을 개발하는 데 활용할 수 있었기 때문이다.[15]

밀리도 처음에는 반도체에 흥미가 있었지만 반도체 재료 몇 가지를 연구한 뒤에 흥미를 잃었다. 더군다나 수많은 동료가 똑같은 일반적인 문제에 매달리고 있다는 사실에 흥미롭지 않았다.[16] 밀리는 언제나 호기심이 많았고 무언가 독특한 것을 연구하고 싶어 했다. 그래서 자기광학의 기초를 익힌 뒤 이를 바탕으로 다른 원소를 연구하기로 결정했다. 그 원소는 원자번호 83번인 비스무트Bi에서 시작되는 반금속이었다.[17]

비스무트는 자연적으로 무지갯빛을 띠는 계단형 결정체를 형성하며, 밀도가 매우 높고 아주 약간의 방사능을 가진 원소이다. 비스무트의 산화물은 여러 가지 색깔이 섞여 있어서 매우 아름답게 보인다. 랙스의 그룹은 비스무트 속 전자의 성질에 관심을 가졌다. 밀리와 진이 왔을 땐 비스무트의 사이클로트론 공명을 이해하기 위한 실험을 진행하고 있었다. 밀리와 진도 이 프로젝트에 참여하여 MIT의 4번 건물 지하에서 전자석을 이용해 실험하면서 MIT 캠퍼스에 처음으로 발을 디뎠다.[18]

프로젝트에서 금방 전도유망한 결과가 나왔지만 곧 연구팀원과의 갈등이 밀리를 가로막았다. 밀리가 "어려운 성격"을 가졌다고 말한 동료 한 사람이 함께 일하고 싶어 하지 않는 것처럼 보였다. 확실하게 알수는 없지만 어쩌면 밀리가 여성이었기 때문일 수도 있었다.[19] 밀리는 결국 이 프로젝트를 포기하고 다른 프로젝트를 찾았다. "아무도 크게 문제 삼지 않았어요." 밀리는 나중에 이렇게 설명했다. "나는 해야 할 일이 아주 많았어요. 어떤 사람이 나와 함께 일하는 게 싫다면 나는 기꺼이 다른 일을 할 수 있었죠."[20]

다시 한번 새로운 연구 방향을 찾으려고 밀리는 과학에 대한 의논 상대이자 남편인 진과 이야기했다. 진은 수많은 화합물을 이루는 놀라운 원소인 탄소를 연구하라고 조언했다. 진은 흑연을 포함한 다양한 탄소 동소체를 연구한 적이 있었다. 이 연구를 하면서 그는 탄소가 매우 매력적인 물리학을 숨기고 있다고 생각했다. 오래지 않아 밀리는 탄소 속 전자의 성질이 매우 독특한 매력을 가졌으며, 철저히 연구할 가치가 있다고 생각하게 되었다.[21] "반도체와 비슷한 성질을 가지기는 했지만 전혀 반도체가 아니었어요."[22] 밀리는 2015년 인터뷰에서 이렇게 말했다. 특히 탄소의 전자 에너지띠가 매우 독특하지만 아직 완전히 밝혀지지 않았다는 점에 호기심을 느꼈다.[23] "탄소에 대해 조금 알고 나니 왜 사람들이 관심을 갖지 않는지 궁금해졌죠."[24]

밀리와 진이 동료들이 그때까지 탄소를 연구하지 않은 이유는 탄소 원자의 성질이 너무 복잡해서 제대로 연구할 수 없는 데다 자세히 연구해도 중요한 결과를 얻기 어렵다고 보았기 때문이다.[25] 물질 내부에서 일어나는 전자의 행동을 이해하려고 하면 에너지띠가 더 많기 때문에 훨씬 복잡해진다.[26] "링컨연구소의 윗사람들은 회의적인 태도로 내가 이 연구에서 얻을 것이 별로 없을 거라고 말했어요." 밀리는 2002년에 이렇게 말했다. "그렇지만 나는 좋은 도전이라고 생각했죠."[27]

진이 도와준 덕분에 밀리는 탄소 연구에 많은 장점이 있다는 것을 알게 되었다. 무엇보다 과학적인 관점에서 탄소가 연구주제로서 상당히 매력적인 특징이 있다는 것을 깨달았다. 그 가운데 하나는 전자의 유효질량(외부의 힘에 대해 가지는 것으로 보이는 질량)이 작다는 것이었다. 전자의 유효질량이 작으면 작을수록 물질 속 전자를 연구하기가 더 쉬워진다. 다른 하나는 탄소 원자 안에서 전자가 가질 수 있는 에너지준위(원자나 분자가 갖는 에너지 값)의 간격이 매우 넓다는 점이었다. 이는 에너지준위의 간격이 좁을 때보다 연구하기에 더 적합하다.[28]

밀리에게 탄소 연구가 좋은 또 다른 이유는 경쟁자가 없다는 것이었다. 밀리는 2001년 인터뷰에서 이렇게 말했다. "다른 사람들이 연구하지 않아서 천천히 연구해도 되는 주제를 원했어요. 나는 전 세계와 경쟁하고 싶지 않았으니까요."[29] 경쟁이 약하다는 것은 밀리가 계속 획기적인 결과를 내지 않아도 된다는 뜻이었다. 1960년대 초반을 보내는 밀리에게 엄청난 혜택이었다. 당시 밀리는 임신을 했거나 갓난아기를 키우거나 또는 둘 다 하고 있었기 때문이다. "그땐 여성이 서른다섯 살 넘어서 아이를 낳으면 위험하다고 생각했어요." 2009년에 이렇게 말했다. "나는 서둘러서 서른다섯이 되기 전에 모든 아이를 낳았죠."[30]

밀리는 1959년부터 1964년까지 5년 동안 짧은 터울로 4명의 자녀를 낳았다. 둘째 아이이자 맏아들인 칼 드레셀하우스Carl Dresselhaus는 1961년 1월에 태어났다. "나는 언제쯤 진지하게 일할 시간이 날지 알 수 없었어요." 밀리는 2002년에 이렇게 말했다. "충분히 어려운데도 사람들이 별로 관심을 갖지 않는 문제를 찾아야 했죠. 매력적인 주제에는 많은 사람이 달려들 테니까요."[31]

밀리는 아이들을 키우는 동안 헌신적으로 일해준 보모에게 큰 도움을 받았다. 도로시 테르지안Dorothy Terzian은 약 30년 동안 드레셀하우스의 집에서 일하면서 아이들을 돌보고 식사를 준비하고 밀리와 진이 없을 땐 다른 집안일도 해주었다.[32] 아들 폴 드레셀하우스Paul Dresselhaus는 이렇게 말했다. "어머니는 언제나 당신이 해냈던 모든 일이 테르지안을 고용한 덕분이라고 말했습니다. 테르지안은 이미 5명의 아이들을 키운 어머니였고 우리에게 좋은 영향을 주었어요. 그 시절에는 여성이 아이들과 함께 집에 있어야 한다고 생각했습니다. 처음에 어머니는 테르지안에게 당신이 버는 것보다 더 많은 급여를 주었다고 했습니다. 하지만 어머니의 경력을 위해 꼭 필요한 투자였다고 말씀하셨어요."[33]

테르지안이 많이 도와주었지만 밀리는 아이들을 처음 낳아 기르던 때가 일과 가정의 균형을 맞추기 가장 어려웠던 시기라고 했다. 그래서 연구자 간의 경쟁이 심하지 않았던 탄소 연구를 선택했고, 연구에 대한 압박감에서 벗어나 약간의 여유를 얻을 수 있었다.[34] 밀리는 〈뉴욕타임스〉와의 인터뷰에서 이렇게 말했다. "만약 아이가 아파서 집에 있어야 한다 해도 그걸로 세상이 끝나지는 않겠죠."[35]

육아휴직이 직장인들에게 일반적으로 주어지는 복지가 아니던 시절이었지만, 밀리가 세 아들을 낳는 동안 모두 합쳐서 닷새밖에 쉬지 않은 일은 유명하다.[36] 밀리에 따르면, 한 아이는 눈 오는 날에 태어났고 다른 아이는 휴일이 낀 긴 주말에 태어났다. "나는 연구에 관심이 아주 많아서 아기를 낳을 때도 병원에 서류가방을 가져갔어요." 밀리는

1976년에 이렇게 말했다.[37] 밀리가 하루나 이틀 뒤에 출근하면 동료들 조차 밀리가 막 출산했다는 사실을 알지 못하기도 했다. "사람들이 '아 기는 언제 낳을 것 같아요?' 하고 물어서 이렇게 대답했어요. '벌써 낳 았어요! 내가 달라 보이지 않나요?'"[38]

당시 링컨연구소에 고용된 여성 과학자는 밀리와 로라 로스뿐이었 다. 둘 말고 과학자로 고용된 1,000명에 달하는 직원은 모두 남성이었 다. 밀리가 실험을 진행했던 MIT의 여학생 수는 2퍼센트에 불과했다.[39] 밀리는 〈뉴욕타임스〉와의 인터뷰에서 "우리는 거의 보이지 않았어요" 라고 말했다.[40]

밀리는 새로운 분야를 개척한다는 것이 누구에게나 "외로운 모험 일 가능성이 높다"는 것을 잘 알고 있었다.[41] 연구 보고서는 몇 년이 지 나도 아무도 읽지 않을 수 있으며, 운이 나쁘면 결국 쓰레기통에 들어갈 수도 있다. 새로운 분야에 관심 있는 사람들이 서로 연락하고 결과를 공 유하고 새로운 아이디어의 토론을 돕는 학술회의는 아직 존재하지 않 았다. 함께 의논할 동료가 없다는 것은 새로운 분야를 연구하는 과정에 서 어쩔 수 없이 나타나는 단점이지만, 반대로 이 분야가 자리를 잡고 나면 다음 세대의 과학자들에게 영향을 줄 수 있는 엄청난 기회를 얻을 수 있다.

다음 50년 동안 펼쳐진 밀리의 인생은 자신과 진의 판단이 옳았다 는 증거였다. "내가 연구를 시작했을 때 탄소에 관한 논문의 수는 본질 적으로 0이었지만 그 뒤로 줄곧 증가했어요." 〈뉴욕타임스〉와의 인터뷰 에서 이렇게 말했다.[42] 게다가 2007년 MIT 구술사에서 말했듯이, 탄소 연구는 나중에 굉장히 중요한 연구로 밝혀졌다.[43]

탄소 연구의 시작에 얽힌 밀리의 개인적인 사정은 시련과 어려움의 연속이었다. 그러나 1960년대에 탄소는 밀리가 찾던 불꽃이 되었다. 이 불꽃은 느리지만 착실하게 타올랐고, 진이 말했던 대로 밀리처럼 호기심 넘치는 연구자에게 최고의 전망을 보여주었다.

─── 매혹적인 성질을 가진 탄소 연구

고등학교에서 화학을 배우거나 지금 여러분이 보고 있는 것과 비슷한 책을 읽지 않는다면, 찬란한 다이아몬드와 시커먼 연필심이 사실은 같은 원소로 이루어져 있다는 것을 전혀 모를 것이다. 이 두 가지는 본질적으로 같은 물질인 고체 탄소로 만들어졌지만 모양과 성질은 완전히 다르다(그림 2).

다이아몬드는 부서지지 않는다는 뜻의 그리스어 아다마스adámas에서 유래한 이름이다. 다이아몬드는 탄소 원자의 결정으로 이루어지며, 각 원자는 이웃에 있는 다른 네 개의 탄소 원자와 전자를 공유한다. 이 결정 격자를 유지하는 화학 결합을 깨기는 매우 어렵다. 이것이 다이아몬드가 지구상에서 가장 단단한 물질인 이유이며, 이 때문에 산업에서 단단한 재료를 자르거나 구멍을 뚫고 연마할 때 사용된다(다이아몬드가 자연에서 아주 희귀한 광물은 아니다. 다이아몬드가 비싼 이유는 한 회사가 독점적으로 공급하면서 가격을 의도적으로 비싸게 유지하기 때문이다).[44]

연필심의 주성분은 자연에 존재하는 탄소의 또 다른 형태인 흑연

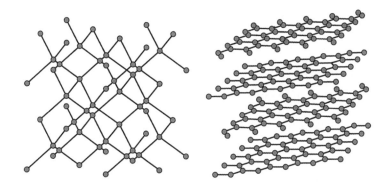

그림 2

다이아몬드(왼쪽)에서는 탄소 원자가 이웃에 있는 다른 네 개의 탄소 원자와 강하게 결합한다. 흑연(오른쪽)에서는 탄소 원자가 거의 2차원 평면에서 세 개의 다른 원자와 강하게 결합한다. 평면 안에서의 결합은 믿을 수 없을 정도로 강한 반면 다른 평면과의 결합은 매우 약하다.

이다. 사면체 형태의 격자를 이루는 다이아몬드와 달리 흑연은 그래핀 graphene이라는 2차원 시트sheet(판)에 탄소 원자가 육각형 고리 모양으로 배열되어 있다. 이 시트는 중성인 두 개의 분자 사이에 작용하는 힘을 뜻하는 판데르발스의 힘으로 서로 약하게 결합되어 있다. 그래서 흑연은 매우 튼튼하면서도 놀라울 정도로 잘 미끄러진다. 그래핀 시트 안에서 탄소 고리를 유지하는 결합은 매우 강하지만(자연에서 발견되는 가장 강한 결합 가운데 하나) 시트와 다른 시트 사이의 결합은 매우 약해서 아이들이 종이에 연필로 낙서를 할 때마다 결합이 깨질 정도이다. 흑연의 구조는 크루아상이나 페이스트리처럼 반죽에 켜켜이 층을 넣어 굽는 빵과 비슷하다.[45]

연필심을 제조할 때는 흑연에 점토를 조금 섞어서 작업 과정을 쉽게 하고 글씨를 쓰거나 그림을 그릴 때 짙기의 정도를 다양하게 만든다. 흑연은 연필심 말고도 건전지, 원자로 부품, 기계 윤활제 등 수많은 용도로 사용된다. 흑연으로 만든 탄소섬유 강화 플라스틱은 가볍고 가공하기 쉬워서 테니스 라켓, 낚싯대, 자동차 부품 등에 사용된다.[46]

흑연은 전기 전도체이므로 연필심으로 전기회로를 연결해도 전기가 통한다. 1밀리미터 두께의 흑연(대략 연필심의 평균 지름과 같다)에 약 300만 개의 그래핀층이 들어 있으며, 이러한 층들은 특히 흥미로운 특성을 지녔다는 사실이 입증되었다.[47] 2010년에 안드레 가임과 콘스탄틴 노보셀로프는 2차원 물질인 그래핀에 대해 획기적인 실험을 한 공로로 노벨 물리학상을 수상했다. 이들은 셀로판테이프로 흑연 덩어리에서 흑연 한 층을 벗겨내는 데 성공했다. 이는 나중에 살펴보겠지만 밀리와 다른 연구자들이 몇십 년 전에 이론적으로 연구한 것이다. 흑연의 층은 거의 투명하지만 기체 원자는 통과할 수 없다.[48]

밀리는 할 수 있는 한 탄소의 매혹적인 특성을 모두 이해하고 이 원소가 가진 다양한 형태 사이의 차이점을 알아내고 싶었다. 밀리는 MIT가 국립자석연구소를 짓기 시작한 시기에 탄소 연구를 시작했다. 연구소 설립 책임자인 랙스는 원래 자석연구소를 링컨연구소에 설치하려고 했지만, 결국 최종적으로 선택된 장소는 케임브리지였다. 연구 중심 대학들이 몰려 있는 곳이라 연구자들이 접근하기 쉽다는 것이 하나의 이유였다.[49]

이 기간 동안 밀리는 자문 업무를 끝마쳤다. 그 뒤부터는 진을 포함한 동료들과 협력하면서 자신의 연구를 하며 하루의 절반을 보냈다. 나머지 절반의 시간은 MIT 4번 건물 지하에서 전자석을 만지면서 보

냈다.[50]

"1960년대에 우리는 덩어리로서 흑연의 성질을 이해하려고 노력했어요. 덩어리가 흑연의 가장 단순한 형태이고 여러 층들이 쌓여 있는, 자연에서 흔히 볼 수 있는 모습이죠." 밀리는 2013년에 이렇게 회상했다. "흑연의 성질에 대한 이론은 있었지만 그 이론이 정확한지 알려줄 수 있는 실험은 아주 적었어요. …… 우리가 생각할 수 있는 모든 성질을 측정하는 논문을 많이 썼어요."[51]

밀리의 첫 실험은 실망스러웠다. 밀리가 실험해본 여러 가지 흑연 표본은 기업에서 군사용이나 우주 계획용으로 정부에 납품하려고 생산한 것이었다. 그러나 이 흑연 표본들은 충분히 순수하지 않았다. 결정 구조의 결함 때문에 실험 결과가 쓸모없을 정도로 왜곡되었다.[52]

다행히 극도로 순수하고 결함이 없는 합성흑연이 나와서 비교적 이른 시기에 문제가 해결되었다. 런던의 임페리얼컬리지가 개발하고 제너럴 일렉트릭이 생산하는, 이른바 고배향 열분해 흑연highly oriented pyrolytic graphite은 자기광학 기술을 이용한 탄소 연구의 새로운 시대를 열었다.[53] 이 표본을 손에 넣은 밀리는 드디어 자신이 원하는 연구를 할 수 있다는 것을 알았다. "이 표본으로 시도한 첫 실험은 아름다웠어요." 밀리는 2001년에 이렇게 말했다.[54]

그 뒤로 몇 년 동안 밀리는 합성흑연을 이용한 실험에서 수많은 데이터를 얻었다. 밀리가 레이저로 관측한 빛의 스펙트럼에는 탄소의 전자구조에 대한 자세한 정보가 숨어 있었다. 밀리의 목표는 이 스펙트럼을 의미 있는 전자구조 모형으로 바꾸는 것이었다. 그러나 밀리와 진이 얻은 데이터를 해석하기는 쉽지 않았다. 그때까지 밀리가 수행한 실험과 비슷한 방향의 실험은 전혀 없었다. 즉 밀리와 동료들은 자기장에서 일어나는 전자의 행동을 레이저로 탐사한 최초의 과학자가 되었다.[55]

두 사람은 시카고대학교에서 밀리와 함께 공부했던 동료에게 도움을 받았다. 오리건대학교의 물리학자 조엘 W. 맥클루어Joel W. McClure는 흑연의 에너지띠 구조를 설명하는 이론을 연구하고 있었다.[56] "맥클루어에게서 획기적인 아이디어를 정말로 많이 얻었어요." 밀리는 2001년에 이렇게 말했다. "진은 그의 이론을 내가 하고 있는 실험에 적용하는 방법을 금방 이해했어요."[57]

이 협력 덕분에 과학자들은 흑연의 전자구조를 둘러싼 몇 가지 세부 사항을 알아낼 수 있었다. 밀리와 맥클루어는 1964년《IBM 연구개발 저널IBM Journal of Research and Development》7월호에 각각 이 분야의 연구결과를 발표했다. 밀리는 흑연의 페르미 표면(고체 물질 안에서 전자들이 어떤 에너지를 가지는지 설명하는 개념)에 대해, 맥클루어는 흑연의 에너지띠 구조에 대해 발표했다.[58]

이 연구는 매우 느리게 발전하던 분야가 다른 연구자들의 많은 관심을 끄는 초기 단계에 진입했음을 의미했다. 오늘날에는 그래핀이 어떻게 전자를 효율적으로 통과시킬 수 있는지 이해하는 연구가 재료과학과 공학에서 가장 해결이 시급한 과제의 하나가 되었다. 그러나 밀리가 링컨연구소에서 흑연을 연구하던 시절에는 범위를 탄소 전체로 넓혀도 연구자가 거의 없었다. 밀리는《MIT 테크놀로지 리뷰MIT Technology Review》에 이렇게 썼다. "전 세계에서 탄소 관련 논문이 매년 3편씩 발표되었는데 모두 내가 쓴 것이었다고 생각한다."[59]

실제로 이 분야에서 밀리의 초기 연구 가운데 일부는 너무 혁신적이어서 오랜 시간이 지나도 제대로 인정받지 못했고, 10년 넘게 흐른 뒤 다른 연구자들이 같은 것을 재발견한 뒤에야 알려지기도 했다. "우리는 이 연구를 해냈지만 바로 인정받지는 못했어요." 밀리는 2002년에 이렇게 말했다. "초기 논문을 보냈다가 심사위원에게 퇴짜를 맞았을 때 나는 젊었어요. 굳이 논문을 발표하기 위해 싸우진 않았지요. 나는 이렇게 말했죠. '좋아. 이 논문은 발표되지 않겠지……' 이런저런 여러 논문이 발표되었지만 처음 의도했던 형태로 발표되지는 않았어요."[60]

과학계의 관심을 끄는 데 오랜 시간이 걸렸지만, 밀리와 진이 시작한 탄소 과학을 향한 모험은 이미 세계를 변화시킨 기술들(항공 산업과 스포츠 산업을 변화시킨 탄소섬유 복합재 같은 것)의 발판이 되었다. 그들의 연구는 또한 유연하게 휘어지는 디지털 디스플레이에서 양자컴퓨터에 이르기까지, 이제 막 미래 기술의 혁명을 일으키고 있는 새로운 과학과 공학의 토대이기도 하다.

─── 물질의 에너지띠와
　　　전도성

흑연의 전자구조를 결정하는 것이 왜 그렇게 밀리와 진에게 흥미로운 문제였는지 이해하려면 먼저 전자와 과학에 대해 알아야 한다. 그들이 수행한 초기 탄소 연구의 핵심에는 절연체, 반도체, 반금속, 금속 물질이 무엇을 의미하는가라는 문제가 있다. 바꿔 말하면 이러한 분류는 물질에서 전하가 얼마나 잘 이동할 수 있는지에 따라 달라진다.

원자 속 전자는 오비탈orbital이라고 부르는 특정한 범위 안에서 원자핵 주위를 돌아다닌다. 각각의 오비탈에는 고유의 에너지준위가 있으며, 원자에서는 예측할 수 있는 단계적인 방식으로 전자가 여러 에너지준위를 채운다(그림 3).[61]

고체 물질에서는 수조 개의 원자가 전자를 공유하면서 서로 상호작용한다. 원자가 모여 고체를 이루면 각 원자들의 에너지준위가 서로 겹쳐서 넓은 범위의 에너지준위가 형성되는데, 이것을 에너지띠라고 한다. 전자는 이러한 띠 안에서 자유롭게 움직일 수 있다.[62]

물질은 다양한 띠를 가질 수 있지만, 물질의 전자구조와 전도성을 이해하려면 특히 두 가지가 중요하다(그림 3). 이 두 가지는 원자가띠와 전도띠로, 어떤 물질이 전기가 통하는지 여부는 두 띠의 간격에 따라 결정된다.[63]

도체에 흐르는 전류의 크기를 나타내는 전기전도도는 에너지띠의 간격에 따라 달라진다. 그림 4에서 보듯 금속이나 반금속처럼 에너지띠가 닿아 있으면 전류가 방해받지 않고 흐른다. 절연체처럼 이 간격이 너무 크면 전류가 흐를 수 없다. 그러나 반도체같이 에너지띠의 간격이 작으면 상황에 따라 간격을 극복하고 전류가 흐를 수 있다. 이 에너지 다이어그램(전자구조를 시각화한 것)은 단순화해서 그린 것이다.

원자가띠는 원자에서 전자가 존재하는 가장 바깥쪽의 오비탈이고, 전도띠는 전자가 충분히 들뜨면 이동할 수 있는 에너지띠이다. 어떤 물질에서는 원자가띠와 전도띠 사이가 비어 있는데, 이 간격을 띠틈band gap이라고 부른다. 전자는 띠틈 영역의 에너지를 가질 수 없다. 그러나 적절한 조건에서는(예를 들어 적절한 양의 열이나 빛에 의해) 원자가띠에 있

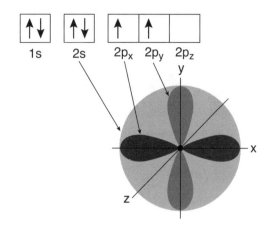

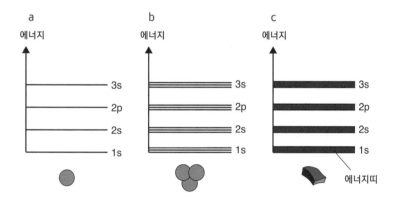

그림 3

오비탈은 원자핵 주위에서 전자가 발견될 가능성이 있는 영역이다. 이 단순화된 그림은 탄소 원자의 바닥 상태를 나타내는데, 탄소 원자 하나에 전자 여섯 개가 들어 있다. 오비탈 하나에는 전자가 두 개까지만 들어갈 수 있다. 1s 오비탈은 중심에 있는 점이지만 볼 수 있도록 확대해서 그렸다.

전자는 일반적으로 아래부터 순서대로 오비탈을 채운다. a와 b는 원자가 하나만 있을 때와 여러 개 있을 때의 에너지 다이어그램이다. 원자의 수가 매우 많아지면 에너지준위들이 겹쳐져서 c와 같은 에너지띠가 형성된다.

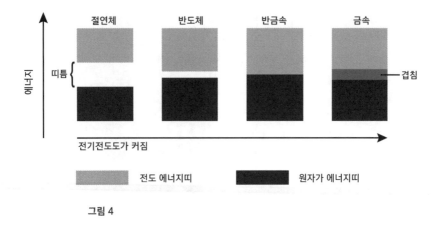

그림 4

는 전자가 전도띠로 올라갈 수 있다. 이런 일이 일어나면 물질에서 전류가 흐를 수 있고, 원자에 갇혀 있던 전자가 자유롭게 이동할 수 있게 된다.[64]

좀 더 쉽게 에너지띠 구조를 나이트클럽의 비유로 이해할 수 있다. 원자가띠는 나이트클럽에 가고 싶은 사람들로 가득한 보도라고 생각해 보자. 보도에 있는 사람들은 기회만 있으면 나이트클럽 안으로 들어가 파티에 참여하고 싶어 한다. 전도띠는 나이트클럽, 띠틈은 나이트클럽의 입구를 지키는 경비원이다. 금속(도체)에서는 원자가띠와 전도띠가 겹쳐 있어서 전자가 띠 사이를 자유롭게 오갈 수 있다. 나이트클럽 문이 활짝 열려 있는 데다 경비원마저 없어서 사람들이 마음대로 입장할 수 있는 것과 같다. 조리용 금속 냄비, 금속 숟가락, 전선, 금속박 같은 물체는 전자가 쉽게 이동할 수 있는 좋은 전기 전도체이다.[65]

전기전도도 스펙트럼의 반대편에 있는 플라스틱, 나무, 고무 같은 절연체는 전기가 잘 통하지 않는다. 원자가띠와 전도띠 사이의 에너지 차이가 커서 전자가 이동하지 못하기 때문이다. 나이트클럽의 비유로 보면, 띠틈이 매우 큰 물질은 경비원의 덩치가 엄청나게 크다는 뜻이다! 덩치가 큰 경비원은 클럽에 들어가려고 안달이 난 사람들을 잘 막는다고 하자. 비유를 더 확장하면 덩치가 큰 경비원은 뛰어난 협상가이기도 하다. 그들은 몇몇 전자를 들여보낼 수도 있지만, 거리에 있는 사람 가운데 가장 잘 차려입고 비싼 보석으로 치장한 사람들과 실랑이(열, 빛, 전하, 전기장 등의 형태로)를 좀 한 다음에 들여보낸다.[66]

보석 가운데 다이아몬드 결정은 거의 절연체처럼 행동한다. 앞에서 보았듯이, 다이아몬드는 탄소 원자로 이루어진 3차원 격자이다. 다이아몬드의 원자에서 오비탈이 완전히 채워지고 나면, 원자가띠와 전도띠 사이에는 큰 에너지 차이가 생긴다. 따라서 매우 높은 온도에서도 (더 많은 열이 있어도) 전자가 정상적으로 띠틈을 지나 전도띠로 올라갈 수 있을 정도로 충분한 에너지가 공급되지 않기 때문에 전류가 흐를 수 없다.[67]

반도체는 전도성으로 볼 때 도체와 절연체 사이에 있다. 절연체와 마찬가지로 반도체에서도 전자들이 원자가띠를 채우고 나면, 띠틈을 넘어서 전도띠로 올라가 전류를 만들 수 있다. 그러나 실리콘이나 게르마늄 같은 반도체에서는 띠틈의 에너지 차이가 훨씬 작기 때문에 쉽게 이겨낼 수 있다. 더욱이 반도체에 열, 빛, 전하, 전기장이 가해지면 전자가 전도띠로 이동해서 전기를 만들 가능성이 훨씬 더 높다.[68]

마지막으로 반금속에 대해 알아보자. 반금속은 일반적으로 금속과 비금속의 중간 성질을 가지는 물질로, 흑연도 여기에 속한다. 밀리와 진이 1960년대에 연구할 때만 해도 이 물질에 대해 알려진 것이 거의 없었으므로 금속, 반도체, 절연체 가운데 하나로 깔끔하게 분류할 수 없었다. 밀리의 발견에 대해서는 나중에 더 자세히 살펴보겠지만, 지금으로서는 흑연 형태의 탄소 같은 반금속은 원자가띠와 전도띠가 아주 약간 겹친다고 할 수 있다. 이는 전자가 극복해야 하는 띠틈이 없다는 뜻이며, 나이트클럽의 비유에서는 경비원이 없는 것과 같다. 하지만 금속과 달리 반금속은 전체적인 전기전도도가 낮다. 다시 말해 반금속 나이트클럽에는 비밀의 문이 있고, 나이트클럽에 들어가려면 이 비밀의 문을 알아야 하는 것과 같다. 반도체와 달리 반금속의 전기전도도는 항상 0이 아니다. 따라서 흑연과 그래핀 속 전자는 크게 동요하지 않고도 전도띠로 들어갈 수 있다. 그러나 흑연과 다른 반금속 재료들 사이의 차이를 알아내는 데는 많은 시간이 걸렸다.[69]

─── 링컨연구소를 떠나다

1960년대 중반 밀리와 진은 흑연, 비스무트, 안티몬^{Sb}을 포함한 반금속에 대한 혁신적인 연구를 하면서 어린아이들까지 돌보느라 엄청나게 바빴다. 1963년 1월에는 셋째이자 아들로는 둘째인 폴이 태어났다. 밀리가 서른두 살이던 다음 해 7월에는 넷째 엘리엇 드레셀하우스Eliot Dresselhaus가 태어났다.[70] 당시 미국에서 4명의 자녀를 둔 가정은 오늘날보다 훨씬 흔했고, 모든 면에서 진은 아이들을 키우는 데 똑같이 참여했다. 그럼에도 1964년 엘리엇을 낳은 바로 다음 날부터, 밀리는 엄마이자

일하는 과학자로서 받는 비현실적인 기대 때문에 큰 스트레스에 시달리기 시작했다.[71]

링컨연구소에서 밀리와 일했던 유진 스탠리는 공학 잡지 《IEEE 스펙트럼IEEE Spectrum》 2015년 기사에서, 그날 직장에서 밀리를 보았던 일을 이렇게 회상했다. "밀리는 12시나 1시쯤에 아기를 데리고 왔다. 하지만 링컨연구소는 정부 연구소였기 때문에 출입허가증이나 배지가 있어야 들어갈 수 있었다. 연구소는 아기를 들여보내지 않았다. 밀리는 분노했다! 밀리가 화를 내는 일은 거의 없었지만 그날은 화를 냈다."[72]

한편 밀리는 MIT에서 꽤 많은 시간을 보냈다. 상사였던 랙스는 1965년에 링컨연구소를 그만두고 국립자석연구소에서 전임으로 일하게 되었다. 국립자석연구소를 설립하기 위해 노력했던 랙스는 이제 이 연구소의 소장이 되었다. 연구소가 문을 연 뒤 밀리는 강력한 자기장 속에서 흑연과 다른 물질을 관찰하는 수많은 실험을 설계하고 수행했다. 밀리는 이 기간 동안 비공식적으로 여러 명의 대학원생을 지도했다. 밀리에게 지도받은 첫 번째 학생인 새뮤얼 윌리엄슨은 성공적인 생물물리학자로서 자기장을 이용하여 뇌의 활동을 측정하는 연구의 선구자가 되었다.[73]

밀리는 MIT에서 일하는 과학자이자 엄마로서 어린아이들을 돌볼 수 있는 여유를 찾았다. 2015년에 사망한 랙스는 2020년에 출간된 구술사에서 이렇게 회상했다. "어느 날 밀리가 실험하고 있을 때 보여줄 게 있다면서 나를 불렀습니다. 예비로 비워둔 방에 밀리의 어린 아기가 있었어요. 그들은 그곳에 놀이방을 꾸며놓았고 자석 실험을 하는 틈틈이 밀리는 아기를 돌보았어요. …… 나는 아주 적절한 정신이 자석연구소를 지배하고 있다고 생각했습니다. 매우 자유로운 정신이자 협력적인 정신이었죠."[74]

1960년대 중반에 링컨연구소의 관리 방침이 바뀌었다. 그러자 전임연구원으로 일하면서 4명의 어린아이를 키우는 엄마인 밀리의 능력에 대해 큰 물음표가 생겼다. 당시 모든 직원은 매일 오전 8시 정각에 출근해야 한다는 통지를 받았다.[75] "아이들이 어릴 때라 8시까지 출근하는 게 정말 힘들었어요." 밀리는 2002년 인터뷰에서 이렇게 말했다. 분명히 그녀는 업무를 못 한다고 비난받지 않았으며, 퇴근하고서도 집에서 많은 업무를 했다. 가끔은 진이 밀리를 차에 태워서 함께 출근하다가 두 사람이 다 지각했지만 곤란해지는 건 밀리뿐이었다.[77] "링컨연구소의 상사가 나에게 너무 불평을 늘어놓아서 진절머리가 났어요. 나는 인간적으로 가능한 한 최선을 다하고 있었다고요." 밀리가 딱 꼬집어 말했다. "그런데 나를 그렇게 비난하던 남성은 모두 독신이었어요."[78]

밀리의 동료였던 로라 로스도 같은 문제에 직면했다. 로스는 결국 링컨연구소를 떠나 터프츠대학교로 갔다. 밀리는 조용히 친구를 보내주었고 동정심 많은 동료들은 밀리가 벽에 부딪혔다는 느낌을 받았다. 출근 시간 문제 말고도 밀리는 1960년대 초 냉전시대보다 더 기초연구를 위한 연방 연구비를 확보하기가 어려워졌다는 것을 알게 되었다. 또한 새로운 규정이 생기면서 연구자들이 자기가 수행하는 연구의 정당성을 설명하는 따분한 절차가 강화되어 창의력을 억누르기 시작했다.[79] "그 시절이 진짜 힘들었다고 사람들에게 말하고 싶어요." 밀리는 2009년에 이렇게 말했다. "어떻게 하면 내가 계속 일할 수 있을지 알 수 없었어요."[80]

밀리의 친구 가운데 링컨연구소에서 함께 근무하다가 최근에 MIT 교수가 된 사람이 도움을 주고 싶어 했다. 전기공학과 교수 조지 프랫 George Pratt은 여러 번에 걸쳐 밀리를 자기가 맡은 수업의 객원 강사로 초빙한 적이 있었다. 그는 밀리가 뛰어난 과학자일 뿐만 아니라 교육자로도 훌륭하다는 것을 알고 있었다.[81] "프랫은 나를 불쌍하게 여겼어요." 밀리는 2007년에 열린 은퇴 기념 파티에서 이렇게 설명했다. "그리고 이렇게 말했죠. '당신은 이렇게 생산적인데 규정이 너무 터무니없어요. 왜 8시에 출근해야 하죠? 아이들이 아직 어릴 때는 예외를 인정해줄 수도 있잖아요.' 하지만 연구소는 예외를 인정하지 않았어요."[82]

밀리가 MIT 캠퍼스에서 일하는 어느 날 오후 프랫과 함께 점심을 먹었다. 프랫은 밀리가 전기공학과의 훌륭한 초빙교수가 될 수 있다고 생각한다면서 교수 자리를 제안했다. "물론이죠!" 밀리는 웃으면서 대답했다. "그런 자리를 제안해주신다면 나는 1년 동안 여기에서 일할 수 있어요."[83]

여성 초빙교수를 지원하는 독특한 MIT 기부금이 있다는 것을 알고 있던 프랫은 이것이 밀리에게 딱 맞을 것이라고 생각했다. 과학사학자 마거릿 로시터가 《미국의 여성 과학자Women Scientists of America》에 썼듯이, 그 시기에는 일종의 강제적 박애주의라고 할 만한 사업이 브라운대학교, 하버드대학교, 미시간대학교 같은 기관에서 추진되었다. 전국의 교수 가운데 여성의 존재를 드러내고 대표성을 향상시키기 위한 노력이었다. MIT 기부금은 자선가 존 D. 록펠러 주니어와 애비게일 G. 앨드리치의 여섯 자녀 가운데 장녀인 애비 록펠러 모제Abby Rockefeller Mauzé가 발의하여 자신의 이름을 붙였고, 1963년에 록펠러 형제 기금과 로런스 록펠러에게 40만 달러를 기부받아 설립됐다. 최초의 애비 록펠러 모제 교수는 저명한 영국의 엑스선결정학자이자 노벨 화학상 수상자인 도로시 호지킨Dorothy Hodgkin이었다. 호지킨은 1965년에 MIT에서 일주일을 보내며 자신의 연구에 대해 강의하고 학생과 교수진을 만났다.[84]

이처럼 밀리가 교수가 될 수 있는 자금이 있었지만, 기부금 지원의 결정을 기다려야 하는 상황이었다. 그사이 프랫과 당시 MIT 전기공학과장이었던 루이스 스멀린Louis Smullin은 밀리를 1년 임기의 교수로 임용했다. 그리고 밀리는 애비 록펠러 모제 기부금을 신청하여 곧 지원금을 받았다. 밀리는 링컨연구소에서 5년쯤 더 연구를 계속했다. 하지만 초빙교수직을 수락한 뒤부터 MIT야말로 밀리가 빛나는 경력을 쌓는 동안 학문의 본거지가 되었고, 일생을 마칠 때까지 밀리의 집이 되었다.[85]

밀리는 링컨연구소에서 일하는 동안 많은 어려움과 난관을 헤쳐나가야 했다. 그럼에도 밀리는 진의 헤아릴 수 없는 많은 도움을 받아 링컨연구소에서 7년을 보내면서 흑연과 다른 여러 가지 반금속의 광학적 성질을 정량화했다. 진은 링컨연구소에서 계속 일하다가 1970년대 중반에 MIT로 옮겨서 밀리와 합류했다. 그동안 둘은 많은 연구 프로젝트를 함께한 것은 물론이고 부모로서 메리앤, 칼, 폴, 엘리엇에게 많은 애정을 쏟았다.[86]

6

정신과 손

〈보스턴 글로브〉 1967년 10월 8일 자에는 콜럼버스의 날 퍼레이드에서 행진할 예정인 미인대회 우승자 5명이 왕관을 쓰고 찍은 사진과 야구팀 보스턴 레드삭스의 월드시리즈 경기와 관련해서 학생들이 벌인 사소한 난동을 조롱하는 기사가 실렸다. 그 사이에 서른일곱의 밀리가 고등교육에서 세계를 선도하는 기관에 찬란하게 입성했다는 기사가 실렸다. "고체물리학에서 빛나는 업적을 이룬 링컨연구소의 밀드레드 S. 드레셀하우스 박사가 메사추세츠 공과대학교의 애비 록펠러 모제 초빙교수로 임명되었다."[1]

　밀리가 1967년 가을에 MIT 교수직 제안을 수락한 것은 평범한 일이 아니었다. 밀리는 초빙교수였지만 MIT 전기공학과의 첫 번째 여성 교수이자 MIT 공학부 전체에서 두 번째 여성 교수로 역사에 이름을 남겼다.[2]

　밀리는 공식적인 공학 연구 경력이 없었기 때문에 당시로서는 파격적인 임용이었다. 1960년대에 MIT 물리학과는 주로 입자물리학(고에 너지물리학)에 집중하고 있었다. 입자물리학은 덩어리로서 재료의 성질이 아니라 개별 원자와 그보다 작은 것을 연구하는 학문이다. 그러나 전자장치와 관련된 공학에서는 재료에 대한 이해가 점점 더 중요해지고 있었으므로 전기공학과의 지도자들은 학생들이 이에 걸맞은 과학 교육을 받도록 하고 싶었다.[3] "이 시기는 반도체 연구의 전성기인 데다 관련 산업도 빠르게 성장하고 있었어요." 밀리는 2012년에 이렇게 말했다. "학생들이 차세대 반도체장치를 발명할 때 어떤 기술이 필요할지 아무도 예상할 수 없으니 폭넓은 배경지식이 …… 무척 필요했죠."[4]

밀리가 교수로서 맡은 주요 역할은 MIT의 뛰어난 공대생들에게 물리학을 가르치는 것이었다. 과학사학자 조셉 마틴에 따르면, 밀리의 교수직 임명은 MIT에서 급하게 필요로 했던 분야를 채워주었다. 고체 물리학 연구는 활발했지만 빠르게 발전하는 이 분야를 가르치는 강좌가 거의 없었던 것이다. 마틴은 2019년에 이렇게 썼다. "드레셀하우스는 최신 고체 이론을 소개하면서 실용적인 사고를 가진 MIT 학생들이 강좌에 호기심을 가지도록 자극하고, 이론의 실용적인 면을 강조했다."[5]

교수직은 밀리에게 제2의 천성처럼 느껴졌다. 밀리는 가르치는 재주가 뛰어났을 뿐만 아니라 연구하는 동안 여러 분야의 학자와 함께 일하는 귀중한 경험을 했다. 적절한 조언자가 없는 상황에서 실험을 설계하려고 다양한 전공의 연구자들에게 배웠던 시카고대학교, 여러 분야의 전문가와 협력했던 링컨연구소의 경험도 도움이 되었다. "나는 사람들과 이야기를 나누면서 물리학의 원리를 설명하는 것이 매우 편했어요." 밀리는 2001년에 이렇게 말했다.[6] 밀리는 다양한 분야의 학생들에게 매력적인 과목을 개발하려고 노력했고, 이렇게 개발한 과목은 큰 인기를 누렸다. 밀리가 MIT에서 처음 개설한 두 과목(고체물리학과 고체 응용을 다루는 과목)은 오늘날에도 계속 열리고 있다.[7]

MIT에서 밀리의 첫 번째 고체물리학 수업을 들은 물리학자 아비바 브레처Aviva Brecher는 2017년에 이렇게 썼다. "밀리는 손으로 깨끗하게 쓴 완벽한 강의 노트를 나눠 주었다. 강의할 때 필기하지 않아도 학생들이 잘 듣고 이해하고 질문하면서 활동적으로 수업에 참여하도록 이끌었다. 페르미가 시카고대학교에서 밀리를 가르쳤던 것과 똑같은 방식이었다. 밀리는 가장 훌륭하고 명확하며 자상한 선생님이었다."[8]

밀리가 해야 하는 일은 강의가 추가되었다는 것 말고는 링컨연구소에서 근무하던 시절과 크게 달라지지 않았다. 밀리의 연구는 거의 중단 없이 계속되었다. 밀리가 이미 국립자석연구소 시설에서 제법 많은 연구를 해왔기 때문이다. 링컨연구소에 있는 동안에도 MIT 학생들을 지도했지만, 이때는 한층 공식적인 자격으로 더 많은 학생을 지도하고 있었다. 또한 일주일에 하루는 링컨연구소에서 하던 일을 계속했다.[9]

밀리는 이전까지 했던 것과는 완전히 다른, 새로운 활동도 시작했다. 자신이 애비 록펠러 모제의 기부금 덕분에 초빙교수가 되었다는 것을 잘 알고 있었다. 모제가 동생들과 함께 MIT에 만든 교수직은 학계에서 일하는 여성을 격려하고 지원하는 것이 목적이었다. 이 기부금의 취지에 맞게 자기도 뭔가를 해야겠다고 생각했던 밀리는 1967년 가을부터 에밀리 윅Emily Wick에게 다가갔다. 식품과학자 윅은 MIT에서 최초로 정년 보장을 받은 여성 교수로, 이때 학생 부학장직을 맡고 있었다. 밀리는 윅의 지원을 받아서 매주 한 시간씩 MIT의 여학생들을 만나 격

려하고 조언하며 그들이 느끼는 어려운 점을 상담해주었다.[10]

당시 MIT의 학부생 가운데 여성은 5퍼센트뿐이었고(오늘날은 약 47퍼센트) 여성 교원의 비율은 더 낮았다. 미국 전체로 보아도 1960년대와 1970년대에 과학, 특히 공학 분야에서 여성은 매우 소수였다. 1964년에 제정된 민권법은 직장에서 인종, 성별, 종교, 출신 국가로 차별하는 행위를 불법이라고 규정했다. 1972년에는 타이틀 9Title IX이라는 교육평등법이 발효되어 미국 연방정부의 지원을 받는 모든 교육기관에서 성차별을 금지하는 새로운 보호막이 생겼다.[11] "여학생에게는 역할 모델이 필요했어요. 그래서 내가 도우려고 노력했죠." 밀리는 2002년에 이렇게 말했다.[12]

밀리의 눈에는 여학생이 겪는 문제가 주로 남학생보다 훨씬 수가 적기 때문에 생기는 게 분명해 보였다. 처음에는 이 문제를 해결하려면 어떻게 해야 할지 방법을 찾지 못했다. 그러나 교수로 몇 달 동안 일하면서 상황을 파악한 뒤 긍정적인 변화를 이끌어낼 아이디어를 떠올렸다. 이후로 밀리는 평생 MIT뿐만 아니라 다른 곳에서도 여성을 비롯해서 불리한 집단 출신의 학생을 결정적인 방식으로 도와주었다.[13]

밀리가 전기공학과뿐만 아니라 학교 전체의 매우 귀중한 자산이라는 것을 동료들이 깨닫는 데는 오래 걸리지 않았다. 초빙교수로 오고 나서 얼마 지나지 않아 밀리는 종신교수를 제안받았다. "깜짝 놀랐어요!" 2009년 인터뷰에서 밀리는 이렇게 회상했다.[14]

오늘날 기준으로도 너무나 파격적인 승진이었다. 가장 재능 있고 유망한 젊은 교수조차 종신 재직권을 얻으려면 심사와 승진의 단계를 차례대로 거쳐 올라가야 한다. 또한 1960년대 후반에 미국 전역의 많은 명문 대학이 여성을 정규 학생으로 받아들이지 않았다는 점을 기억해야 한다. 밀리가 MIT 종신교수로 승진한 1968년까지만 해도 예일, 프린스턴, 듀크, 브라운, 존스홉킨스, 하버드 같은 명문 대학은 여성이 정규 학생으로 지원하는 것을 허락하지 않았다.[15] MIT는 100년 동안 소수 여성의 입학을 허용하기는 했지만, 승진의 모든 단계를 뛰어넘어 여성 공학 교수를 정교수로 임용하고 종신 재직권까지 주는 것은 매우 이례적인 일이었다.

밀리의 동료들은 틀림없이 밀리와 함께 있기를 원했다. 그래서 밀리가 MIT에 머물도록 붙잡고자 밀리의 미래를 두고 기꺼이 커다란 도박을 했다. 밀리는 나중에 자신의 잠재력을 알아봐 준 사람이 전기공학과장 루이스 스멀린이었다고 말했다. 당시에는 거의 아무도 관심을 가지지 않는 분야를 연구하던 밀리를 스멀린이 알아보았고, 세계가 탄소에 대해 생각하는 방식을 바꿀 수 있는 엄청난 기회를 주었다는 것이다.

하지만 밀리가 이 자리에 올라설 수 있었던 진정한 발판은 자신이 가르치고 도와준 학생들이었다.[16] 브레처는 2017년에 이렇게 말했다. "밀리는 훌륭한 선생님이었습니다. …… 내가 MIT에서 들었던 강의 가운데 최고의 물리학 강의였고 교육의 기준을 높여놓았어요. 우리가 밀리의 뛰어난 강의에 깊이 감명받아서 스멀린에게 밀리의 초빙교수 임기를 늘려달라고 청원했더니 청원을 들어주었습니다."[17]

밀리는 즉시 종신교수 제안을 받아들였다. 이렇게 해서 밀리는 다시 한번 역사에 이름을 남겼다. 이번에는 MIT 공학부 최초의 여성 종신 재직 정교수이자 MIT 전체에서 종신 재직 교수의 지위를 얻은 최초의 두 여성 가운데 한 사람이 되었다(다른 한 사람은 에밀리 윅으로 밀리와 같은 날 정교수로 승진했다). 이 일은 50년 동안 계속될 장대한 여정의 시작이었다. 정신과 손Mens et Manus이라는 MIT의 모토에 걸맞게, 이 학교는 밀리가 잘 다듬어진 과학 본능을 발휘하고 공학 응용 분야에서 새로운 연구를 할 수 있는 학문적 보금자리가 되었다.[18]

종신교수로 임명되자 밀리 스스로 잘하고 있다는 자신감을 얻었다. 그런데 MIT 교수가 되고 나서 몇 년 뒤, 밀리는 겉으로는 당당한 척해왔지만 여성 과학자와 공학자가 아직 드물었던 시기에 자신이 여성이기 때문에 연구 여정을 계속할 수 있을지 끊임없이 의심했다고 공개적으로 밝혔다. 물론 로절린 앨로, 엔리코 페르미, 진 드레셀하우스가 줄곧 밀리를 아낌없이 지지하고 격려해주었다. 그러나 용기를 꺾는 다른 사람들의 말과 행동에 자주 상처받았고 의심과 갈등에 빠진 일도 많았다. 특히 밀리를 무시했던 박사과정 지도교수 앤드루 로슨은 나중에 자신의 행동을 사과했고 밀리도 용서했지만, 그때 받은 부정적 영향은 오랫동안 밀리를 따라다녔다. "나는 그의 판단을 믿었어요." 과학을 공부하는 여성에 대한 로슨의 견해를 그대로 믿었던 밀리는 이렇게 말했다. "나 자신에 대한 기대가 매우 낮았어요. 권위 있는 MIT의 전기공학과 교수가 되고 나서야 나의 경력을 진지하게 받아들이기 시작했죠."[19]

고맙게도 이미 많은 사람이 밀리의 경력과 업적을 진지하게 받아들이고 있었다. MIT의 동료 물리학자이자 서른 살 위인 아서 폰 히펠Arthur von Hippel은 밀리의 가장 위대한 수호자 가운데 한 사람이었다. 두 사람은 현악 사중주단을 하면서 처음 만났다. MIT 전기공학과 사람들로 이루어진 현악 사중주단을 운영하던 폰 히펠은 비올라 연주자를 찾는다는 광고를 냈고, 밀리가 지원했다. 독일 출신의 과학자로, 나치를 피해 미국으로 와서 레이더 개발과 관련된 MIT 재료과학을 이끌게 된 폰 히펠은 평생에 걸쳐 밀리의 멘토이자 친구가 되었다. 그는 밀리의 연구에 매료되어 밀리가 물질 속 전자의 성질을 연구하도록 도와주었다. 또한 다양한 분야와 여러 수준의 학생, 공동연구자들이 참여하는 학제간 연구를 옹호했다.[20] "폰 히펠은 항상 새롭고 흥미로우면서도 영향력이 큰 아이디어는 모험적인 젊은이로부터 나올 가능성이 크다고 말했다." 밀리는 2014년 그를 추모하는 기사에 다음과 같이 썼다. "폰 히펠은 혁명적이고 혁신적인 아이디어를 높이 평가했다. 이런 태도는 나를 포함해서 나와 같은 세대의 연구자들에게 오랫동안 중요한 영향을 주었다."[21]

이렇게 해서 공식적으로 MIT로 온 밀리는 연구에 집중할 수 있었다. 더불어 자금 지원 기관과 동료들이 도와주고, 즐겁고 활기찬 학생들이 있고, 가족을 부양하기 위해 일하는 시간과 장소를 유연하게 조정할 수 있는 환경을 확보하게 되었다. 앞날에 대한 불안이 거의 해결되었으니 이제 본격적으로 연구를 할 시간이 왔다.

─── 흑연의 전자구조에서 발견한
      결정적 뒤바뀜

밀리처럼 오랫동안 많은 성취를 이룬 연구자에게는 크게 인정받지 못하고 잊히는 논문도 있다. 연구를 충분히 확장하지 않았거나 비교적

적은 노력만 들였기 때문일 수도(여러 공동 저자가 쓴 논문에 자문으로 참여한 경우처럼) 있다. 반대로 언제나 우뚝해서 결코 잊히지 않는 논문도 있다. 과학적 영향력이 크거나 한 사람의 경력에서 특별히 기념할 만한 시기에 나왔거나 단순히 독특하거나 뛰어난 실험이기 때문일 수도 있다.

MIT 종신교수가 된 뒤에 밀리가 처음 발표한 논문은 우뚝한 범주에 들어간다. 밀리는 자신의 경력을 되돌아보며 "과학사의 흥미로운 이야기"라면서 이 논문에 대해 여러 번 이야기했다.[22]

이 이야기는 밀리와 이란 출신의 미국인 물리학자 알리 자반^Ali Javan과의 협력으로 시작된다. 자반은 재능 있는 과학자이자 유명한 상을 받은 공학자로, 기체 레이저를 발명하여 잘 알려져 있었다. 벨연구소에 있을 때 윌리엄 베넷 주니어와 함께 발명한 헬륨-네온 레이저는 20세기 후반의 가장 중요한 기술이 되었다. 그의 발명에서 나온 여러 형태의 레이저는 CD와 DVD 플레이어에서 바코드 스캐너, 광섬유에 이르기까지 많은 것을 가능하게 했다.[23]

자반은 흑연의 전자구조에 대한 초기의 자기광학 연구를 설명하는 몇 편의 논문을 발표한 뒤, 이 연구를 더욱 깊이 파고들던 밀리를 도와주고 싶어 했다. 두 사람은 밀리가 링컨연구소에 있을 때 만났는데, 밀리는 한때 그를 '천재'와 '매우 창의적이고 뛰어난 과학자'라고 부를 만큼 그에게 열광했다.[24] 밀리는 흑연의 원자가띠와 전도띠의 자기磁氣 에너지준위 연구를 새로운 연구목표로 설정했다. 이를 위해 밀리, 자반, 대학원생 폴 슈뢰더는 네온 기체 레이저를 사용하기로 했다. 네온 기체 레이저에서 나오는 날카로운 빛으로 흑연 시료를 탐사할 수 있었던 것이다. 이 실험을 하려면 레이저를 특별 제작해야 했고 만드는 데만 몇

년이 걸렸다. 밀리는 이 일이 진행되는 도중에 링컨연구소에서 MIT로 옮겨갔다.[25]

이 실험에서 밀리의 팀이 이미 알고 있던 모든 것과 일치하는 무미건조한 결과가 나왔다고 해도 여전히 획기적인 연습이 되었을 것이다. 레이저를 사용해서 자기장이 걸렸을 때 전자의 행동을 연구한 첫 시도였기 때문이다. 그러나 그 결과는 전혀 무미건조하지 않았다.[26] 밀리의 팀이 실험을 시작한 지 3년 뒤 그들은 데이터가 불가능해 보이는 무언가를 말하고 있다는 것을 발견했다. 흑연의 원자가띠와 전도띠 사이 에너지준위의 간격이 그들이 기대했던 결과와 완전히 달랐던 것이다. 20년이 지나 밀리가 MIT의 열광적인 청중에게 설명했듯이, 이 데이터는 "그 시점까지 모두가 사용하고 있던 띠 구조가 확실히 틀렸으며, 우리가 알고 있던 것과 반대였습니다"라는 것을 의미했다.[27]

밀리와 동료들은 잘 확립된 과학적 법칙을 뒤집으려 하고 있었다. 이것이야말로 흥미롭고 중요한 과학적 발견이었다. 앞에서 말했듯이, 우젠슝이 1957년에 발표한 획기적인 연구는 물리학계에서 오랫동안 진리로 받아들여 온 반전성보존parity conservation이라는 입자물리학의 개념을 뒤집었다. 반전성보존은 무언가를 뒤집었을 때 결과가 변하지 않는다는 뜻이다. 반전성보존에 따르면, 우주에 존재하는 입자를 포함한 모든 것의 방향을 뒤집더라도 우주는 잘 작동할 것이다. 그런데 우젠슝은 실험을 통해 자연의 가장 기본적인 힘 네 가지 가운데 약한 상호작용은 반전성보존을 만족하지 않는다고 입증했다. 이처럼 잘 확립된 과학 개념을 뒤집으려면 고도의 실험 정밀성과 결과에 대한 확신이 있어야 하는데, 밀리의 팀은 둘 다 가지고 있었다.[28]

그들의 데이터가 보여준 결과는 흑연의 전자구조에 있는 두 종류의 전하 운반체를 이제까지 반대로 알고 있었다는 뜻이었다. 전하 운반체는 흑연처럼 전기가 흐르는 물질 속에서 에너지가 흐를 수 있도록 해주는 것으로, 말 그대로 전하를 운반하는 어떤 것이다. 전하 운반체는 에너지의 흐름으로 작동하는 전자장치에서 결정적으로 중요한 역할을 한다.[29]

전자는 잘 알려진 전하 운반체이다. 이러한 아원자입자가 움직이면서 음전하를 운반한다. 또 전자가 결정 격자 내에서 한 원자에서 다른 원자로 옮겨가면 원래 전자가 있던 곳에 빈 자리가 생기는데, 이 빈 자리도 전하 운반체가 될 수 있다. 이 전하 운반체는 전자와 크기가 같지만 부호는 반대이다. 본질적으로 전자의 결핍이라고 할 수 있는 양전하의 운반자를 양공hole이라고 부른다(그림 5).[30]

밀리, 자반, 슈뢰더는 과학자들이 흑연의 전자구조에서 양공과 전자를 반대로 생각하고 있다는 것을 발견했다. 그러니까 이제까지 전자로 알고 있던 것은 양공이 되어야 하고, 양공은 전자가 되어야 한다는 것을 알아낸 것이다. "이 결과는 조금 미친 것 같았어요." 밀리는 2001년 구술사 인터뷰에서 말했다. "우리는 그 시점까지 흑연의 전자구조에서 이루어졌던 모든 것이 반대라는 것을 발견했어요."[31]

당연하다고 여기던 것을 뒤집는 다른 많은 발견과 마찬가지로 이 발견도 곧바로 받아들여지지 않았다. 밀리와 공동연구자들이 논문을 제출한 학술지는 처음엔 게재를 거부했다. 나중에 밀리는 이때의 무용담을 자주 되풀이한다. 이 논문의 심사위원 가운데 한 사람은 밀리의 친구이자 동료인 조엘 맥클루어였다. 그는 이 논문이 당혹스러울 정도로 기본에서 벗어났다고 생각해 개인적으로 밀리를 설득하려고 했다. 밀리는 2001년 인터뷰에서 이렇게 말했다. "맥클루어가 말했어요. '밀리, 논문을 발표하지 않는 게 좋겠어요. 우리는 전자와 양공이 어디에 있는지 알아요. 어떻게 당신은 전자와 양공이 뒤바뀌어 있다고 말할 수 있죠?'"[32] 그러나 좋은 과학자라면 누구나 그렇듯이, 밀리와 동료들은 결과를 여러 번 검토하고 또 검토해서 정확하다는 것을 확신하고 있었다. 밀리는 맥클루어에게 조언은 고맙지만 결과를 확신하기 때문에 발표해

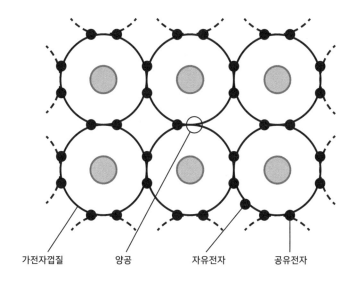

가전자껍질　　　　양공　　　　자유전자　　　　공유전자

그림 5

이 단순화된 그림에서, 전자(검은 점)들이 결정 격자를 이루고 있는 원자핵을 둘러싸고 있다. 어떤 상황에서는 전자가 격자에서 벗어나서 자유롭게 이동할 수 있으며 이때 생긴 빈자리는 양전하를 띤다. 이것을 양공이라고 부른다. 전자와 양공은 모두 물질 내부에서 이동할 수 있으며 물질의 전기전도에 영향을 준다.

야겠다고 말했다. "우리는 발표하고 싶었고 …… 우리의 경력을 망칠 각오까지 하고 있었어요." 밀리는 1987년에 이렇게 회상했다.[33]

맥클루어와 다른 심사위원들은 이제까지 알려진 흑연의 전자구조로 보면 이 논문이 잘못되었다는 결론을 얻었지만, 독자들이 직접 살펴보고 판단하도록 논문의 출판을 승인했다. 그러자 재미있는 일이 일어났다. 출판된 논문을 보고 힘을 얻은 다른 연구자들이 전자와 양공이 뒤바뀌었다고 해아만 의미가 있는 이전의 자료들을 들고 나왔던 것이다. 밀리는 2001년에 이렇게 말했다. "우리의 발견을 뒷받침하고 이전까지는 설명할 수 없었던 결과에 대한 논문이 넘쳐났어요."[34]

오늘날 흑연의 전자구조를 연구하는 사람들은 밀리, 자반, 슈뢰더(그는 이 결과를 바탕으로 매우 주목할 만한 박사학위 논문을 썼다)가 밝혀낸 방식으로 전자와 양공을 구별한다. MIT 교수가 된 첫 해에 발표한 이 연구로 밀리는 MIT에서도 뛰어난 연구자로서 입지를 확고히 했다. 과학에 대한 밀리의 가장 주목할 만한 공헌 가운데 많은 것이 아직 나오지 않았지만, 초기에 나온 이 발견은 스스로도 평생 자랑스러워할 만한 업적이었다.[35]

───── MIT 여성의
　　　　지위를 올려놓다

1884년에 만들어진 MIT의 마거릿 체니 룸은 여성을 위한 특별한 성역이 되어왔다. MIT 캠퍼스는 원래 보스턴의 코플리 스퀘어 지역에 있었고, 이 방도 처음에는 원래의 캠퍼스에 만들어졌다. 방 이름의 주인인 마거릿 스완 체니Margaret Swan Cheney는 1882년 MIT 입학생이었다. 체니는 MIT의 용맹한 첫 번째 여학생이자 강사였던, 선구적인 화학자 엘렌 스왈로 리처즈Ellen Swallow Richards의 학생이었다. 체니는 열정적인 과학도였지만 1882년에 병에 걸려 얼마 지나지 않아 세상을 떠났다. 체니가 죽은 뒤 MIT에 새로 지은 워커 빌딩의 여성 전용 공간에 그녀를 기리는 이름을 붙이지는 의견이 나왔다. 이 의견을 기쁘게 받아들인 체니 가족이 기부한 500달러로 최초의 마거릿 체니 리딩룸Margaret Cheney Reading Room이 설립되었다.

1916년에 MIT가 찰스강을 건너 케임브리지로 옮겼을 때 체니 룸도 함께 옮겼다. 오늘날의 체니 룸은 킬리언 코트가 내려다보이는 여러 개의 작은 방으로 구성되어 있으며, 여성분만 아니라 다양한 성 정체성을 가진 사람들의 안식처가 되고 있다.[36]

1968년부터 MIT 여성들이 차를 마시면서 대화를 나누기 위해 2주마다 한 번씩 체니 룸에 모이기 시작했다. 억눌린 분노를 토로하는 사람도 있었고, 과학에 종사하는 여성이 그 달에 어떤 일을 했는지 듣고 싶어 하는 사람도 있었다. 1960년대와 1970년대에 걸쳐 MIT와 미국 전역에서 여성의 STEM 분야 진출을 장려하는 운동이 일어나면서 그들도 이 운동에 참여하고 있다고 생각했다. 시민권운동과 여성운동이 전국적으로 벌어지던 이 시기는 거대한 변화의 시대였다. 이러한 변혁운동은 학계를 더 평등한 세계로 만들게 된다. 하지만 변화를 만드는 과정은 험난하고 MIT의 여성들도 이러한 성장통을 함께 느끼고 있었다.[37]

밀리와 워이 그해에 여학생을 위한 정기적인 모임을 열기로 했을 때 학문 기관의 일원임에도 여성은 여전히 당연히 있어야 할 곳에 있는 존재가 아니었다. 특히 MIT 같은 곳에서 여성은 이러지도 못하고 저러지도 못하는 곤란한 상황에 빠지는 일이 많았다. 한 예로 학생 신문에 나오는 만화는 그들이 너무 여성적이어서 어려운 문제를 잘 풀지 못하고 경쟁이 심한 환경에서 잘 해나가지 못한다고 비난하다가, 한편으로는 그들이 너무 여성적이지 못해서 매력이 부족하고 따분하며 공부밖에 모른다고 비난했다. 어쩌다 대학교까지 들어간 젊은 여성은 '여성' 또는 '학생'이라고 불리는 당연한 존중조차 받지 못했다. 그들을 '코에드coed'(남녀공학에 다니는 여학생을 가리키는 말이다-옮긴이)라고 불렀는데, 이는 남성만 존재하던 영역을 침범한 여성을 가리키는 적절하지 못한 용어이다.[38]

밀리 자신이 대학원과 박사후과정 시절에 직접 겪었듯이, 이전까지 남성이 지배하던 영역에 처음 들어가서 헤쳐나가려면 여러 어려운 점이 있었다. 그 시대의 남학생과 남성 교수진은 부분적으로 성차별적이거나 편견을 가진 사람이 흔했기 때문이다. MIT는 미국에서 여성을 입학시킨 최초의 공과대학 가운데 하나였지만, 20세기 전반만 해도 여학생에 대한 학교의 정책은 좋게 말해도 중구난방이었다. 10퍼센트 미만이던 여학생의 비율이 1960년대와 1970년대에는 20퍼센트에 이를 정도로 높아졌다. 하지만 이 학교는 여전히 여학생을 어떻게 뽑아야 하는지, 입학한 뒤에는 어떻게 도와주어야 하는지 몰라서 우왕좌왕했다.[39]

1960년대 초 MIT의 몇 안 되는 여성 교수 가운데 한 명이었던 항공우주학 교수 쉴라 위드널Sheila Widnall은 2017년에 밀리를 추모하는 글에 이렇게 썼다. "MIT는 여성 학생과 여성 교수가 과학과 공학에서 성공적인 경력을 추구할 수 있는 기회를 개발하고 구축할 수 있는 제도가 필요했다. 밀리는 이 제도를 확립하는 데 매우 중요한 역할을 했다."[40] 밀리는 이미 많은 학생을 지도하고 있는데도 학생이 멘토링과 상담을 요청하면 언제나 환영했다. 이렇게 해서 이제 막 피어나는 과학자와 공학자를 돕는 경험이 쌓여갔고, 밀리는 STEM 분야에서 여성의 지위에 대해 폭넓은 견해를 갖게 되었다.[41] 밀리는 2014년 《사이언스Science》와의 인터뷰에서 첫 번째 모임에서 만난 여학생들에 대해 이렇게 말했다, "그들은 하나같이 고립감에 대해 말했어요. …… 자기가 이 학교에 소속된 것이 맞는지조차 의심했죠."[42]

밀리는 1976년 MIT 구술사 인터뷰에서 체니 룸 모임에서 이루어진 토론 가운데 일부를 자세히 설명했다. 밀리는 많은 여학생이 편견과 여성을 배제하는 태도 때문에 어려움을 겪는다고 말했다. "학부생들은 남학생 틈에서 여러 문제를 겪었어요. 항상 반복되는 주제였죠. 공학 과목에서 여성은 너무 소수여서 …… 이런 점에 압도되어 자기의 능력을 다 발휘하지 못한다고 생각했어요. 그리고 교수도 여학생을 어떻게 대해야 하는지 몰랐어요. …… 나와 함께 이야기하거나 다른 여학생과 이야기하고, 이런 문제에 대해 이야기할 기회가 생기면서 학생들에게 도움이 되었죠. 이런 기회가 MIT를 그만둘지 계속 다닐지 하는 문제에서 큰 차이를 만들었어요."[43]

뉴욕시립대학교 화학공학과 교수이자 1976년에 입학한 MIT 동문인 캐럴 스타이너Carol Steiner는 2017년 밀리의 추모 행사에서 이 시절을 이렇게 말했다. "우리는 학부생이었는데 …… 여성과 남성의 비율이 1대 10이었습니다. 밀리가 그곳에 있다는 것을 아는 것만으로도 영감을 받앉고 도움이 되었습니다."[44]

특히 유색인종 여성은 MIT 같은 기술 연구소에서 소속감을 느끼기 어려웠다. 성과 인종에 따른 편견에 이중으로 시달렸기 때문이다.[45]

"내가 학부생으로 MIT에 입학했을 때 우리 반에는 저를 포함해서 아프리카계 미국인 여성이 두 사람뿐이었습니다." 셜리 앤 잭슨Shirley Ann Jackson은 렌셀리어공과대학교 총장이자 MIT에서 박사학위를 받은 최초의 아프리카계 미국인 여성이다. 잭슨은 2017년에 발표한 밀리를 추모하는 글에 이렇게 썼다. "다른 학생들은 나를 환영하지 않았고 몇몇 교수도 똑같은 태도를 보였다. 어느 순간 물리학을 전공할 생각이 들어서 저명한 교수에게 조언을 구했다. 그는 '유색인종 여성은 장사를 배워야 한다'고 대답했다. 그러나 밀리가 제시한 조언은 말할 필요도 없이 완전히 달랐다. 밀리가 인생을 보는 관점은 훨씬 폭이 넓었고 MIT에 있다는 것이 우리에게 행운이었다. …… 교사로서의 인내심, 어려움을 겪는 학생이 좌절하지 않도록 용기를 주려는 마음, 나를 포함한 과학계의 젊은 여성을 위해 제도적 장벽에 맞서는 밀리의 모습에서, 그녀를 따르는 사람들뿐만 아니라 모두가 평등한 기회를 누려야 한다고 생각하는 사람들이 행동에 나서야 한다는 메시지를 읽었다."[46]

웍과 밀리는 웍을 도와주는 직원 도티 보우Dottie Bowe와 함께 MIT 여학생이 저절한 소속감을 느끼도록 돕는 구체적인 방법을 찾기 위해 토론했다. 세 사람은 당시에 고위 관리자 또는 다른 지도적 역할을 하는 몇 안 되는 여성이었으며, 될 수 있는 한 학부생과 대학원생을 지원해야 한다는 책임감을 느꼈다. 웍은 캠퍼스에서 여성의 수호자로 널리 알려져 있었고 학생 부학장으로서 여성을 돕는 데 많은 에너지를 쏟았다.[47]

"그 당시 MIT에서 여학생을 돕는 일이라면 사실상 모든 일을 윅이 하고 있었어요." 밀리는 1976년 구술사 인터뷰에서 이렇게 말했다. 윅은 MIT에 오려는 모든 여고생의 지원 서류를 검토하는 것뿐만 아니라 여성을 위한 다양한 프로그램을 관리하는 일을 맡고 있었다.[48]

밀리가 MIT에서 보낸 첫 해에 밀리와 윅은 여성이 학부생으로 입학하는 과정을 알아보기로 했다. MIT는 1870년부터 여학생을 입학시켜왔지만, 1960년대 초 여학생 기숙사가 생긴 뒤에야 MIT 본부에서 여학생 모집과 지원에 지속적인 관심을 갖기 시작했다. 윅은 밀리에게 여학생의 지원 서류를 함께 검토해달라고 부탁했다(1960년대 후반에 MIT에 지원하는 여학생의 수는 매년 약 400명쯤이었다). 이미 학교와 집에서 엄청나게 많은 일을 하고 있던 밀리에게는 큰 부담이었지만 기꺼이 동참했다.[49]

지원 서류를 자세히 검토하면서 밀리는 MIT의 입학 과정에 중요한 변화를 가져올 몇 가지 주요 관심사를 찾아냈다. 밀리는 2007년 인터뷰에서 이렇게 말했다. "그때 MIT는 여학생을 입학시키는 것이 조금 위험하다고 생각했습니다. 입학한 다음에 여학생이 수업을 잘 따라가지 못한다는 게 이유였죠. 하지만 여러 상황을 보고 나니 여성이라서가 아니라 그들이 마주치는 환경 때문에 여학생의 성적이 높지 않은 것이라고 느꼈어요."[50]

근본적으로 여성, 특히 유색인종 여성이 더 편안하게 느끼도록 MIT의 환경을 바꾸는 일을 계속 추진해야 했다. 당시 밀리는 여학생을 더 많이 받아들이는 것이 긍정적인 변화를 만드는 가장 좋은 방법이라고 생각했다. 밀리와 윅이 MIT의 입학 과정을 살펴보면서 밝혀낸 가장 큰 문제점은 남성과 여성 지원자의 합격 기준이 완전히 다르다는 것이었다. 여학생 숙소가 제한되어 있었기 때문에(학교가 받아들이는 여학생 수를 결정하는 요인이었다) 여학생 지원자 사이의 경쟁이 더욱 심했다. 이런 이유로 여학생이 합격하려면 남학생보다 더 높은 점수, 더 좋은 추천서가 필요했다. 밀리는 1976년에 딱 잘라서 말했다. "여성이 남성보다 MIT에 입학하기가 더 어려웠습니다."[51]

윅은 그들의 연구를 바탕으로 MIT 입학위원회에 여러 권고 사항을 담은 공식 보고서를 제출했다. 이 보고서에 가장 먼저 나오는 권고 사항은 여성에게 불평등한 입학 절차와 과정을 없애고 모든 지원자를 본질적으로 같은 기준으로 뽑아야 한다는 것이었다. 이 보고서는 또한 재능 있는 학생(남학생이건 여학생이건)을 평등하게 모집해야 하며, 지원

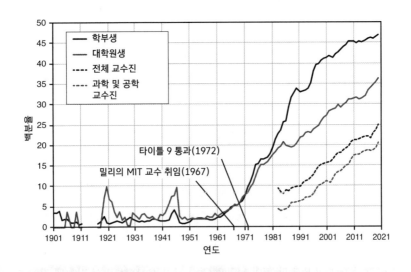

그림 6

1901~2020년까지 MIT 여학생과 교수진 비율. 1983년 이전의 교수진 자료는 없다.

자 평가에 교수진의 의견을 포함시킬 것도 권고했다. 여학생을 더 많이 입학시키면 그들이 어려움을 겪는 분야나 과목에서 성적을 향상시키는 데 도움이 될 것이라고 주장했다. 이를 위해 MIT가 여성을 받아들이고 지지한다는 사실을 잘 보여줄 수 있는 홍보 자료를 만들어야 한다고 제안했다.[52]

그들이 내놓은 많은 권고안은 이런저런 형태로 채택되었다. 그 결과 여성 노동력을 증가시키기 위한 전국적인 법적, 사회적 압력에 부응하여 MIT의 여학생 비율이 급격히 늘어났다(그림 6).[53]

─── MIT 여성포럼의 탄생

윅은 1971년 학생 부학장 자리에서 물러나 평교수로 돌아갔다. MIT 본부에서 대체할 사람을 뽑지 않기로 하자 윅에 의지해온 많은 여학생이 아쉬워했다. 그래서 1972년 1월 윅이 공식적으로 자리를 떠난 직후에 윅과 밀리, 보우는 MIT의 학부 여학생이 직면한 문제를 논의하려고 방학 중에 공개 토론회를 열었다. 그날 세 사람은 MIT의 모든 부서에서 모인 100명 정도(대부분 여성이고 몇 명의 남성)가 체니 룸에 몰려 있는 것을 보고 깜짝 놀랐다.[54]

이렇게 해서 MIT 여성포럼이 탄생했다. 여성포럼은 MIT 캠퍼스에서 여성이 겪는 곤경을 조사할 수 있는 장소가 되었다. 그 후 몇 주 동안 여성포럼 참여자들은 보육에서부터 학업, 재정 지원에 이르기까지 모든 것과 관련된, 학교에서 여성이 불평등하다고 느끼는 정책을 체계적으로 검토하도록 MIT 본부를 설득했다. 이러한 제안을 진지하게 받아들인 본부는 여학생이 느끼는 우려와 여러 문제를 주의 깊게 살펴보기 위한 위원회를 구성했다. 밀리는 MIT 4학년 학생인 파울라 스톤과 함께 공동위원장을 맡았다.[55]

같은 시기에 밀리는 스멀린 학과장 아래에서 전기공학과의 부학과장으로 임명되었다. 밀리는 MIT의 가장 큰 학과에서 유일한 여성 교수일 뿐만 아니라 MIT에서 그 정도의 학문적 직책을 맡은 최초의 여성이 되었다. 1972년 2월 AP통신은 밀리가 새로운 직책에 임명되었다는 짧은 기사를 썼고, 이 기사는 미국 전역의 신문사에 공급되었다.[56]

여성으로서 부학과장이 된 것은 역사적인 의미도 있었다. 하지만 이미 꽉 찬 일정에 또 다른 책임이 추가되는 것이라서 밀리는 그때까지 이어져오던 링컨연구소와의 공식적인 관계를 끝낼 수밖에 없었다. 밀리가 높은 자리에 올라가자 여성포럼의 영향력도 함께 커졌다. 때마침 1972년 6월에는 앞서 말한 타이틀 9이 발효되어 연방정부의 지원을 받는 교육기관에서의 성차별을 금지했다.[57]

여성포럼은 다양한 배경을 가진 참여자와 함께 여러 과제를 추진했다. 거기에는 캠퍼스에 여성 전용 공간을 만들거나 여성 인권운동가인 글로리아 스타이넘의 강연을 조직하는 등 다양한 프로젝트가 포함되었다. 또한 여성포럼은 MIT에서 여성의 지위에 대해 적어도 두 편의 영향력 있는 보고서를 작성했다.[58] 이런 일을 하면서 밀리는 당시 MIT 총장이었던 제롬 위즈너로부터 소중한 조언을 받았다. 그는 여성포럼에 호의적이었지만 첫 번째 보고서의 초안에는 비판적이었다. "위즈너는 과학 정책에 대한 나의 첫 번째이자 가장 신랄한 멘토였어요." 밀리는 1997년에 MIT의 여성 역사를 논하는 원탁회의에서 이렇게 말했다. "위즈너는 나에게 MIT와 미국 전체의 과학 정책을 세우거나 봉사를 할 때 내가 하는 연구와 똑같이 대해야 한다고 말했습니다. …… 다른 종류의 제안서나 서류를 제출할 때도 MIT에서 학문적 연구를 할 때와 똑같이 뛰어난 문서를 작성하라는 뜻이었죠. 나는 이 말을 계속 마음속에 간직하고 있어요. 정말로 놀라운 조언이었습니다."[59]

1972년 MIT 여학생 역할에 관한 특별위원회는 MIT 본부에 제출한 보고서에서 편견과 미묘한 차별에서부터 완전한 적대행위까지 여학생에 대한 대학 내의 광범위한 태도와 행동을 설명했다.[60] 특별위원회의 보고서는 이렇게 지적했다. "처음에는 MIT 여학생들에게 긍정적 측면이 많고, 많은 여학생이 행복하게 지낸다고 할 수 있다. 그러나 MIT의 태도와 정책은 지금보다 크게 개선되어야 하고 개선될 수 있다."[61] 그다음 이 보고서는 여학생 처우와 관련해 시급히 개선해야 할 열한 가지 항목을 나열했다. 여기에는 입학, 전반적인 학업 환경, 학생 활동, 주거, 의료 등이 포함되었다. "미국의 대학교에서 여성에 대한 차별적 태도는 너무나 제도화되어 있어서 이런 태도를 가진 사람들은 의식조차 하지 못한다." 보고서는 계속해서 이렇게 덧붙였다.

이 학교의 많은 사람(교수, 직원, 남학생)이 여성은 MIT 교육의 질을 위태롭게 한다고, 여성은 전통적으로 남성의 분야인 공학과 관리 분야에 속하지 않는다고, 여성은 과학 연구에 진지하게 전념하기를 기대할 수 없다고, 여성은 학문적 동기부여가 부족하다고, 여성은 강의실에서 남성의 주의를 산만하게 할 뿐이라고 주장한다면, MIT는 결코 모든 구성원에게 동등한 기회를 주는 남녀공학이 아니며 결코 그렇게 될 수도 없을 것이다. 우리는 대부분의 차별이 의도적이지 않지만, 차별은 분명히 존재한다는 것을 깨달았다. 그 결과 MIT의 일부 여학생은 대학 내에서 자신들을 진지하게 받아들이지 않고 남학생과 같은 기준으로 대우받지 못하고 있으며, 동등한 교육을 받지 못한다고 느끼고 있다.[62]

역사학자 에이미 수 빅스가 《공대로 간 소녀들Girls Coming to Tech!》에서 언급했듯이, 이 보고서는 "성차별은 여학생, 교수진, 직원들이 조직적으로 개선을 요구할 때만 개선될 수 있다고 MIT의 여성에게 말했다. 이는 여성 스스로 방향을 제시한 외침이었다."[63] 보고서의 저자들은 권고 사항 가운데 단기적으로 실행하기 어려운 항목도 있다는 것을 알고 있었다. 그럼에도 이 보고서는 MIT와 동료 기관에 큰 파장을 일으켰다. MIT 본부가 메리 로를 여학생을 위한 새로운 고위 변호인으로 임명하는 즉각적인 결과도 얻었다. 총장의 여성과 노동 특별보좌관이었던 로는 특별감찰관이 되었다. 로는 자신을 찾아온 사람들의 비밀을 보장하면서 중립적인 입장에서 조언하고 갈등 관리를 도와주었다. 로가 이 일을 시작하고 나서 1년쯤 뒤에 유색인종 학생을 지원하는 자리도 만들어졌다. 도시 연구와 계획을 가르치는 부교수 클래런스 윌리엄스는 소수인종 관련 총장 특별보좌관으로 임명되었고, 로와 마찬가지로 특별감찰관으로 일했다.[64]

MIT에서 여성을 돕기 위해서 노력하는 동안 학교와 직장에서의 평등, 특히 STEM 분야 직장에서의 평등에 대한 밀리의 생각이 달라지기 시작했다. 밀리는 당시 미국에서 많은 지지자를 늘려가던 급진적 페미니즘에는 동의하지 않았지만, 편파적이거나 차별적인 대우에 정당한 불만을 가진 너무나 많은 여성의 경험에 공감할 수밖에 없었다. 밀리는 내면의 자신감과 어려움에 맞서 견뎌내려는 의지가 있었고, 개인적이거나 전문적인 영역에서 영향력 있는 남성들이 도와주었기 때문에 자신이 다른 여성에 비해 크게 유리했다는 점을 인식하기 시작했다. 밀리는 대학과 과학계가 보이는 차별적인 태도 때문에 매우 유능한 여성과 소수인종 학생이 자기 같은 결정적인 도움을 받지 못한다는 것을 깨달았다.[65]

MIT 졸업생이면서 여성포럼에 참가했던 버팔로대학교 생리학 교수 수전 우딘은 2017년에 이렇게 썼다. "나는 밀리가 태도를 바꾸는 것을 보았다. 밀리는 그것을 사건이라고 불렀는데 …… 이전까지 자신이 무시하던 것을 깨달았다. 그런 것들을 몰랐던 것이 오히려 밀리의 초기 경력에 도움이 되었다고 생각한다."[66]

밀리는 1970년대 후반에 이렇게 말했다. "특별위원회 보고서를 제출하고 여성포럼이 열리기 전까지만 해도 여성은 스스로 돌볼 수 있다고 생각했습니다. 어떤 면에서는 내가 이제껏 받은 도움을 간과했죠. 나는 여성이 다른 여성을 도와야 한다는 생각을 외면했습니다. …… 이제 내가 다른 사람들을 도와야겠다고 결심했어요."[67]

── 전 세계를
   다니다

1970년대 초 밀리와 진은 여름에 외국으로 나가서 학계 전문가들을 만나고 정규과정 이외의 강의를 하면서 가족 휴가도 즐길 수 있는 기회를 얻었다. 이러한 워킹 홀리데이는 밀리와 진이 MIT와 인연을 맺은 외국 동료를 다시 만나고 세계 곳곳에서 새로운 물리학자도 만날 수 있게 해주었다.

1971년 브라질로 첫 번째 워킹 홀리데이를 하러 떠났다. 밀리와 진은 고체물리학 연구를 처음 시작하는 나라를 돕기 위해 그곳의 교수를 대상으로 하는 강의에 전문가로 초청되었다. 두 사람의 첫 방문과 긴 시간에 걸쳐 이루어진 그 이후의 방문은 브라질이 고체물리학 분야의 연구를 선도하는 나라가 되는 데 크게 기여했다.[68]

밀리와 진은 초빙교수로 갈 때 아이들이 함께 갈 수 있도록 주선하여 네 아이와 함께 휴식을 취하고 놀러 다니면서 많은 시간을 보냈다.[69] 아들 폴은 2017년 밀리의 추모 행사에서 이렇게 말했다. "어머니는 어린아이 네 명을 데리고 …… 세계를 반 바퀴 도는 것을 아무렇지 않게 생각했어요. 우리는 착한 아이들이 아니었기에 어머니가 어떻게 감당하셨는지는 잘 모르겠습니다. 어쨌든 …… 어머니는 그냥 해내셨죠. 어머니는 네 아이를 데리고 여행하는 것이 불가능하다고는 전혀 생각하지 않았어요."[70]

밀리와 진이 낮에 강의하는 동안 일곱 살에서 열한 살이었던 아이들은 지역에서 여러 활동을 즐겼다. 아이들이 큰 농장의 숙소에 있는 동안 명목상으로는 보모가 지켜봤지만, 밀리와 진은 맏이인 메리앤의 책임 아래 아이들 스스로 동물원과 관심 있는 다른 곳을 탐험할 수 있는 자유를 주었다.[71] 나중에 막내 앨리엇은 이렇게 말했다. "누나는 엄마 같았어요. 동생들을 돌봐야 했죠."[72]

1972년 강의, 연구, 여성포럼 활동으로 바쁜 학기가 끝난 뒤에 밀리는 진과 아이들과 함께 이스라엘로 떠났다. 이번에는 여름 동안 테크니온 – 이스라엘 공과대학교의 초청을 받았다. 그 뒤 몇 년 동안 드레셀하우스 가족은 일본과 베네수엘라로 비슷한 여행을 떠났으며, 이 모든 여행에서 중요한 협력 연구를 발전시켰다.[73] 폴은 "해외에서 어머니와 학생, 박사후 연구원, 협력자들과 함께 있는 것은 국제적인 경험이었어요"라고 말했다.[74]

그들이 방문한 해외 대학에서의 생활, 가족 여행은 매우 시의적절한 휴식이었다. 그만큼 1970년대 중반에 밀리와 진은 매우 바빴으나 한편으로는 많은 결과를 얻었다. 밀리는 네 아이를 돌보는 일 말고도 학생을 지도하고 MIT에서 여성을 돕는 매우 많은 활동을 했다.

두 사람의 연구도 빠르게 발전했다. 밀리와 진은 응집물질물리학이라는 새로운 분야를 출범시키기 위해 함께 노력했다. 거의 20년에 걸친 끊임없는 노력으로, 두 사람은 유용한 물질로서의 탄소에 대한 근본적으로 새로운 이해를 이끌어냈다.[75]

7

나노 세계에 온 것을 환영합니다

이 해에 로 대 웨이드Roe v. Wade 사건(강간으로 원하지 않는 임신을 한 제인 로(가명)가 검사 헨리 웨이드를 상대로 제기한 소송으로, 대법원은 성적 자기 결정권의 일환으로 낙태할 권리가 있다고 판결했다 - 옮긴이)이 있었고, 닉슨 행정부의 워터게이트 사건이 일어났고, 미국이 베트남전쟁에서 철수했다. 모토로라 연구원이 벨연구소 연구원과 한 최초의 휴대전화 통화는 온 세상이 휴대전화를 사용하는 시대가 오리라는 것을 알렸다. 빌리 진 킹은 유명한 테니스 '성 대결'에서 바비 릭스를 이겼고, 디제이 쿨 허크와 다른 사람들 덕분에 힙합이 독특한 음악 장르로 떠오르기 시작했다. 이 해는 1973년이었고, 밀리는 이제 막 연구 속도를 높이고 있었다.[1]

밀리가 MIT 여성포럼에서 1년 반 동안 지도적인 역할을 하다가 자리에서 물러나기로 결정했을 때는 교정에 막 단풍이 들기 시작할 무렵이었다. 물론 자리에서만 물러날 뿐 계속 여성포럼을 지원했다.[2]

밀리는 거의 같은 시기에 미국의 대학교에 다니는 극소수 여성을 지원하는, 카네기재단의 권위 있는 펠로우십을 받았다. 밀리는 시간을 낭비하지 않고 동료 MIT 공학 교수인 셜라 위드널에게 이 기회에 1학년과 2학년 학생을 위한 완전히 새로운 과목을 개발하도록 도와달라고 부탁했다. 그래서 탄생한 '공학이란 무엇인가'라는 과목은 상대적으로 남학생보다 공학을 배울 준비가 덜 되어 있는 여학생이 학문적으로 따라잡도록 돕는 것이 목표였다. 남학생은 어릴 때부터 공식적으로 학교로부터 또는 비공식적으로 친지, 친구 등을 통해 공학을 더 자주 접하므로 여성보다 공학을 배우기에 훨씬 유리한 경우가 많다. 밀리는 '성 격차'라는 말이 생기기도 한참 전에 이런 예비 과목을 개설해서 공학 교육의 기울어진 운동장을 없애기 위해 노력했다.[3]

위드널은 2017년에 밀리의 추도문에서 이렇게 밝혔다. "이 수업은 매주 보스턴 지역에서 일하는 엔지니어들이 와서 발표하는 등 공학 관련 직업에 대한 정보를 제공했다." 위드널에 따르면, 이 수업에서는 학생이 실험실에서 전자회로, 용접, 모형 제작 같은 일을 직접 해볼 수도 있었다. "한 학기 수강생으로 15명을 생각했지만 100명이 넘었고 절반은 남성이었다. 이 과목을 들은 MIT의 여성과 소수인종 학생 가운데 꽤 많은 학생이 공학을 전공하기로 결정했다."[4]

MIT 도시 연구와 계획의 겸임 명예교수 클래런스 G. 윌리엄스가 쓴 《기술과 꿈: MIT에서의 검은 경험, 1941~1999년Technology and the Dream Reflection on the Black Experience at MIT, 1941-1999》을 위한 인터뷰에서 밀리는 말했다. "우리가 이 과목을 만든 이유는 여학생에게 공과대학에서 하는 일을 알려주고 공학에 여성의 자리가 있다고 말하기 위해서였어요. 이 과목이 소수집단 학생이 공학을 전공으로 선택하게 하는 데 상당한 역할을 했다고 생각해요. 그렇지 않으면 공학을 부전공으로 하는 비율이라도 조금 올라갔을 거라고 생각합니다."[5]

같은 시기에 밀리는 MIT에서 새로운 애비 록펠러 모제 석좌교수로 임명되는 영예를 안았다. 이 반영구적인 자리는 1967년 밀리가 초빙 교수로 임명되었을 때와 같은 기금으로 만들어졌다. 초빙교수가 아니면서 이 기금을 받은 사람은 밀리가 최초였다.[6]

밀리는 MIT에서 여성을 지원하는 또 다른 방법으로 위드널과 함께 첫 번째 여성 교수 오찬회를 조직했다. 밀리는 이 모임을 위해 처음에는 카네기재단 펠로우십의 기금을 이용했고, 나중에는 모제 석좌교수의 기금을 이용했다.[7] 밀리와 위드널은 당시 MIT에 있는 몇 안 되는 여성 교수를 멘토링했다. 밀리는 2007년에 이렇게 회상했다. "그들은 모두 다른 학과 소속이었고 대부분 자기 학과에서 유일한 여성이거나 최초의 여성 교수였어요. 남성 교수는 여성 교수에게 무엇을 해야 하는지, 승진을 어떻게 하는지에 대해 말해주기를 불편해하는 경우가 있었습니다."[8]

위드널은 추도문에 이렇게 썼다. "종신 재직권, 연구비를 받는 방법, 여학생 멘토링, 다른 불평등과 이것을 개선하는 방법 등을 논의했다. 우리는 MIT 본부의 고위층에게 폭넓은 지지를 받았으며, 학장이나 교무처장을 초청하여 여성 교수들과 이야기를 나누곤 했다."[9]

──── 나노 세계로
들어가다

밀리는 불리한 조건에 놓인 MIT의 학생과 교수를 돕는 일을 하는 한편, 1970년대 초에는 새로운 연구 방향을 개척하기 위해 더 많은 시간을 들여 노력했다. 거의 20년 동안 계속된 이 노력은 밀리가 과학에 한 가장 위대한 기여다.[10]

흑연은 원자 한 층(그래핀)의 미끄러운 조각들로 이루어져 있어서, 일종의 탄소로 만들어진 페이스트리와 같다는 것을 앞에서 설명했다. 밀리는 1973년에 새로운 물질을 실험하기 시작했다. 그래핀 시트 사이에 다른 물질이 들어가 있는 물질이다. 그래핀층 사이에 다른 물질의 층이 들어가 있는 구조를 층간삽입intercalation이라고 하며, 탄소층과 이른바 게스트 종guest species 사이의 혼합을 흑연 층간삽입 화합물이라고 한다. 이 합성 화합물은 무수히 많은 특성을 가질 수 있다. 탄소층 사이에 들어가는 원자와 분자를 바꾸면 수백 가지의 층간삽입 화합물이 만들어지며, 이런 물질은 순수한 흑연과는 상당히 다른 특성을 나타낼 수 있다.[11]

그래핀은 밀리와 진이 연구하기 훨씬 전부터 과학자들에게 알려져 있었다. 필립 윌리스의 1947년 논문은 그래핀의 띠구조(결정 속 전자의 에너지띠 구조)를 처음 제시했고, 탄소 단일층에 대한 미래의 통찰을 보여주었다. 그러나 1960년대 중반에 밀리와 진이 연구를 시작했을 땐 이 분야를 연구하는 학자가 많지 않았다. 그들 가운데 벨연구소의 시오도어 H. 게발과 브루스 해네는 어느 날 밀리의 강연이 끝난 뒤 밀리에게 다가

갔다. 게발과 해네를 비롯한 몇몇 동료는 이전 연구에서 흥미로운 발견을 했다. 흑연층에 나트륨이나 칼륨과 같은 알칼리금속을 삽입했더니 초전도성을 나타냈다. 마치 달마시안과 비글을 교배했더니 여우가 나왔다는 것만큼이나 이상한 결과였다. 원래 성분에는 없던 초전도성이 둘을 섞은 물질에서 나타난 것이다.[12]

밀리의 자기광학 연구를 알고 있었던 게발과 해네는 그들을 혼란스럽게 한 초전도 화합물을 연구해보라고 밀리에게 제안했다. 밀리는 이 제안에 매력을 느꼈다. 덩어리로서 흑연을 연구한 다음 밀리는 그래핀 한 층을 분리할 수 있으면 어떤 일이 일어날지 호기심을 느꼈던 적이 있다. 벨연구소의 연구는 이와 관련된 근본적인 질문을 제기했다. 그래핀 개별 층 사이에 다른 물질을 집어넣으면 전자의 성질은 어떻게 될까?[13]

밀리의 실험실은 15년이 넘게 이 같은 연구 방향을 추구하면서 20편이 넘는 박사학위 논문을 쏟아냈다. 밀리와 동료, 학생들은 수십 가지 원자와 분자를 흑연과 결합한 다음에 그들이 생각할 수 있는 모든 성질(자기적 성질, 초전도성 등)을 조사했다. 마침내 이 연구에서 새롭고 중요한 공학적 발전이 나왔는데, 여기에는 휴대전화에 들어가는 리튬이온 배터리도 포함된다.[14]

그러나 밀리가 이 문제에 대한 호기심을 활발한 탐구로 연결하는 데는 몇 년이 걸렸다. 2001년 인터뷰에서 밝혔듯이, 초기의 실험 설계부터 어려움이 있었다. "어떤 실험을 해야 할지 좋은 생각이 나지 않았어요. …… 그래서 마음속 어딘가에 넣어두었죠."[15] 그러다가 어떤 동료의 논문을 보고 흑연 층간삽입 실험을 어떻게 해야 할지 명료하게 알 수 있었다. 마침내 1973년 밀리와 한 학생(지금은 많은 업적을 이룬 버팔로대학교의 재료과학 교수 데보라 청)이 실험을 시작했다. 첫 번째 실험에서는 브로민Br을 흑연에 층간삽입했다. 이 연구는 록펠러 모제 석좌교수의 기금에서 도움을 받았다.[16]

오늘날 그래핀 분리는 일상적으로 하는 일이지만, 품질이 좋은 시료를 대량생산하려면 여전히 다양한 난제를 극복해야 한다. 그래핀 조각을 제조하는 대표적인 방법으로는 화학기상증착Chemical Vapor Deposition, CVD이 있다. 기판을 기체에 노출시켜서 기판 위에 얇은 층을 만드는 기술이다. 그래핀 조각을 만드는 방법은 다음과 같다. 먼저 탄소를 함유한 물질을 극도의 높은 온도로 가열하면 탄소가 분해되어 나온다. 이때 금속(대개 구리) 표면 위에 화학기상증착을 수행하여 탄소 원자가 그을음처럼 날아가는 것을 막는다. 구리는 결합이 끊어진 탄소 원자가 서로 반응하도록 유도하는 촉매 역할을 해서 금속 위에 그래핀층을 형성시킨다. 마지막으로 금속 위에 형성된 그래핀을 조심스럽게 떼어낸다.[17]

그러나 1970년대에 흑연층을 분리하려면 층간삽입이 유일한 방법이었다. 엑스선회절법을 사용하여 게스트 종이 흑연에 추가되었을 때 어떤 일이 일어나는지 알아보는 연구에서 좋은 결과가 많이 나왔다. 엑스선회절법은 영국의 생물물리학자 로절린드 프랭클린이 DNA 구조를 추정하려고 사용한 기술로 유명하다.[18]

밀리와 동료들은 흑연층 사이의 간격을 조정하면 전자의 성질과 다른 성질에 많은 변화가 일어난다는 것을 발견했다. 밀리는 1984년 《피직스 투데이Physics Today》에 이렇게 썼다. "끼워넣는 물질의 종류와 농도를 바꾸면 다른 성질을 가진 여러 가지 화합물을 많이 만들 수 있다."[19]

흑연 층간삽입 시료 가운데에는 한 층씩 번갈아 쌓인 것도 있다. 이 시료에는 탄소 한 층마다 게스트 물질 한 층이 놓여 있다(그림 7). 이러한 화합물을 1단계 화합물이라고 한다. 탄소 2층, 3층, 4층 또는 그 이상의 층에 대해 하나의 게스트 물질 층을 가진 시료도 있다. 1973년부터 1990년까지 밀리의 연구팀은 11단계까지 시료를 만들어서 층간삽입 화합물의 성질을 연구했다.[20]

밀리의 팀은 처음엔 다양한 흑연 층간삽입 화합물의 전자구조를 집중적으로 연구했다. 그러나 곧 흑연 층간삽입 연구의 기반이 되는 흑

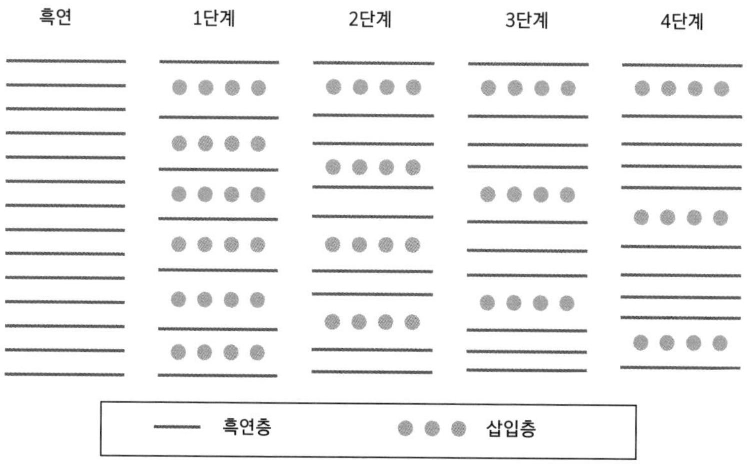

그림 7
흑연 층간삽입 화합물에는 탄소 원자의 한 층 또는 여러 층마다 다른 원소 한 층이 삽입된다.

연층 연구에 몰두했고, 뒤이어 자성, 전자의 성질, 초전도성에 이르기까지 모든 것을 연구하기 시작했다.[21]

흑연 층간삽입 연구는 단일 원자 두께의 2차원 물질을 다루므로 밀리는 이 연구가 자신이 나노 세계로 직접 들어간 첫 번째 사례였다고 말했다. 탄소 원자 하나의 폭은 10분의 1 나노미터에 불과하다. 이 크기가 어느 정도인지 비교하면 적혈구는 평균 폭이 약 7마이크로미터이고, 사람의 머리카락은 약 100마이크로미터이다. 다시 말해 각각 약 7,000나노미터와 10만 나노미터이다. 대략 1~100나노미터 크기의 물질을 다루는 나노 규모의 과학은 지난 수십 년 동안 폭발적으로 발전했다. 밀리는 1970년대에 벌써 이 작은 물질을 연구한 비교적 소수의 과학자 가운데 한 명이었다.[22]

물리학자 히로시 카미무라는 일본의 흑연 층간삽입 연구를 다룬 1987년 기사에 이렇게 썼다. "1970년 이전까지는 화학자와 물리화학자가 흑연 층간삽입 화합물 연구를 주도했다." 카미무라 교수는 1970년대에 들어와 물리학자와 공학자가 이 주제에 관심을 갖게 된 한 가지 이유가 많은 선진국이 겪은 에너지 위기 때문이라고 지적했다. 당시 오일쇼크로 석유가 부족해지자 많은 나라의 시민이 처음으로 에너지를 절약하는 방법에 대해 생각하기 시작했다.[23] 밀리는 2013년에 이렇게 말했다. "각각 다른 다섯 학과에서 온 사람들이 이 분야를 연구하고 있었어요. 이 분야가 가진 또 다른 풍부함입니다."[24]

──── 밀리와 진의
조화로운 삶

층간삽입 연구가 활발하게 진행되는 동안 밀리에게는 삶의 다른 영역에서 계속 새로운 기회가 나타났다. 1974년 전기공학 및 컴퓨터과학 학과장 스멀린이 임기를 마쳤을 때 밀리도 부학과장 자리를 떠났다 (밀리가 재임한 동안 컴퓨터과학이 추가되어 오늘날까지 유지되고 있다). 밀리의 봉사는 다른 곳에서 계속된다. 밀리는 금속과 반금속의 실험 연구와 교육에 기여한 공로로 미국공학학술원National Academy of Engineering, NAE 회원으로 선출되었다. 1965년에 선출된 인간공학 연구자 릴리언 길브레스, 1973년에 선출된 컴퓨터 과학자 그레이스 호퍼에 이어 세 번째로 이 영예를 얻은 여성이 되었다. 미국공학학술원의 회원으로서 밀리는 자원하여 국립표준국 평가위원장이 되었다. 이 기관은 현재 미국 국립표준기술연구소가 되었다.[25]

1970년대 중반에 밀리와 획기적인 경력이 또 한번 공식 축하를 받았다. 1976년 6월 밀리는 케임브리지에서 자동차로 한 시간가량 걸리는 우스터공과대학교에서 명예박사학위를 받았다. 밀리는 그 뒤로 40개에 가까운 명예박사학위를 받았다.[26] 그해 4월에 《코스모폴리탄》은 대부분 젊은 여성인 독자들을 위해 공학에 종사하는 다른 두 여성과 함께 밀리의 경력과 삶을 자세히 다룬 기사를 실었다. 이 기사에서 밀리는 다음과 같은 질문을 받았다. "당신은 공학을 언제나 남성의 직업이라고 생각했습니까?" 이러한 신화를 추방하고 싶었던 밀리는 이렇게 대답했다. "전문가 여성은 일반적입니다. 우리는 다른 사람들과 마찬가지로 삶의 기쁨을 원합니다."[27]

밀리는 이 인터뷰에서 "나는 가정도 직업이라고 생각합니다"라고 말했다.[28] 밀리는 아이들을 실험실에 데려오기도 했는데, 학생들에게 미래에 할 일을 미리 경험해보도록 하려는 의도였다. 밀리는 십대 초반이 된 아들 둘을 MIT의 실험실로 데려왔다. 그곳에서 두 아이를 대학원생들에게 소개한 뒤 연구와 관련된 일을 돕게 했다. 밀리는 2007년 구술사 인터뷰에서 이렇게 말했다. "그 경험은 심지어 대학에 들어오기 전 학생에게도 이른 시기에 연구를 접할 수 있는 기회가 어떤 도움이 되는지 알아보는 계기가 되었습니다. 대학원생도 어린 친구들을 감독하고 지도하는 경험을 할 수 있었죠. 가족 같은 느낌이 드는 좋은 활동이었어요."[29] 나중에 밀리는 학생들과 함께 정기적으로 가족적인 분위기의 저녁 식사를 계속했다. 오늘날에는 이런 일이 흔하지만 1970년대에는 새로운 경험이었다.[30]

밀리는 2002년 인터뷰에서 과학을 추구하면서 아이들을 키우는 것이 "나에게는 그렇게 어려운 일이 아니었어요"라고 말했다.[31] 물론 보모와 남편이 크게 도와준 덕분에 이 모든 일이 가능했다고 반복해서 말했다. 진은 가사와 자녀 양육의 책임을 공평하게 분담했을 뿐만 아니라 아내가 직장에서 자기보다 더 돋보이는 것을 기뻐했다.[32]

폴이 이야기에서 이런 사실을 확인할 수 있다. "어머니와 아버지는 인생의 모든 면에서 함께 일했습니다. 아버지는 그 세대의 남성으로서는 드물게 집안일을 많이 했죠. …… 그리고 많은 연구를 함께했는데, 아버지가 이론적인 부분을 맡고 어머니는 실험 부분을 연구해서 두 가지를 결합했습니다. 어머니가 가장 잘했던 일 가운데 하나는 재능 있는 사람들로 팀을 꾸리는 것이었어요. 여기에서 아버지는 항상 돕는 역할이 었고 어머니가 대장 역할을 했죠."**33**

당연히 부부 간의 강한 유대관계는 아이들이 자라나는 모든 단계에 영향을 주었다. 밀리는 2002년 인터뷰에서 자기 부부가 일을 너무 많이 집으로 가져갔던 것 같다고 말했다. "아이들이 어린 시절에 서로 이야기할 때 과학 용어를 섞어가면서 대화했어요. 우리가 하는 이야기를 듣고 그런 말들을 따라 했지만, 물론 무슨 뜻인지는 전혀 몰랐죠."**34**

나중에 뛰어난 물리학자로 활동한 폴의 말에서도 확인할 수 있다. "아주 어렸을 때부터 '페르미 표면'과 '페르미 에너지'에 대해 이야기하는 것을 들었어요. 부모님과 같은 분야로 가겠다고 계획한 적은 없었지만, 집에서 계속 들었던 전문적인 이야기에 자연스럽게 영향을 받았습니다."**35**

밀리가 한 번 시작한 일을 그만두게 하기는 정말 어려웠고 아이들이 상당한 압박감을 느꼈을 수도 있다. 지금은 은퇴한 컴퓨터 과학자인 엘리엇은 이렇게 말했다. "어머니의 아들이나 딸로 살아가기는 쉽지 않았어요. 어머니는 강한 분이었는데 까다롭지는 않았고, 다만 …… 내가 오늘 피곤한 느낌이 들면 이런저런 일이 하기 싫어지기도 하잖아요. 하지만 어머니는 결코 그런 적이 없었어요. 물론 어머니도 지칠 때가 있었겠지만 하고자 하는 욕구가 매우 강하셨죠."**36**

밀리는 1977년에 MIT에서 또 다른 조직의 대표가 되었다. 이미 상당한 행정 경험을 쌓은 밀리가 이번에는 연구를 위하여 이 능력을 활용하게 된다. 밀리는 MIT 재료과학 및 공학센터 소장이 되었다. 소장으로서 가장 먼저 해야 할 일은 센터의 폐지를 막는 것이었다. 밀리에 따르면, 국립과학재단이 이 센터의 운영을 우려해서 자금 지원을 끊겠다고 위협했고 자금 지원이 없으면 실질적으로 센터의 문을 닫아야 했다. 아이들을 실험실에 데려와 대학원생과 함께 일하도록 한 경험의 영향으로, 밀리는 센터가 경험이 많은 연구자를 고용하지 못하면 젊은 학생들이 발전은커녕 훈련할 기회조차 크게 줄어든다는 것을 깨달았다. 나이든 지도자들이 떠나고 나면 성장하고 있는 연구자들의 상황이 어려워진다. 결국엔 센터의 존립마저 위태로워질 것이다.[37] "센터를 강화해 튼튼한 형태로 만들어가면서 다른 조직의 운영에도 유용한 새로운 재능을 키우려고 했어요." 밀리는 2007년 인터뷰에서 이렇게 말했다.[38]

밀리의 전략은 맞아떨어졌다. 밀리는 금방 조직을 정상화하여 6년 동안 센터 소장으로 일했다. 이 센터는 40년 동안 여러 학문 분야가 참여하는 물질 연구를 계속하다가 2017년에 관련 기관과 합쳐져서 MIT 재료연구소가 되었다.[39]

밀리가 재료과학 및 공학센터 소장으로 일하는 동안 인생에 중요한 변화가 생겼다. 1976년에 진이 링컨연구소를 떠나 MIT에서 연구원으로 일하기로 한 것이다. 16년이나 링컨연구소에서 일하던 진이 환경을 바꿔보고 싶었던 요인도 있으나, 더 중요한 요인은 밀리가 진의 도움을 필요로 했다는 것이다. 무엇보다 밀리는 재료과학 및 공학센터 소장의 직무가 매우 힘들다는 것을 알았음에도 많은 일을 하겠다는 열의에 차 있었다. 10년 동안 거의 따로 떨어져서 일하다 보니 두 사람의 공동 연구는 지속되었지만 원활하지 않았다. 두 사람은 다시 가까운 곳에서 일하면서 긴밀히 협력할 수 있게 되었다. 진이 밀리가 이끄는 그룹으로 옮겨왔다. 그러나 진이 밀리에게 직접 보고하는 위치로 들어가지는 않았다.[40] "공식적으로는 다른 사람이 그의 상사였어요." 밀리는 2002년에 이렇게 설명했다. "우리 관계에서는 언제든지 그가 원하는 것이면 어떤 문제든 선택해서 연구할 수 있었어요."[41]

이렇게 해서 두 사람은 강력한 재료과학 연구자 부부가 되었다. 그들은 전에도 공동연구를 했지만, MIT에서 가까이 지내게 되면서 각자의 연구도 더 활발해졌고 그 뒤로도 많은 시간을 함께 일했다. 마치 서로 신뢰하는 투수와 포수처럼 두 사람은 셀 수 없이 많은 방법으로 서로를 보완했다. 밀리는 실험가였고 진은 이론가였다. 밀리는 사교적인 지도자이자 교육자였고 진은 뒤에서 일하며 밀리에게 용기를 주었다. 밀리가 쓴 많은 글을 진이 충실하게 편집하고 아이디어를 검토하고 비판해주었다. 밀리는 2002년 구술사 인터뷰에서 이렇게 말했다. "누군가가 옆에 있으면서 내가 저지르는 온갖 미친 짓을 모두 이해해주면 …… 훨씬 기분이 좋아요. 과학에 몰두하는 것은 일종의 미친 짓이니까요."[42]

여기에서 밀리와 진이 함께 과학의 길을 걸으면서 자리가 뒤바뀐 이야기를 살펴보자. 두 사람의 일은 실제로 일어났다고 상상하기 어려운 이야기이다. 진이 코넬대학교의 조교수로 경력을 시작했을 때, 부부가 처음으로 링컨연구소로 갔을 때는 진이 훨씬 유명한 물리학자였다. 그러나 1970년대와 21세기에 들어설 무렵에는 많은 논문과 책을 공동집필했지만, 확실히 밀리가 응집물질물리학의 가장 유명한 인물 가운데 한 사람이 되었다. 밀리와 진이 경력을 쌓기 시작한 1950년대 후반과 1960년대 초에 많은 남성 과학자가 직장에서 아내가 자기보다 더 뛰어난 능력을 발휘한다면 굴욕감을 느꼈을 것이다. 모든 면에서 진의 태도는 완전히 반대였다. 그는 언제나 밀리의 능력을 가장 높이 평가했고 그

녀의 경력을 위해 최고만을 원했다.[43]

손녀 엘리자베스는 이렇게 말했다. "할아버지는 특히 젊었을 때 할머니를 인정하지 않았던 과학자들을 아주 노골적으로 싫어했습니다. 할아버지는 늘 할머니의 팀에 있었고 매일 두 사람이 지도하는 대학원생과 함께 일했어요."[44]

물론 밀리가 쌓은 명성의 상당 부분은 수천 명과 교류하면서 얻은 것이었다. 연구뿐만 아니라 행정과 지원을 위한 노력에서도 마찬가지였다. 그러나 밀리와 진은 MIT에서 40년 동안 함께 협력하면서 연구했고, 과학자 부부로서는 이례적으로 남편인 진이 명예나 다른 사람들에게 받은 인정의 면에서 보여줄 만한 것이 거의 없다. 이 글을 쓰는 현재, 심지어 위키백과조차 밀리에 관한 내용이 더 많다. 밀리는 2002년에 이렇게 말했다. "우리는 함께 많은 일을 했지만 사람들은 나의 기여가 더 크다고 생각합니다. 나는 이것이 공정하다고 생각하지 않습니다. 그가 없었다면 나는 지금 하고 있는 일을 결코 하지 못했을 거예요."[45]

── 한 분야가 뿌리를 내리다

지중해 연안 프랑스의 칸 남서쪽에 있는 멍들리외-라나폴은 도시 중앙에 석조 성곽이 우뚝 서 있고, 부두의 수많은 잔교에는 하얗게 빛나는 모터보트, 요트, 다양한 범선이 빼곡히 정박해 있는 곳이다. 새로운 과학의 물결이 시작되기에는 조금 별난 곳이라고 느껴질 수도 있다.

1977년 흑연 층간삽입 화합물을 실험하던 전 세계의 연구자가 처음으로 이곳에 모여 연구가 어떻게 진행되고 있는지, 어디에서 막혔는지, 어떤 방향으로 진행하면 좋을지에 대해, 그리고 그들의 연구를 위한 새로운 방향에 대해 논의했다. 이 행사는 흑연 층간삽입 연구자들의 첫 번째 모임이 되었고 그 뒤로 전 세계의 도시를 돌면서 열리게 된다.[46]

모임에서 열린 첫 번째 콘퍼런스의 참석자는 대부분 흑연 층간삽입 분야의 초심자였기 때문에 이 행사는 층간삽입과 관련된 화학과 물리학에서 최근의 발전을 널리 알리는 중요한 계기가 되었다. 밀리와 진은 스스로 콘퍼런스 참석자 가운데에서도 흑연 층간삽입 화합물에 대해 꽤 많이 안다고 생각하여 176쪽짜리 연구 해설서를 써서 배포했다. 밀리가 2002년 인터뷰에서 "소설집 같은 작은 책"이라고 불렀던 이 책자는 흑연 층간삽입 분야에서 매우 영향력이 컸다.[47] 여기에서 새로운 국제 연구 협력이 시작되기도 했다. 밀리의 그룹과 전 세계의 연구팀은 이 모임과 나중에 열린 모임들을 통해 평생 교류했다.[48]

거의 15년에 걸친 연구 끝에 밀리, 진, 학생들과 멀고 가까운 동료들이 함께 수행한 흑연 층간삽입 화합물 연구에서 여러 중요한 결론이 나왔다. 흑연 층간삽입은 일반적으로 순수한 흑연보다 이용할 수 있는 전자의 농도에 상당한 변화를 일으키며, 이는 다시 층간삽입 화합물의 전기 흐름에 영향을 준다는 사실이 알려졌다. 또한 층간삽입은 흑연의 자기적 성질도 상당히 변화시키며, 게스트 층 물질의 자성에 따라 흑연의 성질이 달라진다는 사실도 밝혀졌다. 앞서 시오도어 게발과 브루스 해네가 흑연층에 알칼리금속을 삽입하자 초전도성이 나타나는 현상을 발견했다고 설명했다. 밀리의 팀도 연구과정에서 이와 비슷한 현상을 확

인했다. 층간삽입 화합물이 특이한 초전도성을 보인 것이다.[49]

밀리의 팀은 1단계 화합물(단일 그래핀층 양쪽에 다른 원소로 이루어진 층이 있는 경우)의 전기전도 특성이 확연히 다르나 더 높은 단계에서는 그렇지 않다는 것을 알아냈다. 개별 화합물 연구에서도 새로운 사실이 밝혀졌다. 그 가운데에는 특정 화합물이 촉매 역할을 해서 화학반응을 빨리 일으킨다는 사실도 있다. 한편 밀리가 '준準2차원'이라고 부른 구조와 성질을 갖고 있어서 단면적이 매우 작으면서도 2차원 표면 같은 역할을 하는 물질도 있었다.[50]

이러한 결과는 오늘날 유망한 고효율 전기전도성 물질로 주목받는 그래핀을 예견하는 것이었다. 그래핀은 수소로 전기를 만드는 연료전지, 에너지 밀도를 어마어마하게 높인 리튬이온 배터리, 초고용량 축전기, 고용량 에너지 저장장치 등에 사용되고 있다.[51] IBM의 응집물질 물리학자인 페이든 애버리스는 2013년 《MIT 테크놀로지 리뷰》에 "흑연에 대한 밀리의 초기 연구 가운데 많은 것이 지금 그래핀에서 재발견되었다"고 언급했다.[52]

1990년경까지 밀리가 층간삽입 화합물 연구에 집중한 사이 다른 주제들이 관심을 끌었다. 이것들이 밀리의 가장 유명한 연구가 되었다. 밀리는 경력이 끝나갈 무렵 평생에 걸쳐 노력한 탄소와 다른 반금속 연구를 되돌아보는 강연을 하게 된다. 밀리는 50년 동안 출판된 논문에서 탄소 관련 용어의 상대적 인기를 자세히 설명하는 표를 보여주면서 강연을 시작했다. 이 표에 따르면, 초기엔 흑연 층간삽입이 느리고 꾸준하게 추진력을 얻은 하위 분야였다. 그러나 여러 가지 탄소 동소체가 발견되면서 밀리뿐만 아니라 전 세계의 물리학자, 화학자, 재료과학자, 재료

공학자들의 상상력을 단숨에 사로잡았다. 이러한 열풍을 타고 새롭게 발견된 탄소의 형태와 관련된 수백 개의 연구논문과 특허가 갑작스럽게 쏟아져나온다.[53]

8

세상을 바꾼
탄소

종이처럼 얇고 유연하며 어떤 형태의 곡면으로도 자유롭게 바뀌어서 몸에 착용할 수 있는 전자장치, 배터리와 초고용량 축전기의 효율을 획기적으로 향상시키는 에너지 저장장치, 소금물로부터 식수를 싸고 간편하게 얻을 수 있는 고성능 여과막, 항공기에서 스포츠 장비까지 다양한 물건을 훨씬 가볍고 단단하게 만들 수 있는 최첨단 소재, 총알도 뚫지 못하는 슈퍼히어로의 방탄복이 현실이 된다.

1980년대와 1990년대에 새로운 탄소 구조들이 알려지면서 공상과학물에나 나올 듯한 여러 가지 발명이 가능할 것이라는 전망이 나왔다. 이러한 아이디어 가운데 일부는 결실을 맺어 이미 세상에 나와 있다. 다른 아이디어들은 탄소의 새로운 비밀을 밝혀내고, 경이로운 물질로 만드는 방법을 찾기 위해 노력하는 다음 세대의 많은 과학자와 공학자에게 계속 영감을 주고 있다.

만족할 줄 모르는 과학 탐구자인 밀리는 학생들이 흥미를 잃지 않는 한 흑연 층간삽입 화합물 연구를 계속했다. 그러나 1980년대부터 마법이라고 느낄 만한 형태의 탄소가 밀리의 상상력을 사로잡았고, 결국 밀리와 진, 그리고 밀리의 학생들을 새로운 연구를 향한 모험으로 이끌었다.[1]

그러한 재료 가운데 하나가 탄소섬유이다. 탄소섬유는 가벼우면서도 굉장히 강한 탄소 결정으로 만든 소재이며, 일상생활에 없어서는 안 되는 많은 것이 탄소섬유로 만들어진다. 항공우주 산업에서는 수십 년 동안 탄소 소재를 사용하여 경량 부품을 만들어왔다. 비행기 동체는 탄소섬유로 만들어서 내구성과 안정성을 높인다. 테니스 라켓, 골프 클럽, 자전거, 스키, 낚싯대, 오토바이도 탄소섬유 강화 폴리머 또는 단순히 탄소 소재라고 부르는 재료로 만들어진다.

탄소섬유는 구조재료로도 사용된다. 경량 구조에 사용되는 일반적인 상용 탄소섬유는 강철보다 조금 더 강하면서도 무게는 훨씬 가볍다. 따라서 가벼운 구조물을 만드는 데는 강철보다 탄소섬유가 더욱 매력적이다. 다만 탄소섬유는 아주 비싸기 때문에 반드시 가벼워야 하는 구조물이 아니라면 사용하기 어렵다. 또한 탄소섬유는 전기 전도성이 있으므로 짧은 탄소섬유를 콘크리트에 섞어서 변형과 손상을 감지할 수 있는 콘크리트를 만들 수 있다. 이것을 스마트 콘크리트smart concrete라고 하며, 1993년 MIT에서 밀리에게 박사학위를 받은 최초의 여성인 데보라 청Deborah Chung이 발명했다.[2]

탄소섬유는 19세기 후반에 소수의 발명가가 초기 백열전구에 필라멘트로 사용하면서 처음 알려졌다. 대개는 미국의 발명가 토머스 에디슨이 최초의 백열전구를 만들었다고 알고 있다. 그러나 더 정확하게 말하면 백열전구는 영국의 발명가 조셉 스완이 처음 발명했고, 에디슨은 최초의 실용적인 백열전구를 개발하는 데 기여했다. 스완은 굵은 탄소봉을 사용했지만, 에디슨은 목화실과 일본 대나무로 만든 탄화된 섬유를 개발해서 백열전구 안에서 훨씬 오래 빛을 내는 필라멘트를 만들었다. 스완과 에디슨보다 한 단계 높은 수준의 탄소섬유를 만들어낸 사람은 19세기의 몇 안 되는 아프리카계 미국인 발명가 가운데 한 사람인 루이스 래티머다. 래티머는 1881년 미국 전기조명회사에서 일하는 동안 에디슨이 만든 것보다 월등히 오래 지속되는 탄소섬유를 개발하여 특허를 받았다. 일반 대중을 위한 값싼 조명이 등장한 것은 이 발명 덕분이었다. 래티머는 그의 라이벌이자 나중에 고용주가 된 에디슨만큼 인정받지 못했지만, 내구성 있는 전구용 탄소 필라멘트와 또 다른 발명으로 2006년 미국 국립 발명가 명예의 전당에 이름을 올렸다.[3]

백열전구의 필라멘트 재료는 얼마 지나지 않아 탄소 대신 전이 금속인 텅스텐으로 바뀌었다. 그러나 1950년대와 1960년대에 미국 전역의 연구소에서 항공우주와 다른 산업에 사용하기 위한 기초 재료 연구에 많은 투자를 했다. 이때 탄소섬유가 다시 뜨거운 주제가 되었다. 이러한 새로운 흐름은 1958년 화학기업 유니언 카바이드에서 일하던 물리학자 로저 베이컨이 휘스커whisker라는 바늘 모양의 고성능 탄소섬유를 개발하면서 시작되었다. 휘스커는 아주 작게 돌돌 말린 그래핀 시트로, 베이컨은 2년 뒤 발표한 굉장히 영향력이 큰 논문에서 이 물질을 설명했다.[4]

오늘날 탄소섬유는 어떤 전구물질(일련의 생화학 반응에서 A에서 B로, B에서 C로 변화할 때, C라는 물질에서 본 A나 B라는 물질)로부터 합성을 시작하는지, 어떤 방법으로 만드는지에 따라 다양한 형태가 있다. 전통적으로 탄소섬유라고 부르는 것이 상업적 목적으로 가장 흔하게 사용된다. 탄소섬유는 미세한 노즐에 유기수지를 통과시켜서 만드는데, 상상할 수 있는 가장 작은 치약 튜브를 짜서 만든다고 생각하면 된다. 전구물질로는 셀룰로스 섬유로 만든 중합체polymer인 레이온과 합성 중합체 수지인 폴리아크릴로니트릴polyacrylonitrile, PAN 등이 사용된다. 이러한 물질을 섭씨 1,000~2,500도의 고열에서 '탄화'시킨다. 이 과정에서 원자들이 반응하여 완전히 또는 대부분 탄소가 되며, 때로는 여러 층이 가지런히 쌓여서 아주 잘 조직화된 그래핀 같은 구조가 되기도 하고 때로는 층들이 뒤죽박죽되기도 한다. 그러면 지름이 대략 7~20마이크로미터(7,000~2만 나노미터)에 이르는 섬유가 만들어진다.[5]

기체로 성장시킨 탄소섬유는 지름이 약 0.01~15마이크로미터(10~1만 5,000나노미터)이며, 7장에서 설명한 과정을 거쳐 만들어진다. 다시 말해 탄소 원자의 기체가 기판 위로 지나가면서 기판에 그래핀이 형성된다. 눈을 크게 뜨고 자세히 보면 현미경 없이도 전통적인 탄소섬유나 기체로 성장시킨 탄소섬유를 볼 수 있지만, 영상기술의 도움을 받으면 훨씬 인상적인 모양을 관찰할 수 있다(그림 8).[6]

탄소 나노섬유는 지름이 대략 10~150나노미터(0.01~0.15마이크로미터)이다. 탄소 나노섬유 가운데 어떤 것들은 작은 커피 필터를 여러 장 겹쳐놓은 것처럼 생겼고, 어떤 것들은 연탄처럼 원통 모양에 구멍이 여러 개 뚫려 있다. 전통적인 탄소섬유와 마찬가지로 탄소 나노섬유도 강하고 유연하다. 이 물질은 에너지 저장, 고기능·고성능 섬유, 손상된 뼈 조직의 재생을 위한 구조물 등 여러 용도로 사용할 수 있다.[7]

밀리의 연구팀이 탄소섬유의 세계로 들어간 것은 일본에서 탄소

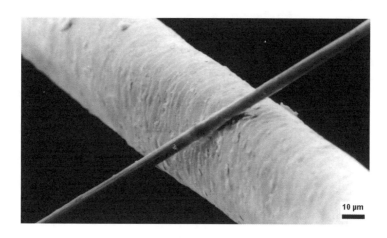

그림 8

지름이 6마이크로미터인 탄소 필라멘트 아래에 지름이 50마이크로미터인 사람 머리카락이 있다.

섬유를 연구해온 서른다섯의 모리노부 엔도를 만난 1980년 5월이었다. 메사추세츠주 케이프코드에서 열린 학술회의에서 엔도는 최근에 기체로 성장시킨 탄소섬유에 대해 발표했다. 이 발표를 들으면서 밀리의 마음속에는 여러 아이디어가 떠올랐다. 엔도가 만든 탄소섬유를 요즘은 탄소 나노섬유와 탄소 나노튜브라고 부른다. 발표가 끝나고 밀리는 엔도에게 자신을 소개한 뒤, 두 팀이 탄소섬유 층간삽입을 연구해서 자신이 전에 연구했던 흑연 층간삽입과 비교해보자고 제안했다.[8] 엔도는 2017년 《피직스 투데이》의 밀리 추모 기사 인터뷰에서 이렇게 말했다. "밀리가 이미 세계적으로 유명한 탄소 전문가라는 것을 알고 있었고, 공동연구를 하고 싶다고 생각하고 있었습니다." 그 뒤로 두 사람은 36년 동안 전문적인 협력(그리고 개인적인 우정)으로 150여 편의 공동논문

을 출판한다.[9]

　엔도를 새로운 협력자로 받아들인 밀리와 진은 탄소섬유와 나노섬유 분야에 뛰어들었고, 이러한 물질의 제조와 특성 연구에 관한 전문가가 되었다. 1980년대에 탄소섬유와 나노섬유의 특성은 항공공학 회사 등 다양한 산업에서 군사용과 민간용으로 빠르게 이용되고 있었다. 그들은 두 섬유의 복잡한 구조와 원자 격자 내의 동역학적 성질, 무게에 비해 놀라운 섬유의 강도, 열적 성질과 기계적 성질, 전자구조 등을 연구했다(그림 9).[10]

　밀리와 진은 층간삽입의 물리학에 대한 긴 리뷰 기사를 썼고, 마침내 1988년에는 탄소섬유와 필라멘트를 전반적으로 설명하는 책을 출판했다. 이 책은 이 분야에 입문하려고 하는 여러 분야의 학생, 과학자, 공학자에게 도움이 되었다. 그러나 탄소가 가질 수 있는 다양하면서도 새

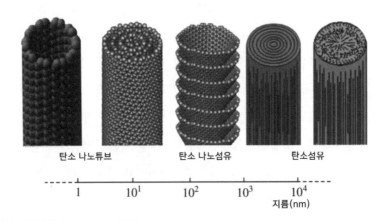

그림 9

밀리와 진은 엔도와 협력하면서 탄소섬유, 나노섬유, 나노튜브의 전문가가 되었다.

로운 형태로 볼 때 섬유는 빙산의 일각에 불과했다. 밀리와 진은 이 연구와 동시에 버키볼, 나노튜브, 그리고 더 많은 형태를 포함하는 훨씬 환상적인 물질을 연구하기 시작했다.[11]

밀리가 탄소 나노튜브를 깊이 생각하기 시작한 것은 엔도를 통해서였다. 탄소 나노튜브는 아주 작은 철망을 둘둘 말아놓은 것 같은 형태이며, 그 놀라운 성질은 밀리가 평생 '흥미롭게'(밀리가 과학적으로 탐구할 가치가 있다고 생각하는 주제를 묘사할 때 가장 즐겨 쓰던 말) 생각했다. 그들이 만난 직후인 1980년에 엔도는 이론물리학자 료고 쿠보의 질문을 밀리에게 전달했다. 대부분 일본인 연구자만 참석했던 작은 학술회의에서 나온 질문이었다. 한 층 두께의 탄소섬유를 만들 수 있을까? 밀리는 2013년에 미국재료학회와의 인터뷰에서 쿠보의 사고실험을 회상했다. "단층 나노튜브의 개념에 관한 이 아이디어는 내 마음속에 자리잡았습니다."[12]

그러나 나노튜브 연구를 즉시 연구 초점으로 삼지는 않았다. 그전에 탄소섬유와 나노섬유 연구를 계속하면서, 밀리는 탄소 시료에 레이저를 쏘아 무엇이 날아갔는지 기록하는 다른 실험을 시작했다. 레이저 어블레이션laser ablation이라는 이 실험에서 밀리가 발견한 것은 탄소 과학의 완전히 새로운 분야로 이어지게 된다. 또한 이 실험으로 화학자 세 사람이 노벨상을 받았다.[13]

─── 국가의 과학을 이끄는
지도자가 되다

1980년대가 되자 밀리의 별이 높이 떴다. 밀리는 높은 수준의 연구와 강의, 전 세계 학생과 동료를 교육하고 영감을 주는 전문적인 글로 널리 인정받았다. 또한 학문적 성과와 지도력으로 이미 MIT의 뛰어난 교수가 되었고, 1980년대에는 이 학교의 교수 가운데 가장 높은 자리에 올랐다. 이 시기에 국가 전체의 과학을 이끄는 지도자가 되어서 그 후로 과학 관련 기관, 단체 활동을 활발히 펼쳐나간다.

1982년에 밀리는 미국의 주요 물리학 단체 가운데 중요한 두 직위에 임명되었다. 우선 회원들의 활동을 홍보하고 과학, 공학 학회의 각종 출판물을 담당하는 미국물리학협회American Institute of Physics, AIP의 이사가 되었다. 이 단체의 회원(오늘날 12만 명의 과학자, 공학자, 교육자, 학생이 소속되어 있다)은 미국 전역의 다양한 물리학 관련 학회에서 활동하고 있다. 밀리가 3년을 재직하는 동안 AIP 이사회 소속 여성은 극소수였다.[14]

이와 함께 밀리는 AIP의 소속 단체이자 당시 3만 5,000명(오늘날에는 5만 5,000명으로 늘었다)의 물리학자를 대표하는 미국물리학회American Physical Society, APS의 회장단 후보로 지명되어 선출되었다. 밀리는 매년 승진하면서 3년 동안 재임하다가 1984년 마침내 명예로운 회장이 되었다. 첫 번째 여성 회장인 컬럼비아대학교의 선구적 핵물리학자 우젠슝에 이어 두 번째 여성 회장이었다.[15] 밀리는 자신의 미국물리학회 경험을 요약한 《피직스 투데이》 기사에서 "내가 유력한 후보라는 것을 믿을 수 없었다"고 썼다. "나의 MIT 상사는 MIT가 과학 분야의 여성에게 공헌할 수 있는 가장 가치 있는 방법은 내가 이 제안을 진지하게 받아들이는 것이라고 강조했다."[16]

미국물리학회 회장 활동은 인생이 바뀌는 경험이었다. 밀리는 여러 물리학 분야에서 많은 사람과 협력하면서 시야를 넓힐 수 있었다. 또한 물리학 공동체가 만들어지는 것을 돕고 물리학 공동체가 사회에 기여하는 데 중요한 역할을 했다. 밀리는 임기 동안 자신이 활동가 어젠다 activist agenda라고 부른 정책을 추진하기 위해 노력했다. 밀리가 추진해서 가장 크게 성공한 사업은 국가적 관심사인 기초과학 지원, 물리학자 간의 국제 협력 증진, 성장하는 젊은 물리학자 육성, 물리학과 과학에 대한 일반 대중의 이해를 향상시키는 것 등이었다.[17]

밀리는 미국물리학회 회장직이 끝난 뒤에도 물리학에서 여성의 지위에 관한 위원회의 위원장을 맡는 등 대외 활동을 계속했다. 이 위원회에서 현재도 계속되고 있는 여성을 위한 환경 현장 방문 프로그램 Climate for Women Site Visit Program을 조직하는 데 주도적 역할을 했다. 이 프로그램은 미국물리학회 산하의 물리학계 소수집단 위원회와 공동으로 운영되고 있으며, 미국 전역의 대학교 물리학과와 연구소가 비주류 학생과 교수에게 최상의 지원을 하는 것이 목표이다.[18]

노스캐롤라이나대학교 교수 로리 맥닐은 1980년대 초반 밀리의 박사후 연구원으로, 미국물리학회 활동에도 참여했던 사람이다. 맥닐은 밀리의 현장 방문을 이렇게 말했다. "많은 대학의 환경을 변화시키는 데 필수적이었을 뿐만 아니라 프로그램 자체도 매우 유익했습니다. 나는 밀리가 학과장이나 학부장이 들으면 불편하고 기분이 나쁠 만한 이야기를 하는 것을 옆에서 들었지요. 그것만으로도 큰 교훈이 되었습니다. 밀리는 단지 그들의 분노를 유발하는 것이 아니라 제도적 변화를 가져오게 만들었습니다."[19] 볼스테이트대학교 명예교수인 루스 하우즈는 현장 방문에서 밀리가 솜씨 좋게 이야기를 풀어나간 일을 회상했고, 맥닐은 이 일을 이렇게 썼다. "밀리는 여학생 처우에 관한 기록을 가지고 그 학과를 지옥으로 만들었다. 물론 밀리의 태도는 대단히 정중했다."[20]

MIT로 돌아오고 나서 밀리와 진에게 좋은 일들이 일어났다. 밀리는 1983년에 MIT 물리학과 교수로도 임명되었다. 밀리가 소속 학교의 물리학과 교수가 아닌데도 국가적으로 유명한 물리학 단체의 지도자로 선출된 어색한 상황이 영향을 주었을 것이다. 밀리는 경력을 마칠 때까지 원래 본거지인 전기공학과 말고도 물리학과 교수직을 유지했다.[21]

전체적으로 1980년대는 밀리와 진이 바쁜 시기였다. 그때 네 아이는 모두 10대 후반에서 20대 초반이었다. 맏이인 메리앤은 MIT에서 기계공학과 원자력공학을 공부했다. "부모님 때문에 간 게 아니었어요. 내가 가고 싶었고 …… MIT는 굉장한 곳이거든요!"[22] 셋째 폴도 MIT에서 물리학과 전기공학을 공부했고 엘리엇은 하버드대학교에서 수학을 공부했다.[23]

—— 세상을 바꾼
거대한 탄소 공

1982년 10월 1일, 야자나무 위로 솟아오른 빛나는 17층짜리 기하학적 형태의 구가 세계에서 가장 유명한 건축물 가운데 하나가 되었다. 이

날은 플로리다주 베이 레이크에 있는 테마파크인 에프콧센터가 문을 여는 날이었다. 기업가 월트 디즈니의 미래 사회에 대한 전망을 구현한 이 센터는 도시계획에 관한 새로운 아이디어의 시험장이었다. 테마파크 중앙에는 번쩍이는 1만 1,324개의 면으로 이루어진 '우주선 지구호 Spaceship Earth'가 서 있었다. 그 앞에서 가수, 무용단, 악단이 1980년대 우주탐험가 복장으로 월트디즈니컴퍼니와 플로리다주를 대표해 공연을 펼치면서 첫 방문객들을 환영했다. 이 개장 행사는 전 세계에 텔레비전으로 중계되었다. 거대한 공 모양의 건축물 내부에는 원시인이 그린 동굴 벽화에서 1982년에 일상화된 가정용 컴퓨터까지, 커뮤니케이션의 역사를 15분 동안 가족이 함께 체험해볼 수 있는 놀이기구가 설치되어 있었다.[24]

에프콧센터와 우주선 지구호는 많은 가족이 즐겨 찾는 장소가 되었다. 그러나 오늘날 이 거대한 공에 영감을 준 미국의 발명가이자 건축가인 리처드 버크민스터 풀러에 대해 아는 사람은 거의 없다.[25] 1895년에 태어난 풀러는 하버드대학교에서 두 번이나 퇴학당했다. 사람들은 그의 공상적인 사고가 너무 엉뚱하다고 생각했지만, 풀러는 남들이 뭐라 하건 전혀 신경 쓰지 않았다. 그는 시스템 엔지니어의 통찰력과 수학자의 디자인 감각을 더하여 건축을 재창조하느라 아주 바빴다. 풀러는 올더스 헉슬리의 소설에서나 나올 것 같은 여러 새로운 개념을 만들어냈다. 그 가운데에서도 시너지synergy, 우주선 지구호 같은 것이 많은 주목을 받았다. 풀러는 1968년에 〈우주선 지구호 운영 매뉴얼Operating Manual for Spaceship Earth〉이라는 기사를 썼다. 이 글에서 풀러는 우리의 행성이 한정된 자원을 가진 우주선과 같다고 했으며, 인간이 지구를 돌

보지 않을 때 일어날 수 있는 일을 예측했다.[26]

풀러는 여러 개의 삼각형을 연결해 만든 지오데식 돔geodesic dome 구조의 건축물로 잘 알려져 있다. 새로운 테마파크를 대표하는 구조물로 디즈니의 상상을 실현하고 싶었던 설계자들은 풀러의 미래적인 지오데식 돔 디자인을 채택했다. 그리고 이 구조물에 풀러가 생각해낸 이름을 붙여서 기술 발전이 가져올 장밋빛 미래와 소중한 자원이 고갈될 때의 위험을 동시에 보여주었다.[27]

둥근 형태의 지오데식 돔은 미래의 건축물로 완전히 정착되지는 못했다. 그러나 이 구조물은 버크민스터 풀러의 이름으로 불리게 되었다. 에프콧센터가 문을 연 지 불과 몇 년 뒤에 이 구조물을 꼭 닮은 새로운 형태의 탄소가 발견되었다. 깎은 정이십면체라고 부르는 이 형태는 축구공 모양으로 60개의 꼭짓점을 가진다. 정오각형과 정육각형이 반복되는 둥글고 속이 빈 분자이다. 과학자들은 위대한 건축가이자 사상가에게 경의를 표하는 의미에서 이 물질에 버크민스터풀러렌Buckminsterfullerene, C_{60}이라는 이름을 붙였다. 간단하게 풀러렌fullerene, 버키볼buckyball이라고도 부르는 이 물질은 6번 원소의 새로운 가능성을 찾는, 수십 년에 걸친 연구의 출발점이 되었다(그림 10).[28]

수많은 과학적 발전이 그렇듯이, 풀러렌의 발견은 전 세계의 여러 연구자가 오랫동안 노력한 결과였다. 풀러렌을 발견한 라이스대학교의 화학자 리처드 스몰리Richard Smalley는 노벨상 수상 연설에서 "처음에는 원자, 그다음에는 다원자분자, 궁극적으로 나노미터 규모의 응집물질을 연구하는 방법을 수십 년에 걸쳐 개발한 결과로" 마침내 풀러렌이 탄생했다고 말했다.[29]

a
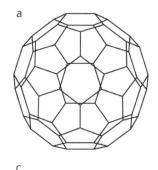

b
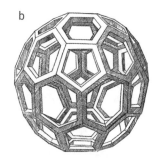

c

그림 10

아름다운 공 모양. a. 버크민스터풀러렌, C_{60}. b. 레오나르도 다빈치가 그린 아르키메데스의 깎은 정이십면체(1509년 출판). c. 버크민스터 풀러의 지오데식 돔에서 영감을 받아 만든 디즈니 에프콧센터의 우주선 지구호.

깎은 정이십면체 형태는 수천 년 전부터 알려져 있었다. 기원전 3세기에 살았던 위대한 수학자 아르키메데스는 깎은 정이십면체를 비롯해 다양한 다면체의 기하학을 밝혀냈다. 16세기 초 이탈리아 화가 피에로 델라 프란체스카와 레오나르도 다빈치를 포함한 학자들도 이 형태를 잘 알고 있었지만, 이러한 구조를 가진 분자는 수 세기가 지난 뒤에야 탐구되었다. 밀리가 1996년에 쓴 글에 따르면, 진, 피터 에클룬드, 헝가리 과학자 라슬로 티사(나중에 MIT 교수가 되었다)가 1930년대 초에 처음으로 정이십면체 분자를 연구했다. 1970년대에는 일본과 러시아의 연구자들이 탄소로 구성된 분자의 가능성을 고려하기 시작했지만, 그들의 연구는 국내에서만 인정받았고 국제적으로 인정받지는 못했다.[30]

1980년대에 여러 연구팀에서 불활성기체에서 탄소 시료에 레이저 광선을 쬐었을 때 생겨나는 이상한 원자 클러스터cluster를 연구하기 시작했다. 클러스터란 지름 1~3나노미터 크기의 나노입자로, 여러 개의 원자로 이루어진 덩어리이다. 많은 연구자가 클러스터는 단지 원자 몇 개쯤으로 이루어졌다는 생각을 바탕으로 분자구조를 알아내려고 했다. 그러나 밀리와 동료들은 레이저 연구에서 생겨난 클러스터 대부분이 훨씬 많은 원자로 이루어져 있다고 예상했다. 원자 클러스터마다 탄소 원자 수십 개로 이루어져 있고, 100개로 이루어졌을 수도 있다고 예상한 것이다.[31] 밀리는 2002년 인터뷰에서 이렇게 말했다. "많은 사람이 내 생각을 비웃었어요. 그들은 불가능하다고 생각했거든요."[32]

밀리는 다른 연구자들이 보지 못한 것을 보고 있었다. 이렇게 생각한 이유는 레이저의 에너지가 크지 않은데도 실험 과정에서 꽤 많은 양의 흑연이 소모된다는 것 때문이었다. 밀리와 동료들은 이것이 작은 조각이 아니라 큰 덩어리가 날아가는 증거라고 생각했다. 그들의 생각에는 더 분명한 이유가 있었다. 실험을 진행하는 동안 연구자들의 옷이 검게 탄 유기화합물의 잔여물인 그을음으로 심하게 덮였기 때문이다.

이 그을음에는 오늘날 우리가 알고 있는 탄소 형태인 풀러렌이 들어 있었다.[33]

밀리는 곧 엑손리서치 앤드 엔지니어링컴퍼니Exxon Research and Engineering Company(다국적 석유 및 가스 회사의 연구 부문)의 초청으로 탄소 클러스터에 대해 강연하게 되었다. 당시 전 세계의 수많은 과학자가 탄소 클러스터를 에너지 산업에 응용하기 위해 탐구하고 있었고, 이 회사의 연구자들도 흥미를 가지고 있었다. 그때까지 그들은 원자 10개에서 15개로 이루어진 작은 탄소 클러스터를 연구하고 있었다. 밀리는 초청 강연을 하면서 더 크게 생각하라고 조언했다. 그들이 생각하는 것보다 세 배에서 다섯 배 크기의 클러스터를 생각해야 하며, 그렇게 해야만 자기가 얻은 결과를 설명할 수 있다고 말했다.[34]

엑손의 연구자들은 밀리의 충고를 받아들였다. 그들은 계속된 실험에서, 입자를 이온화시킨 다음에 이온의 성질을 이용해 질량을 측정하는 질량분석법을 사용했다. 이 실험으로 엑손의 연구자들은 탄소 클러스터가 많게는 100개의 원자로 이루어져 있다는 것을 알려주는 스펙트럼을 얻었다. 이들이 1984년에 발표한 탄소 클러스터 데이터는 등에 많은 뿔이 달린 공룡 스피노사우루스의 등뼈와 닮아 있었다. 이 데이터에는 원자 60개에 해당되는 큰 뿔과 원자 70개에 해당되는 작은 뿔이 있었다. 지금 우리는 이것이 C_{60}인 버크민스터풀러렌과 C_{70} 풀러렌이라는 것을 알고 있다(그림 11).[35] 밀리는 2002년에 이렇게 말했다. "큰 발견이 있을 때마다 그 발견을 끌어낸 작은 발견이 있습니다."[36]

분명히 이 신비로운 분자를 가리키는 신호가 과학자들 앞에 모습을 드러냈지만, 처음에는 누구도 풀러렌이라는 것을 알아보지 못했다.

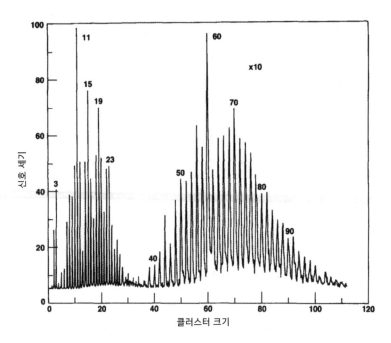

그림 11

엑손 연구자들은 밀리가 훨씬 큰 탄소 클러스터를 찾아보라고 한 직후에 아주 영향력이 큰 스펙트럼을 발표했다. 몇 년 뒤에 원자 60개에 해당하는 신호는 C_{60}으로, 원자 70개에 해당하는 신호는 C_{70}으로 확인되었다.

과학자들이 푸른 바다에서 노란색 배를 찾고 있을 때 회색 배가 떠 있는 데도 알아채지 못하는 것과 같았다.[37]

 그렇지만 이 분야의 전문가들은 변화가 일어나고 있다는 것을 감지할 수 있었다. 1980년대 중반에 MIT에서 진행한 밀리의 연구는 흑연 층간삽입, 탄소섬유, 이온주입ion implantation으로 나뉘었다. 이온주입은 고체 물질의 성질을 변화시키기 위해 전하를 띤 이온을 물질에 집어넣는 것을 말한다. 밀리와 동료들이 레이저 빛으로 흑연봉을 때려서 큰 탄소 클러스터를 얻은 뒤에 다른 연구자들이 이 물질의 조성을 밝혀냈다. 그러나 이 시기에 공 모양의 분자가 완전히 잊히지는 않았다. 수소 원자 60개로 이루어진 깎은 정이십면체 분자의 원자 진동은 어떤 방식으로 일어날까? 밀리는 풀러렌이 공식적으로 발견되기 1년 전에 이 특정한 문제를 풀어보라고 학생에게 맡겼다는 이야기를 나중에 반복해서 들려준다. 결국 밀리와 학생은 문제를 풀지 못해 결과를 발표할 수 없었고, 이 아이디어를 탄소와 연결하지도 못했다.[38] 밀리는 이후 카블리연구소에서 "풀러렌의 발견은 공중에 떠돌고 있었다"고 말했다.[39]

한편 라이스대학교의 스몰리와 동료들은 그들만의 독립적인 레이저 실험으로 바빴다. 당시 그들은 반도체 물질의 원자 클러스터에 관심을 쏟느라 엑손 연구팀의 탄소 연구와 경쟁할 생각이 없었다. 그런데 우주 멀리 있는 항성의 분자 성분을 연구하던 영국 물리학자 해럴드 크로토가 라이스대학교에서 만든 특수 장비를 사용하게 해달라고 요청하자 갑자기 흥미로운 상황이 되었다.[40]

크로토는 항성 내부에 특정한 탄소 사슬이 생겨날 수 있다는 가설을 세운 뒤 이러한 사슬구조가 존재한다는 증거를 찾고 있었다. 1985년 9월, 교수 스몰리와 로버트 컬, 대학원생 제임스 히스, 위안 리우, 손 오브라이언으로 이루어진 라이스대학교 연구팀은 초기 실험에서 탄소 사슬의 존재를 확인했다. 그런데 이 실험에서 기대하지 않은 특이한 데이터가 나왔다. 크로토는 나중에 '불청객'이라고 불렀다. 그들의 실험 데이터에서 60개의 탄소 원자로 이루어진, 화학적으로 안정된 분자의 증거가 계속해서 나타난 것이다. 가장 정성 들여 얻은 실험 데이터는 탄소 클러스터 가운데 C_{60}이 가장 많다는 사실을 선명하게 보여주었고, 많은 연구자가 관찰했던 것과 같은 데이터였다. 이 연구는 궁극적으로 풀러렌을 발견하는 분수령이 되었다. 풀러렌은 완전히 새로운 탄소 동소체로, 화학자, 물리학자, 재료과학자들이 핼러윈데이에 흥분한 아이처럼 이 물질의 성질을 응용하려고 달려들었다.[41]

처음엔 C_{60}의 구조가 전혀 명확하게 밝혀지지 않았지만, 라이스대학교 연구팀이 오각형과 육각형이 번갈아 있는 정이십면체를 제안하면서 리처드 버크민스터 풀러와 그의 지오데식 돔을 기념하는 이름을 붙였다. 5년 뒤에 도널드 허프먼과 미국 애리조나대학교, 독일 막스 플랑크 핵물리학연구소의 동료들이 이 물질을 철저히 연구하기에 충분할 만큼 많이 만드는 방법을 고안하면서 풀러렌의 존재가 확인되었다. 최초 연구가 나온 지 11년 만인 1996년에 컬, 크로토, 스몰리는 풀러렌을 발견한 공로로 노벨 화학상을 받았다.[42]

"풀러렌은 이 분야를 대중화하는 데 도움을 준 최초의 충격 가운데 하나였다." 아도 요리오는 밀리 그룹의 박사후 연구원이었으며, 브라질 미나스제라이스 연방대학교 물리학 교수이다. 요리오는 2017년 한창 인기를 얻고 있는 탄소 나노구조 분야에 대해 이렇게 썼다. "밀리가 이전까지 했던 연구가 없었으면 풀러렌을 발견하지 못했을 것이다. 우리는 이 사실을 기억해야 한다."[43]

풀러렌은 처음에 많은 관심을 끌었지만, 그 뒤로 진전된 것은 그리 많지 않다. C_{60}이 생물의학 분야에서 제한적으로 활용되는 정도이고 다른 많은 유망한 응용은 아직 실현되지 않았다. 그럼에도 이 분자의 발견은 여전히 중요한 돌파구로 간주되고 있다.[44] 풀러렌의 발견은 나노 시대의 시작을 알리는 데 부분적으로 도움을 주었다. 풀러렌의 발견은 물리학자 리처드 파인먼이 1959년에 내놓은 '바닥에는 풍부한 공간이 있다'는 예측을 어렴풋하게 지지한다. 이 말은 원자 하나처럼 미세한 물질을 조작해서 유용한 장치로 이용할 수 있다는 뜻이다.[45] 또한 C_{60}은 탄소 나노튜브를 발견할 수 있는 길을 열었다. 탄소 나노튜브는 세계에 훨씬 큰 영향을 주었으며, 밀리는 그 뒤로 평생 이 분야에서 무척 풍성한 결실을 얻었다.[46]

───── 마법사 같은 과학자 밀리

모든 과학자가 수십 년 동안 계속 빠른 속도로 좋은 업적을 쌓아올리지는 못한다. 어떤 사람은 일찍 성공했지만 나중에 막다른 골목에 다다르기도 하고, 계속해서 능력을 유지하려면 뼈를 깎는 고통이 따르기도 한다. 10년에서 20년 이상 전성기를 누리던 과학자도 세월을 이기지 못하고 생산성과 영향력이 줄어들기도 한다. 그런데 과학자 가운데는 마법사 같은 사람도 있다. 그들은 30년, 40년, 50년 동안 끊임없는 연구 열정으로 계속 새로운 프로젝트를 성공시킨다. 처음에는 노력하다 보면 조금씩 칭찬을 받고, 나중에는 임계점을 넘어 연구를 통해 인정받는 끝없는 순환이 일어난다.

밀리도 이러한 마법사 가운데 한 명이었다. 학자로서 밀리의 임계점은 의심할 여지없이 1980년부터 1990년까지의 어느 시점이었다. 미국 물리학회 회장 임기를 끝낸 1984년 이후에 탄소와 다른 반금속의 성질을 조사한 논문을 계속 발표하면서 가랑비 같았던 상과 명예가 쏟아지는 비처럼 내리기 시작했다. 밀리는 자신의 분야에서 가장 칭송받는 과학자가 되었다가 결국 모든 분야에서 가장 뛰어난 과학자로 올라섰다.

1985년 쉰네 살의 나이로, 밀리는 과학자로서 가장 큰 영예인 미국 국립과학원 회원으로 선출되었다. 그해 말과 이듬해 봄에 MIT는 밀리가 이 학교에서 가장 존경받는 교수임을 확실히 했다. 처음에는 교수로서 가장 높은 영예인 연구소 교수로 임명되었고, 그다음에는 뛰어난 전문적 업적을 이룬 사람에게 주는 제임스 R. 킬리언 주니어 업적상을 받았다.[47] 킬리언상 선정위원회는 MIT 교수진에게 밀리를 추천하면서 이렇게 말했다. "우리는 밀리가 어떻게 그 일을 해냈는지 듣기를 열망하며, 우리 가운데 누군가가 밀리를 따라 할 수 있기를 바랍니다!"[48]

그때부터 1990년대까지 밀리는 엄청난 과학 일꾼이었다. 밀리는 1985년부터 1990년까지 학생, 동료들과 함께 폴리머와 반금속에 대한 이온주입에서부터 초전도성 흑연 층간삽입 화합물에 이르기까지 다양한 주제를 다룬 175편의 논문을 발표했다. 또한 여러 명의 박사학위 심사위원회에 참석했고 수많은 학생과 박사후 연구원을 지원했다. 밀리, 진, 동료인 코 스기하라, 이언 스페인, 해리스 골드버그는 1988년에 탄소섬유와 필라멘트에 관한 영향력 있는 책이 된《흑연섬유와 필라멘트 Graphite Fibers and Filaments》를 출판했다.[49] 밀리는 계속해서 회의, 강연, 학술회의를 다니면서 믿을 수 없을 만큼 많은 항공 마일리지를 쌓았다. "매일, 매시간 엄청난 양의 일이 진행되었습니다." 밀리를 오랫동안 도운 직원 로라 도티는 이렇게 말했다. "밀리는 끊임없이 이 일과 저 일을 번갈아가면서 돌보았어요."[50]

밀리는 MIT에서 여성, 소외된 집단과 관련된 문제를 제기하고 그들이 평등하게 대우받도록 노력했다. 과학사학자 마거릿 로시터가 지적했듯이, 1980년대에 밀리는 대학원생 데니스 덴튼과 함께 전기공학 및 컴퓨터과학과에 여성 대학원생이 더 많이 입학하지만, 학업을 마치지 못하고 떠나는 비율은 남성보다 크다고 보고했다. 대학원생 가운데 학위를 받지 못하는 남학생은 11.9퍼센트이지만, 여학생은 27.5퍼센트나 되었다. 여성 박사후 연구원에게도 관심을 가졌던 밀리는 1988년에 처음 조직된 MIT 여성 박사후 연구원 협회를 도와주었다. 로시터에 따르면, 밀리는 자신의 록펠러 모제 석좌교수 기금을 사용하여 월례 점심 모임을 열었다. 이 모임은 MIT 여성 박사후 연구원을 지도하는 중요한 역할을 했을 뿐만 아니라 보건 혜택과 괴롭힘 사건의 처리 절차 같은 문제를 학교와 이야기할 때 큰 협상력을 발휘하기도 했다.[51]

이 기간 동안 밀리는 MIT 밖에서도 여러 봉사 프로젝트와 과학, 공학 관련 협회에 참여했다. 밀리는 국립공학학술원 평의원과 국립과학학술원 공학부 의장을 역임했다. 국립과학학술원 여성과학 및 공학위원회의 의장도 맡았으며, 이 위원회는 1990년대에 STEM에 종사하는 여성의 수적 증가에 대한 중요한 보고서를 작성했다.[52] "밀리의 이력서를 보면 활동했던 위원회 이름만 7~8쪽을 차지합니다." 오크리지국립연구소의 과학 대표 미셸 뷰캐넌은 2017년 추모 행사에서 이렇게 말했다. "밀리는 사려 깊고 자기를 내세우지 않는 드문 인품을 보여주었습니다. 개인적인 연구 영역을 벗어나 과학 전체에 봉사했지요. 뛰어난 연구자라고 해서 누구나 할 수 있는 일이 아닙니다."[53]

─── 기억해야 할
   한 해

우리 모두가 그렇듯이, 밀리도 인생의 길에서 이따금 난관에 부딪혔다. 1990년 8월 국립과학재단이 MIT의 프랜시스 비터 국립자석연구소에 주던 자금을 플로리다주립대학교의 새로운 시설에 주기로 결정했을 때 특히 심한 타격을 받았다.[54]

2013년에 《MIT 테크놀로지 리뷰》와의 인터뷰에서, 밀리는 이 소식이 "내가 타고 있는 배의 갑판이 갑자기 떨어져 나갔을 때"와 비슷했다고 말했다.[55] 밀리, 밀리의 학생, 박사후 연구원, 그룹의 다른 사람들은 국립자석연구소에 크게 의존하고 있었고, 탄소와 다른 재료를 연구할 때도 강력한 자기장을 생성하는 장비가 필요했다. 그러나 자금의 이동을 막을 방법은 없었다. 새로 만들어질 국립고자기장연구소는 최첨단 기술이 적용된 기념비적 시설이 되겠지만, 밀리는 플로리다로 옮겨가고 싶지 않았다.[56]

연구 지원이 사라지기 직전이었으므로 밀리는 항로를 크게 수정해야 했다. 밀리의 경력을 돌이켜보면, 지금 찾아온 로버트 프로스트의 순간(숲에서 두 갈래로 갈라지는 길을 만났을 때)은 이런저런 이유로 방해를 받아 다른 길을 가게 된 최근의 사례일 뿐이다. 논문 지도교수가 밀리를 거들떠보지도 않았을 때, 상사가 밀리의 전문 분야를 포기하라고 요구했을 때, 약간의 융통성이 필요한 시기에 업무 시간에 관한 규정이 엄격하게 바뀌었을 때 밀리는 가던 길을 바꾸는 힘든 선택을 해야 했다. 그러나 오래 망설이는 것은 밀리의 방식이 아니었고, 이 사건은 페르미에게 배운 교훈을 실천하는 또 다른 기회였다. "내가 잘 아는 것을 가지고 안전한 위치를 확보할 수 있어요." 밀리는 《MIT 테크놀로지 리뷰》와의 인터뷰에서 이렇게 말했다. "하지만 그런 다음에는 내가 모르는 새로운 것을 시작하기 위해 90퍼센트의 노력을 기울여야 합니다."[57]

밀리는 탄소 연구를 포기하려고 하지 않았다. 탄소와 다른 반금속에 대한 밀리의 가장 영향력 있는 연구 가운데 일부는 나중에 나온다. 강력한 자기장을 사용할 수 없게 되자 밀리는 연구하는 방법을 바꿔야 했다. 밀리는 연구의 초점을 탄소 속 전자와 포논phonon(개별 원자의 진동 에너지와 관련된 열 입자)으로 바꾸었고 분광학을 포함한 다른 방법을 사용하기로 했다. 분광학은 빛과 물질의 상호작용을 이용하여 물질에 대한 정보를 알아내는 학문이다. 또한 밀리는 이때 완전히 새로운 연구 방향을 구상했는데, 나중에 매우 효과가 있었다.[58]

1990년 후반 밀리의 상황은 상당히 좋아졌다. 예순 번째 생일을 보낸 이틀 뒤인 11월 13일에 밀리와 진은 특별한 행사를 위해 옷을 차려입었다. 이날 밀리와 19명의 과학자, 공학자, 수학자가 미국 민간인이 누리는 가장 높은 영예 가운데 하나인 국가과학훈장을 받았다.[59] 백악관에서 열린 시상식에서 조지 H. W. 부시 대통령은 "금속과 반금속 내 전자의 특성에 대한 연구와 물리학과 공학 분야에서 여성의 위상을 높인 공로"를 인정하여 밀리에게 훈장을 주었다.[60]

국가과학훈장 수여식은 큰 기쁨을 주는 행사이다. 국립과학재단은 공학을 포함한 6개 부문에서 대통령에게 훈장 수여 후보자를 추천한다. 대부분의 수상자는 자신들의 분야에서 슈퍼스타일 수 있지만, 모든 사람에게 널리 알려진 이름은 아니다. 밀리가 국가과학훈장을 받은 첫 번째 여성은 아니었다. 밀리의 멘토였던 로절린 앨로를 비롯해 10명이 넘는 사람이 먼저 이 훈장을 받았다. 그러나 밀리는 공학 분야에서 상을 받은 첫 번째 여성이라는 영예를 얻었다.[61]

그다음 달 워싱턴에서 열린 한 회의에서 나눈 대화는 밀리의 남은 생 동안 마음을 사로잡았다. 이를 계기로 고체물리학에서 가장 중요한 과학자로서 명성을 확고히 하는 데 도움을 줄 새로운 연구 방향이 나왔다. 밀리는 국방부 회의에 초대되어 탄소섬유 연구에 대해 강연했다. 스몰리도 다른 사람과 공동 발견한 풀러렌에 대해 강연하려고 와 있었다. 밀리와 스몰리가 함께 연단에 있을 때 한 참석자가 두 강연의 주제가 어떤 관련이 있는지 물었다. 탄소섬유와 풀러렌 사이에 직접적인 관계가 있을까?[62]

10년 전 료고 쿠보가 제기했던 질문으로 되돌아가는 것이었다. 당시 그는 단일한 층으로 이루어진 탄소섬유의 가능성을 생각했다. 서로의 연구를 잘 알았던 밀리와 스몰리는 이 문제에 뛰어들었다. C_{60} 분자에 정확히 10개의 탄소 원자로 이루어진 고리를 더한다면 약간 길쭉한 모양의 풀러렌인 C_{70}을 얻게 될 것이다. 10개의 탄소로 이루어진 두 번째 고리를 추가하면 C_{80}이 생성되고, 세 번째 고리를 추가하면 C_{90}이 생성된다. 이렇게 계속하다 보면 매우 긴 탄소 그물이 만들어지고 위아래가 버키볼로 덮인다. 밀리와 스몰리는 이러한 구조가 매력적인 특성을 지닐 수 있다는 가설을 세웠다.[63] 원자 하나 두께를 가진 이 물질을 튜브형 풀러렌, 흑연 탄소 바늘, C_{60} 기반의 미세튜브, 그래핀 미세튜브, 또는 밀리가 처음에 붙인 버키섬유, 버키튜브 등 다양한 이름으로 불렀다.[64] 오늘날에는 모든 과학자가 탄소 나노튜브라고 부르며, 여러 가지 응용

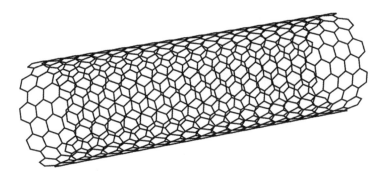

그림 12

탄소 나노튜브는 본질적으로 그래핀이 말려 있는 튜브이다.

이 빠르게 실현되었다(그림 12).

밀리는 공식적으로 나노튜브 연구에 빠져들었다. 다음 해 여름에 회의에서 얻은 아이디어로 나노튜브의 이론 연구에 몰두했고, 밀리의 경력에서 가장 중요한 논문 가운데 하나를 써냈다. 필라델피아에서 열린 풀러렌에 관한 회의에서 연사가 오지 못하게 되자 주최측은 밀리에게 즉석 강연을 해달라고 부탁했다. 밀리는 탄소 나노튜브의 존재 가능성을 강연하기로 했다. 청중에게 자신이 추측한 탄소 나노튜브의 성질과 이 길쭉한 나노구조가 아주 중요해질 거라는 인상을 주었다. 밀리가 강연하는 동안 많은 동료가 급하게 메모하는 것을 보았다.[65]

밀리가 예측한 대로 탄소 나노튜브는 전자적, 기계적, 열적 성질과 다른 여러 성질로 인해 기존 재료보다 우수하고 강한 물질로, 다양한 곳에 응용하는 데 적합했다. 탄소 나노튜브는 전기전도성과 열전도성이 크다. 더구나 매우 탄성이 크고 유연해서 늘리고 구부려도 원래의 구조가 손상되지 않는다. 여기에 강력한 화학 결합까지 더해져 탄소 나노튜

브는 믿을 수 없을 정도로 강하다.[66]

탄소 나노튜브 형태에는 단층 나노튜브Single-Walled NanoTube, SWNT 와 다층 나노튜브Multi-Walled NanoTube, MWNT가 있다. 다층 나노튜브는 둘둘 말린 형태가 아니라 굵기가 다른 발대 여러 개를 같은 중심으로 서로 겹쳐놓은 것 같은 형태이다.

오늘날 이 극도로 미세한 발대 모양 막대기는 스위스 군용 칼처럼 다양한 용도로 사용된다. 2018년 보고서에 따르면, 전 세계 탄소 나노튜브 시장은 이미 45억 5,000만 달러에 달했으며, 2023년까지 98억 4,000만 달러로 두 배 이상 증가할 것이라고 한다.[67] 이미 실현되었거나 곧 실현될 탄소 나노튜브 응용을 조금만 살펴봐도 얼마나 다양한 분야에서 사용되는지 알 수 있다. 자동차의 반사경 케이스·연료 공급관·필터, 초소형 전자장치의 전자기 차폐, 반도체 제조 공정의 웨이퍼 수송, 에폭시 수지, 강화 콘크리트, 스포츠 장비, 탄소섬유 전구체 재료, 터빈 날개·선체·항공기 구조물의 강화 복합재, 방탄복 소재·표면 코팅, 불에 잘 타지 않는 플라스틱 첨가제, 부식 방지 코팅, 휘어질 수 있는 디스플레이와 투명한 태양전지 필름, 창문의 이슬 방지, 트랜지스터, OLED 디스플레이, LCD 화면 백라이트, RFID 태그, 마이크로칩 메모리, 노트북 컴퓨터와 휴대전화 배터리의 연결성과 수명을 늘리고자 널리 사용하는 분말, 연료전지 부속품, 정수 필디, 음향 흡수를 증가시키는 코딩, 기제와 독성 물질 센서, DNA·단백질·호르몬 농도를 감지하는 바이오센서, 암 치료, 조직 재생을 위한 구조물로 사용할 수 있다.[68]

많은 사람이 1990년 밀리와 스몰리가 참여한 회의에서 나눈 토론이 곧바로 단층 나노튜브의 발견으로 이어졌다는 것에 동의한다. 그러나 전체적으로 보면 탄소 나노튜브 발견의 역사에는 복잡한 이야기가 얽혀 있다. 1990년대 이전에 연구하던 많은 그룹이 자신이 정확히 무엇을 연구하고 있었는지 몰랐을 수 있다. 또 어떤 초기 연구들은 이런저런 이유로 널리 알려지지 못하거나 받아들여지지 않기도 했다.[69]

탄소섬유와 휘스커처럼 큰 구조물을 연구하는 몇몇 사람은 자신도 모르게 단층 나노튜브를 관찰했을 수 있다. 1952년 러시아 연구자 L. V. 라두슈케비치와 V. M. 루키야노비치가 발표한 논문이 나노 크기의 탄소튜브에 대한 첫 번째 보고서로 보인다. 그러나 이 논문은 냉전시대에 잘 알려지지 않은 러시아 학술지에 러시아어로 발표했기 때문에 국제적으로 인정받기 어려웠다. 모리노부 엔도의 동료인 일본 과학자 츠네오 코야마, 프랑스 과학자 아그네 오벌린이 1976년에 발표한 일련의 논문에는 단층 또는 2층 탄소 나노튜브의 첫 번째 사진이라고 볼 수 있는 자료가 실렸지만, 당시에는 정확히 무엇인지 알지 못했다.

밀리도 1980년 이전에는 과학 회의를 위한 해외여행이 흔하지 않았다고 말했다. 그때는 인터넷이 없었기 때문에 전 세계적으로 과학이 어떻게 발전하고 있는지도 알 수 없었다. 과학계에서 설득력을 얻지 못하고 묻혀버린 연구가 생긴 또 다른 요인이다.[70]

그러나 탄소 연구 공동체가 한 가지 사건만큼은 확실하다고 인정했다. 1991년 말 일본 물리학자 스미오 이지마가 《네이처Nature》에 보낸 논문을 통해 다층 나노튜브가 존재한다는 명백한 증거를 보고했다. 탄소 과학의 역사에서 결정적인 순간이었다. 이 논문이 나온 뒤부터 활발한 회의와 토론, 향상된 영상 장비, 지속적인 새로운 발견으로 탄소 나노튜브 논문이 빠르게 증가했다.[71]

불과 몇 달 뒤인 1992년에 또 다른 결정적인 사건이 일어났다. 밀리와 젊은 방문 연구원 두 사람이 공동으로 탄소 나노튜브에 관한 핵심적인 논문을 발표한 것이다. 이 논문을 계기로 과학자와 공학자가 이 작은 튜브에 대해 생각하는 방식이 영원히 바뀌었다.[72]

물리학자 리이치로 사이토는 1991년 가을에 일본에서 MIT로 가서, 그를 초청한 진과 함께 1년 동안 탄소 나노튜브를 연구하기로 했다. 사이토는 서른셋이던 1980년대에 밀리와 진을 처음 만났는데, 탄소 분야에서 유명했던 이 부부와 협력한다는 생각에 흥분했다.[73] "진 선생님과 밀리 선생님은 항상 함께 연구했고 모든 것을 함께 이야기했습니다. 퇴근하기 전 오후에 진 선생님에게 일일 보고서를 드리면 밀리 선생님은 다음 날 아침에 언제나 모든 것을 알고 기꺼이 도와주셨습니다." 사이토는 2017년 추모 행사에서 이렇게 말했다.[74]

거의 동시에 또 다른 젊은 일본 물리학자 미츠타카 후지타가 MIT로 왔다. 그도 탄소 나노튜브에 열정을 갖고 밀리 그룹의 회의에 참석하기 시작했다. 밀리는 두 물리학자가 함께 탄소 나노튜브의 수수께끼를 풀어보라고 제안했다. 이렇게 해서 후지타, 사이토, 밀리, 진은 한 팀이 되어 1992년에 두 편의 논문을 발표했고, 탄소 연구자에게 매우 가치 있는 통찰을 주었다.[75]

이들의 연구를 이해하려면 단층 탄소 나노튜브의 둥글게 말린 구조를 알아야 한다. 단층 나노튜브는 세 가지가 있으며, 원자의 기하학적 배열이 조금씩 다르다(그림 13). 안락의자armchair 구조는 탄소로 이루어진 육각형이 나노튜브의 길이 방향으로 반복해서 쌓여 있고, 이 방향을 따라 한 육각형에서 다음 육각형으로 에너지가 전달된다. 또 다른 나노튜브 구조는 지그재그zigzag로, 육각형이 길이 방향이 아니라 원을 따라 돌아가는 방향으로 늘어서 있다. 또 다른 형태는 카이랄chiral이라고 부르며, 육각형이 비스듬한 방향으로 늘어서 있다.[76]

밀리, 진, 사이토, 후지타는 나노튜브의 지름과 육각형의 방향에 따라 성질이 크게 달라질 것이라고 추측했다. 나노튜브의 구조가 안락의자 형태인지 지그재그 형태인지 카이랄 형태인지에 따라 성질이 달라진다는 것이다. 단층 탄소 나노튜브 안에서 일어나는 전자의 행동에 대한 최초의 이론적 추측이다. 그들의 추측에 따르면, 안락의자 구조의 나노튜브는 금속과 같은 성질을 가져서 전기가 잘 흐르고, 지그재그나 카이랄 구조의 나노튜브는 반도체와 비슷해서 에너지가 조금 주어져야 전도성을 띨 것이다.[77] 이스라엘 화학자 레셰프 테네는 이 연구가 발표되자 "즉시 탄소 나노튜브에 세계적인 관심이 쏠렸습니다"라고 말했다.[78]

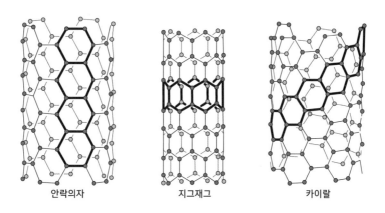

안락의자   지그재그   카이랄

그림 13
밀리와 동료들은 탄소 나노튜브가 원자의 배열에 따라 다른 성질을 가질 것이라고 추측했다. 나중에 올바른 추측으로 밝혀졌다.

그러나 다른 물리학자들은 나노튜브의 원자 배열이 조금만 달라져도 크게 다른 성질이 나타날 것이라는 아이디어를 쉽게 받아들일 수 없었다. 밀리 연구팀의 아이디어가 옳았다고 확인되기까지는 몇 년이 걸린다. 밀리는 2007년 인터뷰에서 이렇게 말했다. "학계는 언제나 매우 보수적입니다. 그들은 이전에 일어난 일이 옳다고 믿고 싶어 하죠. 혁명적이고 새로운 것을 생각해내도 좋아하지 않습니다. …… 물론 연기가 나는 총(스모킹건)처럼 확실한 증거를 갖고 있으면 모든 것이 끝납니다."[79]

이 경우 연기가 나는 총은 1990년대 중반에 구체화되었다. 1993년 뉴저지의 NEC연구소와 캘리포니아의 IBM연구소가 각각 단층 탄소 나노튜브를 성공적으로 관찰한 것이다. NEC 연구팀을 이끈 사람은 2년 전에 다층 나노튜브 논문을 발표하면서 이 분야에 뛰어든 스미오 이지마였다. IBM 연구팀의 지도자는 이전에 C_{60}과 C_{70} 풀러렌의 구조를 확인하는 데 도움을 준 물리학자 도널드 베순이었다. 단층 나노튜브의 발견이 공식적으로 인정되자 전 세계의 과학자가 물리학자들의 이론적 추측을 검증하기 시작했고, 밀리, 진, 사이토, 후지타가 수행한 초기 실험이 옳다는 것이 확인되었다. 밀리와 진도 자신들이 내놓은 결과에 대한 후속 연구에 열중했다. 두 사람은 1997년에 특수한 분광법을 이용하여 거의 순수한 단층 나노튜브를 분리했다고 보고했다.[80]

탄소 나노튜브는 발견 직후부터 수많은 분야에서 빠르게 응용되었다. 오늘날 우리는 온통 나노튜브에 둘러싸여 살고 있다. 과학자와 공학자들은 이 물질의 성질을 계속 연구하면서 생산공정을 개선하고 훨씬 유용한 제품을 만들 수 있는 형태를 개발하고 있다.

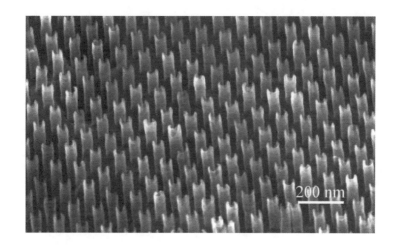

그림 14

'숲'으로 성장하는 탄소 나노튜브.

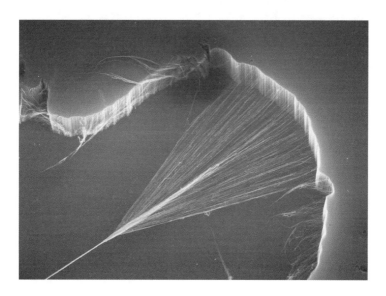

그림 15

나노튜브로 이루어진 초강력 '실'.

1990년대에 밀리는 다시 한번 책을 썼다. 오랜 협력자이자 밀리 그룹에서 박사후 연구원으로 있었던 물리학자 피터 에클룬드와 함께 쓴 풀러렌과 탄소 나노튜브에 대한 영향력 있는 책이다. 밀리와 진은 그 뒤로도 평생 탄소 나노튜브에 매료되어 많은 관심을 가지고 연구했다.[81] 2014년에 밀리는 이렇게 말했다. "이제 우리는 나노튜브를 가지고 내가 꿈에도 생각하지 못했던 많은 것을 실제로 할 수 있게 되었습니다."[82]

9

모범을 보이다

마시 블랙Marcie Black은 곤경에 빠졌다. MIT의 전기공학 및 컴퓨터 과학과를 졸업한 블랙은 이제 막 박사과정에 입학해서 MIT로 돌아왔다. 에너지 위기에 대응하는 새로운 해결책을 고안할 수 있는 경력을 쌓고 싶었다. 당시 세계 에너지 수요는 급격하게 늘어나고 있었고, 과학자들은 화석연료의 소비가 환경을 크게 파괴하고 있다고 확신하게 되었다. 이에 대한 해결책으로 1997년 전 세계 선진국이 모여서 교토의정서를 채택했다. 이는 개별 국가들의 온실가스 배출량을 감축하는 데 강제력을 가진 획기적인 국제협약이다.[1]

블랙은 7년 전에 학부 지도교수로 밀리를 만나는 큰 행운을 누렸다.[2] "밀리가 얼마나 유명한지 몰랐다." 블랙은 나중에 이렇게 썼다. "나에게 밀리는 MIT를 잘 알며, MIT에서의 나의 성공에 관심을 가지고 수업에 대해 조언해주는 사람이었다."[3] 자신이 해야 할 연구에 관한 명확한 구상을 가지고 예전의 지도교수를 찾아갔을 때 블랙은 밀리가 하고 있는 연구에 매료되었다.

당시 전 세계 과학자와 공학자들은 화석연료를 청정에너지로 대체하려고 수소를 활용하는 방법을 연구하고 있었다. 수소는 특히 운송 분야에 활용할 수 있을 것으로 기대하고 있었다. 수소 연구에서 가장 큰 문제는 수소 연료를 저렴하고 안전하며 효율적으로 저장하는 방법을 찾는 것이었다. 1990년대에 탄소 나노튜브 연구가 활성화되자 밀리는 나노튜브 구조를 이용해서 에너지를 저장하는 방법에 관심을 가졌다. 블랙은 나노튜브가 수소 원자를 스펀지처럼 흡수할 수 있다는 것을 보여주려고 한 밀리의 연구에서 영감을 얻었다. 블랙은 밀리의 그룹에서 박사학위 연구를 하고 싶다고 말했다.[4] 현재 성공적인 CEO이자 기업가가 된 블랙은 여러 해가 지난 뒤 인터뷰에서 이렇게 말했다. "나노기술을 재료과학자의 유용한 도구로 사용하고, 이를 이용하여 세계적인 문제를 해결한다는 생각이 매력적이었다."[5]

밀리는 열정적이었다. 블랙이 자신의 그룹에서 진행 하고 있는 연구에 익숙해질 수 있도록 여러 논문을 읽어보라고 권했다. 하지만 블랙은 논문을 읽다가 좌절감에 빠졌다. "물리학을 철저히 공부한 적이 없었기 때문에 논문의 90퍼센트를 이해하지 못했다."[6] 블랙은 학부 시절에 공학을 전공하면서 전자장치, 회로, 프로그래밍, 컴퓨터 아키텍처(컴퓨터의 여러 구성 요소를 배치하는 방법) 등을 공부했기 때문에 탄소 나노튜브에 수소를 저장하는 연구와 관련된 복잡한 물리학을 이해할 수 없었다. 그러나 놀랍게도 밀리는 큰 문제가 아니라고 생각했다. 밀리는 블랙에게 자기 그룹에 들어오는 대학원생이나 박사후 연구원 가운데 필요한 배경지식을 모두 알고 오는 사람은 아무도 없다면서 일이 잘되도록

도와주겠다고 말했다.[7]

블랙은 곧 밀리가 얼마나 진지하게 자신이 수업을 따라잡을 수 있도록 노력하는지 알게 된다. 블랙은 열심히 노력했음에도 물리학 내용을 따라가려고 신청한 밀리의 고급 고체물리학 강좌에서 계속 난관에 부딪쳤다. 수업 내용을 이해하지 못한 블랙은 자주 손을 들어 도움을 요청했다. 기적이 일어나지 않는 한 자신이 심각한 위험에 빠졌다고 생각했다.[8]

밀리는 블랙이 열정과 재능이 있는데도 어려움에 빠졌다는 것을 알게 되자 블랙의 인생을 영원히 바꿀 수 있는 일을 했다. 어느 날 아침 밀리는 대부분의 MIT 학생이 상상도 하지 못할 오전 8시에 보충 강의를 하겠다고 알렸다. 물론 보충 강의 출석은 자유였다. 블랙은 밀리가 이 말을 하면서 "선생님이 나를 똑바로 쳐다보던 것이 생각납니다"라고 회상했다. 밀리는 블랙에게 필요한 내용으로 한 학기 분량의 추가 강의 자료를 만들었고, 이 자료를 바탕으로 매주 시간을 내서 수업을 진행했다. "선생님이 오로지 나를 위해 수업했다고 확신해요." 블랙은 이 강의에 계속 참석하는 학생이 자기 말고는 아무도 없다는 것을 알았다. 이렇게 몇 달 동안 일대일 교육을 받고 나서 고체물리학을 충분히 습득하게 되었다. 블랙은 드디어 밀리, 진, 그리고 실험실의 다른 사람들과 함께 연구할 수 있을 정도의 직관과 지식을 얻었다.[9]

이 일은 모든 학생을 돕는 것을 사명으로 삼은 교육자로서 밀리의 본모습을 보여주는 수많은 에피소드 가운데 하나일 뿐이다. 밀리는 심지어 성공할 가능성이 거의 없어 보이는 학생들에게도 어쩌면 더욱 특별히 정성을 기울였다. 몇 년 뒤 블랙은 박사과정 도중에 또 한번 시련을 겪었다. 이때도 밀리는 블랙을 충분히 배려해주었다. "선생님은 그룹 회의에서 모든 사람에게 그때까지 진행된 일을 보고받았지만, 나의 오빠가 죽었을 때는 회의에서 몇 달 동안 아무것도 묻지 않았습니다." 블랙은 이렇게 말했다. "선생님은 제가 여전히 충격에서 빠져나오지 못했으며 연구에 집중하지 못한다는 것을 알았어요. 그런데도 연구를 해야 한다는 압박감 대신 충격에서 빠져나올 시간을 주었습니다."[10]

많은 학생과 협력자에게 밀리는 단순한 선생님이나 동료 그 이상이었다. 밀리는 평생 절친한 친구이자 가족이나 다름없었다. 실제로 60여 명의 박사과정 학생에게 밀리는 멘토였고 후원자였고 자기의 목소리로 제자들을 널리 알리고 새로운 기회를 만들어주는 적극적인 수호자였다.[11] "어머니는 확실히 보스 기질이 있었지만, 나는 어머니가 다음 세대를 격려하고 육성해야 한다는 강한 의무감을 가지고 있었다고 생각합니다." 아들 엘리엇은 이렇게 말했다.[12]

밀리는 블랙이 MIT의 학부 신입생으로서 모든 것을 신기해하며 자기 사무실에 처음 발을 들여놓기 전부터 수십 년 동안 학생과 다른 사람들을 도와주고 있었다. 밀리가 처음 가르친 학생 가운데 가장 유명한 사람으로, 존경받는 물리학자 셜리 앤 잭슨이 있다. 잭슨은 기업, 정부, 학계에서 놀라운 경력을 쌓았고, 최근에는 렌셀리어공과대학교 총장이 되었다. 6장에서 보았듯이, 잭슨은 1960년대에 MIT 캠퍼스에서 매우 드문 흑인 여성 가운데 한 명이었다. 뛰어난 재능을 갖춘 학생이었지만 MIT에서 공부할 때 많은 곤란을 당했다. 밀리가 경력 초기에 겪었던 것처럼 그 시대는 여성, 특히 유색인종 여성이 과학자와 공학자로 인정받으려면 힘겹게 헤엄쳐서 상류로 거슬러 올라가야 하던 시대였다.

두 사람은 밀리가 MIT 교수가 된 직후에 만났다. 잭슨은 밀리가 가르치는 물질 속 전자의 행동에 대한 강의를 들었다. "나는 밀리가 매우 뛰어날 뿐만 아니라 영감을 주기도 한다는 것을 알았다." 잭슨은 2017년 《피지컬 투데이Physical Today》에 이렇게 썼다. "나는 밀리가 하는 연구의 우수성, 성격, 그리고 밀리가 젊은 사람들과 함께 연구하는 것을 얼마나 즐기는지를 알고 감탄했다."[13]

밀리는 금방 잭슨의 멘토가 되어 조언해주고 언제든지 자기를 찾아올 수 있도록 했다. 밀리는 《기술과 꿈: MIT에서의 검은 경험, 1941~1999년》에서 잭슨의 모습을 이렇게 회상했다. "잭슨은 믿을 수 없을 정도로 뛰어난 사람이었다. 다른 소수집단의 학생들이 잭슨에게 가졌던 존경심을 기억한다. 그때 여성은 MIT에서 힘든 시간을 보내고 있었다. 잭슨은 유색인종이라는 이유로 더 큰 차별을 받고 있어서 MIT의 일원으로 인정받는 게 아주 어려웠다."[14]

잭슨은 이런 환경에 적응하느라 큰 어려움을 겪으면서도 우수한 성적을 받았다. 잭슨은 MIT에 점점 늘어나는 흑인 학생의 지도자가 되어 MIT 흑인 학생 연합의 설립을 도왔고, 이 학교에서 흑인 학부생을 더 많이 모집하는 일에도 도움을 주었다.[15] 잭슨의 교수 가운데는 잭슨이 물리학을 전공하지 못하도록 적극적으로 의욕을 꺾는 사람이 있었지만, 밀리가 나서서 수호자가 되어주었다. 잭슨은 나중에 자신의 멘토에 대해 이렇게 말했다. "밀리는 세상에서 일어나는 온갖 고난과 다양한 사람을 잘 이해했습니다. 여성이나 배경이 좋지 않은 사람은 능력이 떨어진다고 생각하는 사람에 반대한다는 것이 무엇을 의미하는지 확실히 이해하고 있었어요."[16]

1973년 잭슨이 핵물리학 박사학위를 받으면서 MIT에서 박사학위를 받은 최초의 아프리카계 미국인 여성이 되었다. 잭슨은 MIT를 떠난 뒤 처음에는 벨연구소의 연구원으로, 그다음에는 럿거스대학교 물리학 교수로, 그 뒤에는 미국 원자력규제위원회의 의장으로 일했다. 잭슨은 밀리와 비슷한 경력을 만들어가면서 밀리와 점점 더 가까운 관계가 되었다.[17] 밀리는《기술과 꿈: MIT에서의 검은 경험, 1941~1999년》에서 스타가 된 제자에 대해 이렇게 말했다. "잭슨이 나에게 배운 것보다 내가 잭슨에게 배운 것이 더 많다고 확신한다."[18]

잭슨은 2017년 추모 행사에서 밀리가 평생의 친구이자 자신의 열렬한 지지자였다고 말했다. "밀리의 우아한 포용력과 낙관주의는 내가 산업, 학계, 정부에서 예상하지 못한 기회의 창을 만나 발을 들여놓으면서부터 중요한 모델이 되었습니다. 나는 밀리 드레셀하우스의 우정, 따뜻함, 모범에 영원히 감사합니다."[19]

——— 뜨거움과 차가움, 열전효과를 되살리다

옷을 입고 있으면 자동으로 시원해져서 에너지가 많이 드는 에어컨을 돌릴 필요가 없다면 어떨까? 자동차엔진에서 배출되는 열을 전기로 바꾸어 에너지 소비를 줄일 수 있다면 어떨까? 스스로 냉각되는 부품을 만들어서 전자기기의 과열 때문에 생기는 전력 낭비를 줄일 수 있다면 어떨까?

단층과 다층 탄소 나노튜브가 발견되면서 밀리에게 1990년대는 과학의 전환기가 되었다. 나노튜브 과학이 확장될수록 수많은 수수께끼를 풀어야 했고 개발해야 할 수많은 잠재적인 응용이 생겨났다. 밀리는 열전효과라고 부르는 물리학의 원리를 이용하여 에너지 효율이 높은 새로운 장치를 개발하는 분야에서도 뛰어난 역할을 했다. 이 시기에는 열전효과를 이용한 장치 개발이 밀리의 경력에서 초점이 되었다.

열전효과는 18세기 말 이탈리아 과학자 알레산드로 볼타가 처음 발견했다. 19세기에 독일 물리학자 토마스 제베크, 덴마크 물리학자 한스 외르스테드, 프랑스 물리학자 장 펠티에, 아일랜드 물리학자 윌리엄 톰슨 등이 탐구한 열전효과는 두 가지 현상이 결합되어 나타난다. 하나는 물질의 양쪽에 온도 차이가 있으면 전류가 흐르는 현상이고, 다른 하나는 물질에 전류를 흘리면 물질이 움직이는 부분이 없어도 가열되거

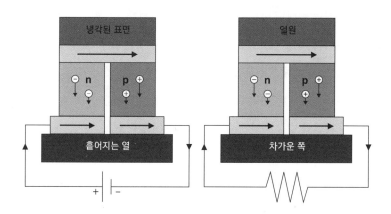

그림 16

열전소자는 물질의 두 면이 서로 다른 온도일 때 전압을 일으킨다. 두 가지 반도체 물질(n과 p)로 이루어진 열전 회로로, 열전 냉각기(왼쪽)와 열전 발전기(오른쪽)를 만들 수 있다.

나 냉각되는 현상이다(그림 16).[20]

1950년대와 1960년대에 연구원들은 열전효과를 이용한 제품을 만들려고 노력하기 시작했다. RCA, 3M, 텍사스 인스트루먼트 등에서 우주선에 사용하는 발전기와 적외선센서의 냉각기를 개발하기 위해 열전소자를 연구했다. 그러나 1970년대 들어 이 분야가 전반적으로 벽에 부딪히자 열전기 연구도 중단되었다.[21] 열전기를 전문적으로 연구한 공학자 존 G. 스톡홀름에 따르면, "1950년대 후반 이후로 열전기를 나타내는 물질은 비스무트 텔루라이드, 납 텔루라이드, 그리고 많이 사용되지 않는 실리콘–게르마늄 합금뿐이었다. …… 어떤 대학도 열전기 응용을 위한 새로운 재료에 관심이 없었고 연구비도 없었다."[22]

무슨 일이 일어난 것일까? 이 분야가 어려운 이유는, 열전기를 일으키는 물질에서 전기는 잘 흐르지만 열은 잘 흐르지 않도록 해야 하기 때문이다. 그러나 대부분 물질에서는 전기전도도를 높이면 열전도 역시 높아지며 반대도 마찬가지이다. 전하 운반체가 상당히 많은 열을 함께 운반하기 때문이다. 전류와 열을 분리하는 것은 매우 어렵다고 알려져 있다. 이 문제를 해결한다고 해도 비가역적인 열손실을 피할 수 없어서 효율이 매우 나빠진다. 그러므로 열전효과를 이용한 온도 제어는 전통적인 가열과 냉각 수단에 비해 별로 장점이 없다.[23]

니노 시대가 시작되면서 과학자와 공학자들이 이러한 문제점을 다시 살펴보기 시작했다. 밀리는 이 분야를 되살리는 데 중요한 역할을 했다. 1990년경 프랑스 해군과 미국 해군이 잠수함에 사용할 열전소자를 개발하기 위해 밀리를 찾아왔다. 두 나라의 해군은 잠수함이 해저에서 들키지 않게 전기를 일으키는 방법을 고안하려고 했다. 잠수함이 공해의 해저에서 탐지되지 않고 은밀히 움직이려면 전기를 일으킬 때 소음, 물거품, 배기가스를 내지 말아야 한다.[24] 밀리는 2007년 MIT 구술사 인터뷰에서 이렇게 말했다. "그들은 나에게 아이디어가 있는지 물었어요. 그래서 지금 우리는 나노과학으로 이런 온갖 종류의 새로운 물질을 만들어냈으니 재미있을 것 같다고 대답했죠."[25]

이 연구는 정말 흥미로웠다. 비슷한 시기에 MIT 대학원생 린든 힉스Lyndon Hicks가 연구주제를 찾으려고 밀리에게 왔을 때 밀리는 열전기를 함께 연구해보자고 제안했다. 그들이 1993년에 발표한 몇 편의 논문은 나노열전기라는 하위 분야가 시작되도록 도움을 주었다. 나노열전기는 양자역학적 효과를 이용하여 나노 크기의 분자에서 전기전도도는 향상시키되 열손실은 줄이는 방법을 연구하는 분야이다. 그들은 특히 저차원 시스템, 즉 열의 흐름을 방해하도록 설계된 2차원 나노 규모 격자구조와 다양한 유형의 1차원 나노와이어nanowire의 성질을 연구했다. 이를테면 기존의 나노구조에 작은 입자를 집어넣어 전기가 잘 흐르면서 열의 흐름은 물리적으로 차단되는 방법을 궁리했다.[26]

실험 결과는 영향력이 엄청났다. 무엇보다 밀리와 동료, 학생들은 나노와이어와 초격자superlattice가 효율적인 열전소자로 이용될 수 있는 강력한 잠재력을 가지고 있다는 것을 보여주었다.[27] 나노와이어는 나노미터 크기를 가진, 선 구조로 된 물질이다. 전기적으로 뛰어난 특성을 가지고 있어서 효율이 뛰어나다. 초격자는 나노입자의 조립체로 만들어진 새로운 재료로, 전자장치 분야에 사용할 수 있다.

그동안 지속적인 열전기 분야 연구로 재료의 성능을 향상시키는 데 상당한 진전이 이루어졌다. 하지만 이 분야의 잠재력은 아직 완전히 발휘되지 않았다. 밀리와 힉스가 처음 논문을 쓴 뒤 20년이 지난 2013년에 힉스와 동료들은 왜 고효율 열전 소재가 아직도 나오지 않았는지 살펴보는 논문을 썼다. 우선 그들은 이 연구에 정부의 지원이 부족했다는 점에 주목했다. 가능성 있는 재료를 적절한 규모로 제조하는 데도 기술적인 문제와 비용 조달 문제가 있다고 지적했다.[28] 그러나 여전히 연구원들은 열전효과를 이용한 새로운 응용을 계속 연구하고 있다. 마이크로칩의 냉각 시스템, 발생하는 열을 재활용하는 자동차엔진, 발전소가 내뿜는 열을 곧바로 전기로 바꾸는 장치 등이 개발되면 기후변화를 완화하는 데 도움이 될 것이다.[29]

밀리는 여러 해 동안 MIT의 기계공학 교수 강 첸Gang Chen과 협력하여 열전 소재의 효율을 향상시키기 위해 노력했다. 첸은 듀크대학교의 젊은 교수일 때 밀리와 만났다. 첸이 UCLA로 옮겨간 다음에는 밀리가 이사로 재직했던 캘리포니아 공과대학교에서의 회의가 끝난 뒤에 만나서 열전기에 대해 논의했다. 첸은 밀리를 로스앤젤레스 공항에 데려다주기도 했는데, 그곳에서 밀리는 어쩔 수 없이 보스턴으로 돌아가는 야간 비행기를 타야 했다.[30] "밀리의 짐은 항상 너무 무거웠어요!"라는 첸의 말에서 그 짐의 상당 부분은 논문이었다. 인터넷이 나오기 전이었으므로, 일부 논문은 친구와 동료들에게 팩스로 보내달라고 부탁해서 케임브리지에 도착하기 전에 논문이 먼저 도착하도록 했다.[31]

마침내 MIT에 정착한 첸은 밀리를 자주 만났다. 밀리는 첸과 공동 발명으로 미국 특허 다섯 가지를 얻었는데, 주로 나노구조 열전 소재를 만드는 방법에 관한 특허이다.[32] 첸은 이렇게 말했다. "열전기 분야에서 밀리가 한 가장 큰 기여는 사람들이 다시 생각하게 만든 것이었습니다.

이전에는 연구비도 부족했고 뛰어난 연구도 없었어요. 밀리의 연구는 사람들을 이 분야에 눈뜨게 해주고, '아, 다른 방법도 있구나!'라는 생각이 들게 만들었습니다."[33]

첸과 밀리는 서로 다른 학과에 있었지만, 언제나 가장 빨리 출근하다 보니 매일 오전 6시 또는 그전에 캠퍼스에서 일상적으로 만나게 되었다. 특히 첸이 2013년부터 2018년까지 학과장을 맡아 연구를 병행할 때 멘토 역할을 해준 밀리에게 많은 도움을 받았다. 또한 알링턴에 있는 진과 밀리의 집을 방문하고 근처 공원을 산책하기도 했다.[34]

첸은 《MIT 테크놀로지 리뷰》에 이렇게 썼다. "MIT에는 제다이 기사가 많지만 밀리는 우리의 요다로 우뚝 솟아 있었다. 학생과 교수 모두 밀리의 조언과 의견을 들으려고 했고, 연구부터 개인적인 문제까지 뭐든 밀리에게 물어보았다. 따뜻하고 개방적인 밀리는 항상 잘 받아주었고 일할 준비가 되어 있었으며 기꺼이 도우려고 했다."[35]

—— 드레셀하우스 박사
워싱턴에 가다

전문 영역에서 다른 사람을 도우려는 밀리의 열망은 MIT를 넘어 공공 영역으로 확장되었다. 1990년대와 2000년대에 밀리는 이미 과학으로 많은 봉사를 하고 있었지만, 과학자나 공학자가 할 수 있는 가장 영향력이 크고 권위 있는 국가 프로젝트에 참여하여 봉사의 범위를 넓혔다.

이러한 프로젝트는 밀리에게도 개인적으로 깊은 의미가 있었다. 밀리는 자신이 교육과 과학 분야에서 발전할 수 있는 수많은 기회를 누렸다고 생각했다. 어린 시절 그리니치 하우스 음악학교부터 시작해서 사립 기관과 공립 기관에서 많은 혜택을 누렸으니 이제는 사회에 돌려주어야 한다는 강한 의무감을 갖고 있었다.[36] 밀리는 모교인 헌터컬리지에서 이런 태도를 배웠다. 헌터컬리지의 등록금은 거의 무료에 가까워서 한 학기에 5달러였는데, 오늘날의 50달러에 해당한다.[37] 마사 코터와 메리 하트만이 쓴 《리더십을 말하다: 강력한 여성들과의 대화Talking Leadership: Conversations with Powerful Women》에 실린 인터뷰에서 밀리는 이렇게 말했다. "내가 매우 분명하게 기억하고 있고 사실상 내 인생을 밝혀준 빛이었던 메시지는 다음과 같습니다. '이 무료 교육은 무료가 아니다. 우리는 여러분이 일생 동안 사회에 봉사하면서 갚기를 바란다.' 이 말과 관련된 모든 사람에게 매우 좋은 거래라고 생각합니다!"[38]

1996년 2월 밀리는 당시 14만 명이 넘는 회원을 보유한, 세계에서 가장 큰 과학 단체인 미국과학진흥협회American Association for the Advancement of Science, AAAS의 회장 당선자로 선출되었다. 밀리는 다음 해에 부회장으로 재직하다가 1998년에 정식 회장으로 취임했다. 1848년에 창립된 이 협회의 아홉 번째 여성 회장이었다. 첫 번째는 1971년에 회장이 된 수학자 미나 리스였다. 헌터컬리지 졸업식에서 연설한 뒤에 밀리를 따로 만나 수학과 과학 공부를 계속하도록 격려했던 사람이다.[39]

회장이 된 해에 밀리는 과학자들이 때때로 부족한 연구비를 확보할 수 있도록 예산 문제에 대한 교육 강화, 과학 대중화를 위한 회원들의 노력과 참여, 과학의 광범위한 분야에서 벌어지는 각종 협회 활동에 대한 회원들의 참여 촉진, 학문의 후속 세대를 격려하고 돕는 것을 주요 목표로 삼았다. 밀리가 가장 자랑스러워할 만한 업적은 1998년 협회 창립 150주년 전국회의에 빌 클린턴 대통령의 연설을 유치한 일이었을 것이다. 밀리는 과학과 기술에 미지근한 태도를 보이던 클린턴 대통령이 임기 후반에 강력한 후원자로 돌아선 이유에는 이 회의에 참석한 경험의 영향도 있다고 주장했다.[40]

클린턴 대통령은 기조연설에서 암 연구, 십대 흡연 감소의 중요성, 인간 게놈 프로젝트, 인간 복제와 관련된 윤리, 대체 에너지원 개발, 과학 교육과 다양성, 다가오는 정보화시대('이제까지 창작된 모든 책, 모든 그림, 모든 교향곡'에 쉽게 접근하는 시대가 곧 다가온다는 선견지명과 함께) 등 여러 주제를 언급했다. 대통령은 과학과 사회의 미래에 대한 희망적인 전망으로 이 연설을 마쳤다.

이 협회의 200주년 회의는 기후 교란이 멈춘 세계에서 열릴 것입니다. 암과 에이즈와의 전쟁은 오래전에 승리로 끝났고, 인류는 불량국가나 양심이 없는 테러리스트나 마약 사용자들이 휘두르는 화학무기와 생물학무기의 파괴력으로부터 안전해질 것입니다. 그때는 모든 인종과 배경의 어린이들이 고귀한 과학의 경력을 추구하고, 부유한 나라와 가난한 나라가 모두 함께 과학의 혜택을 광범위하게 누릴 것입니다. 50년 뒤에 나의 후임자가 여기에 서서 여러분의 후계자 앞에서 우리 시대에 우리가 얼마나 잘했는지 평가하기를, 나는 기도합니다.[41]

클린턴 대통령은 2년 뒤인 2000년 1월에 새 정부 주요 프로그램인 국가 나노기술 개발 전략을 발표했다. 나노 규모 물질과 관련된 기초과학을 향상시키기 위한 광범위한 정책으로, 여러 산업에 걸쳐 새로운 응용을 개발하고 나노 규모의 과학과 공학에 종사할 인력을 양성하여 유지하는 것을 목표로 했다. 이 프로그램은 첫 10년 동안 약 120억 달러의 연구개발비를 지원하게 된다. 민간 과학기술에 대한 지출로는 NASA에 쏟아부었던 자금과 비교될 정도로 엄청난 비용이다.[42]

그해 봄 클린턴 대통령은 밀리를 정부의 중요한 직위에 임명했다. 상원이 인준하기까진 몇 달이 더 걸렸지만, 2000년 6월에 《피직스 투데이》에 실린 어윈 굿윈의 기고문은 밀리의 새 직위에 대한 대중의 정서를 우아하게 요약했다.

1801년에 토머스 제퍼슨은 대통령 임기를 시작하면서 이렇게 말했다. "좋은 지명만큼 불안한 것은 없다. 정부는 명성만큼이나 능력에 크게 의존한다는 것을 잘 알기 때문이다." 제퍼슨의 기준은 수 세기에 걸쳐 여러 차례 달성되었고, 클린턴 대통령이 저명한 고체물리학자인 밀드레드 S. 드레셀하우스를 에너지부 과학국 차기 국장으로 지명했을 때 이 기준은 다시 한번 충족되었다.[43]

밀리는 재임 기간이 짧다는 것을 알고 있었다. 클린턴 대통령 임기의 마지막 해였고, 대통령이 바뀌고 새로운 행정부가 들어선 뒤에도 직위를 유지하는 사례는 드물었으니 말이다(지금까지도 마찬가지이다). 하지만 밀리는 MIT를 휴직하고 대부분 워싱턴에서 지내면서 미국의 기초

과학을 지원하는 가장 큰 예산을 감독했다. 당시 이 예산은 28억 달러였다. 그 와중에도 주말마다 MIT로 돌아와 학생들을 지도했다. 이것이야 말로 진정한 밀리의 방식이었다.[44]

밀리는 에너지부에 재임하면서 정부가 후원하는 에너지 연구개발과 관련된 여러 연구소와 연구활동, 과학교육을 지원했다. 밀리는 점점 줄어들던 물리과학 예산을 늘리는 방향으로 되돌려놓았고 어떤 프로젝트에 자금을 지원할지 평가하는 시스템의 개발에 힘썼으며, 젊은 과학자와 예비 과학자들의 든든한 후원자가 되었다. 밀리는 2000년 9월 대학원생 시절 멘토의 이름이 붙은 고에너지물리학 연구소인 페르미연구소를 방문했다. 이 일은 불편한 진실을 말하면서도 영감을 주는 지도자로서 밀리가 했던 이중의 역할을 잘 보여준다.[45]

페르미연구소의 한 뉴스레터는 당시 고에너지물리학이 직면한 예산 현실에 대해 "투덜대고 힘들어해서는 안 된다"는 밀리의 발언을 지적했지만, 한편으로 연구소에서 만난 대학원생들을 격려하는 모습도 전했다. "드레셀하우스 박사와의 만남은 마치 집단치료를 받는 것 같았다. …… 오늘 연구소에서 있었던 일은 정말로 즐거웠다."[46]

2000년 12월 12일, 미국 대법원은 한 달 전에 실시된 투표와 논란이 많았던 재개표 끝에 조지 W. 부시가 미국의 43대 대통령으로 당선되었다고 선언했다. 행정부의 변화가 다가오면서 밀리는 매사추세츠와 MIT로 돌아갔다.

——— 니트 스웨터를 입은
   탄소의 여왕

    대부분의 학자는 하나의 고등교육기관으로부터 명예박사학위를 받으면 평생 동안 한 분야에 기여한 공로를 높이 인정받은 것으로 간주된다. 그러나 밀리처럼 획기적인 업적을 쌓고 수없이 많은 기여를 한 학자는 명예학위가 빠르게 늘어나기도 한다. 밀리는 40개에 가까운 명예박사학위를 받았다. 2001년부터 2010년까지 밀리는 평균 1년에 한 번 명예학위를 받았고, 그 뒤로 몇 년 동안은 더 자주 받았다. 그때마다 밀리는 단순히 학위 수여식에만 참석했다가 집으로 돌아가지 않았다. 명예학위를 받으러 간 밀리는 이 기회를 활용하여 학위를 주는 곳의 과학자, 다른 분야의 학자들과 교류했다. 더불어 다음 세대의 물리학자, 화학자, 재료과학자, 공학자를 직접적으로 격려했다. 잘 다듬은 연설을 통해, 개인적인 만남을 통해 또는 다음 명예학위를 받을 사람을 선정하는 기회를 통해 밀리는 젊은 학자를 격려하려고 노력했다.[47]

    밀리는 이 시기에 그녀를 금방 알아볼 수 있는 두 가지 표지를 가지게 되었다(밀리를 알아볼 수 있는 원래의 표지로는 땋아 올린 머리가 있다. 링컨 연구소에 오기 직전인 1950년대 말에 시작된 이 표지는 오스트리아 헤어스타일에서 영감을 얻었으며, 항상 깔끔하고 실험실에서 방해가 되지 않는 스타일이라고 밀리의 가족들이 말해주었다). 첫 번째 새로운 표지는 스칸디나비아 스타일의 니트 스웨터를 입은 모습이었는데, 밀리 인생의 마지막 10년은 이 모습으로 알려지게 된다. 2004년에 처음 구입한 노르웨이 스웨터는 곧 밀리만의 독특한 표지가 되었다. 콘퍼런스에서 공항에서 시상식에서 이

스웨터 덕분에 멀리에서도 금세 밀리를 알아볼 수 있었다. 밀리가 가장 자주 입었던 두 개의 카디건도 표지의 하나다. 둘 가운데 더 밝은 것은 자줏빛, 검은색 악센트를 넣어 주홍빛으로 정교하게 짠 옷에 은빛 버클이 달려 있었다. 다른 하나는 은은한 회색 스웨터였다. 가운데에는 꽃무늬 장식, 팔에는 도트 무늬가 있는 이 옷을 나는 흰색 올빼미 스웨터라고 부르고 싶다.[48]

　밀리가 새롭게 얻은 두 번째 표지는 전 세계에 알려진 별명이다. '탄소의 여왕'(또는 탄소과학의 여왕)이 언제 처음 나왔는지는 정확하게 알려지지 않았지만, 2000년대 중반에 이르러 공인된 별명으로 굳어진 것으로 보인다. 밀리는 스웨덴의 텔레비전 기자들이 이 별명을 처음 불러주었다고 말한 적이 있다. 그러나 가족들은 그보다 먼저 사용된 적이 있으며, 학생과 동료들이 처음 불렀다고 말했다. 딸 메리앤은 이렇게 말했다. "어머니는 처음에 이 별명을 질색하면서 거절했어요."[49] 손녀 쇼시는 이렇게 덧붙였다. "할머니는 여왕 대접 받기를 원하지 않았어요. 과학을 즐길 뿐 감히 다가갈 수 없는 사람으로 보이는 걸 싫어했죠."[50] 언젠가 메리앤은 탄소의 여왕이라는 별명이 꽤 적절한 면도 있다고 말했다. 밀리의 히브리어 이름은 말카 셰인델인데, 대략 '여왕의 보물'이라는 뜻이라고 한다. 메리앤에 따르면, 히브리어 이름의 뜻을 안 뒤부터 밀리가 이 별명을 잘 받아들이기 시작했다고 한다. 손녀 레오라 드레셀하우스 – 마레Leora Dresselhaus–Marais에 따르면, 이 별명을 사용하면 역할 모델로서 자신을 따르는 젊은 여성과 어린이들을 더 적극적으로 과학에 참여시킬 수 있을 것으로 생각했다고 한다.[51]

—— 과학의 순환,
그래핀으로 돌아가기

새천년에 들어서자 밀리, 진, 학생, 가까운 동료들은 여러 전선에서 전속력으로 과학 연구를 밀어붙였다. 2000년대 초반에 쏟아진 수많은 공동 저자 논문과 초청 강연을 보면 이 시기에 밀리의 학문적 관심 분야에 대해 알 수 있다. 주로 탄소 나노튜브의 과학, 나노 규모 탄소의 라만 분광학(특정 분자에 레이저를 쏘아 분자의 종류를 알아내는 방법), 비스무트 나노와이어 열전기, 과학 정책과 실천에 집중되어 있다. 2003년에 밀리는 또다시 국가적으로 중요한 지도적 직위를 맡았다. 미국물리학협회 이사회 의장으로 선출된 것이다. 여성으로서는 최초로 이 자리에 올랐고, 그 뒤로도 이 자리에 오른 여성은 아직 없다. 밀리는 앞으로 다가올 수소경제 연구의 필요성을 다루는 에너지부 워크숍 의장도 맡았다.[52]

2000년대 중반 영국 맨체스터대학교의 물리학자들이 무려 100년에 걸친 노력의 결과로 결정적인 발견을 해내자 탄소 연구에 상당한 변화가 일어났다. 그래핀 한 층, 즉 하나의 원자층으로 이루어진 그래핀을 분리하는 비교적 간단한 방법을 찾아낸 것이다.

흑연의 주요 성분은 20세기 중반부터 과학자와 공학자들에게 이론적으로 알려져 있었고, 그래핀은 훨씬 일찍 관찰되었다. 1859년 영국 화학자 벤저민 브로디는 지금 우리가 알고 있는 산화 그래핀을 관찰했다. 다른 유기물로 덮인 그래핀 조각이었다. 거의 90년이 지나 1947년에 캐나다 물리학자 필립 윌리스는 그래핀의 전자구조를 설명하는 중요한 이론적 연구를 발표했다. 그러나 당시 세계 물리학계는 나노 크기의

탄소에 특별한 관심이 없었던 탓에 월리스의 연구는 거의 알려지지 않았다.[53]

그래핀의 발견을 향한 여정은 1960년대 들어 빨라졌다. 5장에서 보았듯이, 밀리가 탄소과학에 손대기 시작할 무렵 고품질 합성 흑연이 나왔다. 당시 밀리와 동료들은 흑연에서 그래핀 조각을 분리하는 새로운 기술을 사용하기 시작했다. 셀로판테이프에 흑연 조각을 붙이는 방법으로, 흑연의 여러 성질을 조사할 때 사용되었다. 그러나 밀리는 셀로판테이프에 달라붙은 개별 그래핀층을 분리하려고 시도하지 않았다. 셀로판테이프에 붙인 흑연 시료는 실험이 끝나면 쓰레기통에 던져졌다.[54] 밀리는 2011년 기사에 이렇게 썼다. "그때까지 그래핀은 지적인 원형으로만 여겨졌다. …… 학계에서 이 어렵고 특이한 연구주제에 관심을 가진 사람은 거의 없었다."[55]

1962년 독일 화학자 한스-피터 보엠과 세 명의 동료가 몇 층의 그래핀과 단층 그래핀을 합성했다고 보고했다. 그러나 이 결과도 물리학계에서 널리 인정받지 못했다. 그 시절에는 사실상 2차원인 그래핀은 그 자체로 안정적일 수 없고, 버키볼이나 탄소 나노튜브 같은 그래핀 기반의 곡면 구조도 안정적일 수 없다는 견해가 일반적이었다.[56] 밀리는 2009년 〈MIT 테크 토크MIT Tech Talk〉와의 인터뷰에서 이렇게 말했다. "보고 결과에 대한 논란이 일어났고 회의적인 사람들이 많았어요."[57] 당시 그래핀 시료를 조사하는 데 사용된 도구도 요즘에 비해 정교하지 못했다. 또한 순수한 그래핀은 거의 투명한 물질이라서 흑연 시료에서 얼마나 많은 층이 분리되었는지 확실히 알기도 어려웠다.[58]

네덜란드 물리학자 발트 드 히어, 일본 물리학자 토시아키 에노키,

한국계 미국인 물리학자 필립 김이 2000년대 초에 그래핀을 제조하는 새로운 방법을 개발했다. 그러나 2004년이 되어서야 그래핀 연구의 진정한 열풍이 일어났다. 맨체스터대학교의 안드레 가임과 콘스탄틴 노보셀로프가 이끄는 8명의 물리학자로 구성된 팀이 《사이언스》에 몇 층의 그래핀과 단층 그래핀을 얻는 과정을 처음 발표한 것이다. 지금은 널리 알려진 이 방법의 핵심은 밀리와 다른 사람들이 수십 년 전에 사용했던 셀로판테이프였다. 가임과 그의 동료들(2차원 재료 전문가이자 가임의 부인 이리나 그리고리에바도 포함되어 있다)은 그래핀의 일부를 원자 한 층 두께로 분리해내는 방법을 개발했고, 결정적으로 원자 한 층이 분리되었다는 것까지 확인할 수 있었다.[59]

그들의 실험은 아름다웠다. 셀로판테이프를 흑연 시료에 붙였다 떼어 그래핀층을 분리한다. 그래핀이 묻어 있는 셀로판테이프를 이번에는 산화실리콘 기판에 붙여 그래핀층을 기판으로 옮긴다. 이렇게 하면 산화실리콘의 색깔이 변하는데, 색깔의 변화에 따라 기판 위에 올라간 그래핀이 얼마나 두꺼운지 알 수 있다. 10층보다 얇은 것을 '몇 층의 그래핀'이라고 부르며(흑연 '박막'이라고 부르는 것은 훨씬 두껍다), 광학현미경으로 관찰하면 분홍색으로 보인다. 단 한 층의 그래핀이 올라가 있으면 매우 밝은 분홍색으로 보인다.[60]

이 팀이 발표한 2004년 논문은 그래핀 분리를 확실히 증명했다. 뿐만 아니라 원자 한 층에 불과한 두께에 우수한 전기 전도체 성질이 있다는 것을 보여주어 즉각 큰 파장을 일으켰다. 탄소 나노구조에 이미 관심이 많았던 물리학자는 물론이고 다른 많은 물리학자도 그래핀의 매혹적인 성질에 이끌려서 이 유망한 신물질을 연구하려고 뛰어들었다. 밀

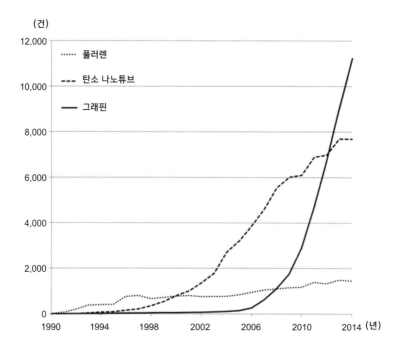

그림 17

풀러렌, 탄소 나노튜브, 그래핀과 관련된 학술적 인용을 정량적으로 살펴보면, 그래핀 분리
가 보고된 2004년 이후 관련 연구가 급격히 증가했음을 알 수 있다.

리가 전 세계를 돌면서 한 강연에서 자주 말했듯이, 그래핀 관련 연구논
문의 수는 이 사건을 기점으로 하늘 높이 치솟았다(그림 17). 이 새로운
연구들 가운데에는 다양한 응용 분야에서 사용하려고 뛰어난 품질의
그래핀을 합성하는 방법에 초점을 맞춘 것도 있었고, 그래핀을 물리적
으로 새롭게 이해하려는 연구도 있었다.[61]

과학자와 공학자들은 흑연과 그 개별 층에 대한 수십 년의 이론적
연구를 바탕으로, 그래핀이 실용적으로 사용할 수 있을 만큼 충분히 안

정적이기만 하다면 그래핀 응용이 많은 분야에서 판도를 바꿀 잠재력을 가지고 있다는 것을 알았다. 차세대 트랜지스터, 유연하게 휠 수 있는 전자제품, 양자컴퓨터, 고기능성 복합재료, 다양한 의료 응용에 필요한 생물학적 필름 등 수없이 많은 응용 분야가 여기에 해당된다. 삼성종합기술원의 길영준 부사장은 2014년 《뉴요커The New Yorker》와의 인터뷰에서 "마치 공상과학이 현실이 되는 것과 같다"고 말했다.[62]

많은 연구자가 아직 꿈조차 꿔본 적 없는 잠재적 응용에 대해 흥분했다. MIT 교수 토마스 팔라시오스는 2009년 〈MIT 뉴스〉와의 인터뷰에서 "그래핀은 생각할 수 있는 가장 극단적인 물질"이라고 말했다.[63] 원자 하나 두께의 그래핀은 가능한 범위에서 가장 얇은 물질인 데다 극단적으로 가볍다. 더욱이 사촌 격인 나노튜브와 마찬가지로 탄소 원자를 연결하는 공유 결합 때문에 엄청나게 튼튼해서 강철보다 뛰어난 물질이다. 또한 그래핀은 전기전도도가 월등해서 전자가 탄소 원자로 이루어진 격자를 통과하는 속력이 빛의 100분의 1이다. 이러한 특성으로 인해 그래핀은 새롭고 효율적인 장치의 기본 소재로 실리콘에 맞설 만큼 뛰어난 물질이다.[64] 이런 물질을 발견하기 위해 뛰어들고 싶지 않은 과학자가 있을까?

밀리는 탄소 나노튜브와 열전기에 대한 중요한 연구를 계속하면서 2000년대 중반부터 경력의 마지막 단계가 될 그래핀을 다시 연구하기 시작했다. 밀리의 학생과 박사후 연구원들은 나노과학의 여러 주제 가운데에서도 이 '새로운' 물질에 호기심을 가졌고, 밀리도 그래핀 연구에 관심을 가졌다. 밀리는 경력 초기에 연구했던 아이디어가 다시 조명되고 개선되는 것을 흐뭇하게 바라보았다. 밀리는 2007년 인터뷰에서 많은 연구자가 자신이 수십 년 전에 수행한 실험 가운데 일부를, 이번에는 더 많은 배경지식과 더 나은 장비로 다시 수행하고 있다고 지적했다. 이를 두고 "이것은 과학의 순환과 같습니다"라고 말했다.[65]

그 후 10년 동안 밀리는 그래핀에 관한 논문 수십 편을 공동 집필했다. 밀리의 연구는 분광학적 연구와 전기적, 열적 특성을 포함한 일반적인 연구에서부터 폭이 50나노미터 이하인 그래핀 나노리본(평면에 넓게 펼쳐진 그래핀을 리본 모양으로 좁게 만든 것)의 세밀한 특성, 그래핀이 손상되거나 다른 원소로 도핑doping되었을 때 일어나는 일, 그래핀의 형태와 가장자리에서 일어나는 일(둘 다 육각형의 정렬에 영향을 받는다) 등 수많은 주제를 다루었다. 비교적 큰 고품질의 그래핀(그리고 다른 2차원 물질) 시트를 합성하는 방법에도 관심을 가졌다. 이러한 물질을 생산할 수 있으면 연구가 더욱더 빨라질 것이다.[66] 밀리는 2009년에 이렇게 말했다. "스카치테이프를 영원히 쓰지는 않을 겁니다."[67]

―――― 새로운 친구와 함께한 연구

2004년 밀리는 새로운 동료이자 친구를 얻었다. 중국에서 탄소 나노튜브를 연구하다가 미국에 와서 화학교육을 받은 징 콩Jing Kong이었다. 밀리는 MIT에 새로 채용된 젊고 영특한 조교수를 자기만이 할 수 있는 방식으로 환영했다. 콩이 아직 사무실을 배정받지 못했을 때 자신의 사무실 한쪽에 공간을 내주었을 뿐만 아니라 밀리의 학생들과 함께 연구할 수 있게 해주었다. 말할 것도 없이 콩은 곧바로 밀리의 세계에 빠져들었다. 콩은 밀리에 대한 존경을 담아 이렇게 말했다. "밀리가 나에게 멘토가 되어주겠다고 자원했다는 생각이 듭니다."[68]

콩은 밀리의 바로 옆방에 자리를 잡았고 밀리는 이 젊은 교수에게 좋은 길잡이가 되었다. 두 사람은 오랫동안 공동연구를 이어갔다. 10년이 넘는 동안 많은 학생을 함께 지도하면서 60편이 넘는 공동논문을 발표했다.[69]

밀리가 콩에게 처음으로 제안한 연구주제 가운데 하나가 그래핀 합성이었다. 밀리는 가임, 노보셀로프와 동료들이 2004년 《사이언스》에 발표한 논문을 읽고 나서, 콩에게 그래핀을 생산하는 체계적 방법을 고안하는 데 관심 있는지 물었다. 콩은 이렇게 회상했다. "그 이야기를 듣고 정말 깊은 생각에 빠져들었습니다. 그래핀과 탄소 나노튜브는 매우 유사하며, 우리는 그래핀을 얻기 위해 비슷한 합성 전략을 사용했습니다. 이때부터 나는 2차원 재료를 연구하기 시작했습니다."[70]

밀리와 콩은 화학기상증착으로 만든 그래핀의 성질부터 탄소 나노튜브의 결함, 다양한 표면에 그래핀 시트를 안전하게 붙이는 방법까지 다양한 주제를 함께 연구했다. 두 교수의 지도를 받는 학생들은 자주 공동연구 회의를 했고, 밀리와 협력하고 MIT 방문 연구 기회를 얻은 전 세계이 수많은 학자에게서도 도움받을 수 있었다.[71]

콩과 밀리의 관계는 연구로 끝나지 않았다. 두 사람은 MIT 밖에서, 특히 밀리의 인생에서 마지막 몇 년 동안 많은 시간을 함께 보냈다. 진과 밀리가 MIT 캠퍼스에서 함께한 동안 진은 매일 밀리를 차에 태워 알링턴 집에서 연구실로 데려다주었다. 그러다가 진이 2010년대 초에 건

강이 나빠져서 2013년에 공식 은퇴한 뒤 밀리의 통근에 변화가 일어났다. 그때 이후로 다른 운전자들의 도움을 받았고 콩은 자주 밀리를 태워서 집에 데려다주었다.[72]

밀리와 페르미가 함께 시카고대학교 물리학과로 출근하면서 그랬던 것처럼 밀리와 콩도 출퇴근을 함께하면서 과학에 대한 사랑을 나누며 친해졌다. 콩은 이렇게 말했다. "밀리는 나에게 많은 이야기를 해주었습니다. 밀리는 언제나 모든 기회를 잘 활용하려고 노력했죠. 함께 자동차를 탈 때마다 밀리는 일, 삶 등 온갖 주제의 이야기를 꺼냈습니다." 케임브리지와 알링턴의 거리를 지나가면서 두 사람은 연구실에서 하는 일에 대해 이야기했다. 그들은 학생에게 느낀 점을 비교하기도 했고 힘들어하는 학생을 돕기 위한 방법을 생각하기도 했다. 둘은 가족 이야기도 많이 했는데, 특히 밀리는 자녀와 다섯 손주에 대해 자주 이야기했다. 콩은 이렇게 말했다. "밀리는 언제나 아이들의 관심을 존중했습니다. 내 생각을 강요하지 않고 아이들을 격려하는 것, 나는 엄마로서 큰 교훈을 얻었습니다."[73]

콩은 현재 MIT 전기공학 및 컴퓨터과학과의 전임교수이자 저명한 2차원 물질 분야의 전문가이다. 콩의 사무실에 있는 서가에는 10개가 넘는 샴페인 병이 진열되어 있다. 박사과정 학생의 학위논문 심사가 성공적으로 끝날 때마다 하나씩 늘어난 이 기념물은 콩이 이 분야에 주는 영향이 얼마나 큰지를 시각적으로 보여준다. 콩은 밀리에 대해 말할 때 미소를 짓는다. "밀리는 학생들을 지도하는 것을 좋아했고 자신이 하는 일을 정말로 즐겼습니다. 이런 모습이 모두 나에게 좋은 본보기가 되었습니다."[74]

2010년 10월 5일 아침에 가임과 노보셀로프가 그래핀에 관한 획기적인 실험으로 노벨 물리학상을 받는다는 뉴스가 나오자 탄소 나노과학이 다시 주목받게 되었다.[75] 그들이 2004년과 2005년에 발표한 논문은 그래핀에 대한 관심을 불러일으켰다는 점에서 혁신적이었다. 그들에게 주어진 노벨상은 단지 하나의 발견을 인정한 정도가 아니라 새롭게 떠오르는 과학의 선두에서 지속적 발전을 이끈 공로를 인정한 것이었다. 밀리는 노벨상 수상자가 발표된 뒤에 밀리 그룹의 박사후 연구원이었던 파울로 아라우조와 함께 쓴 그래핀의 짧은 역사에서 이렇게 밝혔다. "가임과 노보셀로프 팀은 빠르게 발전하는 이 분야에서 끊임없이 새롭고 흥미로운 결과를 만들어내면서 지도적인 위치를 유지했다. 그들은 뛰어난 논문과 공개 발표로 큰 영향을 주었고 그래핀 분야와 과학계 전반에 지울 수 없는 흔적을 남겼다."[76]

초전도 연구에 주어진 1972년 노벨 물리학상을 시작으로 이것은 밀리가 관련된 세 번째 노벨상이었다. 그래핀에 주어진 노벨상은 밀리의 역할이 특히 컸고 두 수상자는 수상 연설에서 직접 밀리에게 고마움을 표했다. 노보셀로프는 자신의 연구에 영향을 준 약 10명의 물리학자 가운데 한 명으로 밀리를 꼽았다. 가임은 밀리를 두 번 언급했다. 한 번은 흑연 층간삽입에 대한 밀리의 기초연구를 통해 영감을 얻었다고 말했고, 또 한 번은 밀리, 진, 사이토, 후지타가 함께한 탄소 나노튜브와 관련된 이론적 연구에서 통찰을 얻었다고 말했다. 밀리는 가임의 초청으로 노벨상 시상식에도 참석했다.[77]

밀리는 오랜 세월 광범위한 영향을 준 여러 발견을 포함해 나노탄소 연구에서 지도적인 경력을 가지고도 노벨상을 받지 못한 것에 실망하지 않았을까? 간단히 말해 전혀 그렇지 않다. 밀리는 물리학과 과학 분야에서 거의 모든 최고의 상을 휩쓸면서 높은 명예를 누렸다. 대중매체는 매년 노벨상 수상자를 발표할 무렵이면 당연히 밀리를 후보자로 언급했지만, 밀리는 이런 생각으로 시간을 보내지 않았다.

로라 도티는 연구가 얼마나 발전하고 있는지 보는 것이 밀리에게 가장 큰 상이었다고 강조했다. "밀리는 인정받아야 할 필요성을 느끼지 않았으며, 과학이 더욱 발전하는 것을 보고 싶어 했습니다."[78]

밀리는 2002년 인터뷰에서 다른 사람들과 협력해서 해낸 수많은 연구로 그렇게 많은 상을 받은 것을 미안하게 생각한다고 말하기도 했다. "나의 분야에서 내가 유명하다는 것으로 충분합니다."[79]

10

사라지지 않을
유산

2010년 12월의 첫 번째 토요일에 밀리와 가장 가까운 동료, 학생, 친구, 친지 250명이 모여서 함께 파티를 열었다. 언제나 열정적인 밀리는 불과 몇 주 전에 여든 살이 되었고, 그때까지도 믿을 수 없는 경력을 쌓으며 살아가고 있는 그녀를 위해 특별 심포지엄이 조직되었다.[1]

밀리는 MIT에서 전기공학과의 젊은 초빙교수로 경력을 쌓기 시작한 지 정확히 40년이 지나 명예교수가 되었다. 링컨연구소에서 일하면서 MIT와 인연을 맺은 시절까지 포함해 그때까지 밀리가 보낸 반세기는 학교 전체 역사의 3분의 1을 차지했다.[2]

그러나 현실은 밀리가 속도를 늦춘다는 생각을 받아들이지 못했다. 실제로도 밀리는 속도를 늦춘 적이 없다. 밀리는 '언젠가' 은퇴를 계획하고 있다고 여러 번 말했지만, 적절한 시기는 결코 올 것 같지 않았다.[3] "여든 살이 된다는 게 그리 나쁘지는 않다고 말할 수 있어요." 밀리는 자신의 생일 파티 때 재치 있게 말했다. "과학과 재미난 일을 마음에 두고 있는 한 나이를 전혀 느끼지 못해요."[4]

MIT 캠퍼스의 13번 건물에 있는 밀리의 사무실을 잠깐 들여다보기만 해도 밀리가 경력의 황혼에 접어들었지만, 여전히 온통 과학에 마음을 쏟고 있다는 것을 알 수 있다. 사무실은 산더미 같은 서류와 책들로 꽉 막혀 있다. 한편에는 밀리와 함께 연구한 수많은 사람, 여행의 추억이 담긴 기념물, 공과 막대기로 이루어진 화학 모형이 늘어서 있었다. 당신이 보았다면 밀리는 잡동사니를 버리는 방법을 가르쳐주는 곤도 마리에를 싫어할 것이라는 느낌이 들었을 것이다. 사무실을 가득 채우고 있는 것들이 밀리에게는 '반짝이는 기쁨'이었기 때문이다.

밀리의 사무실을 방문하면 밀리는 한가운데 작게 비워놓은 자리로 안내한다. 매우 영특한 구조인데, 그 자리가 아니면 밀리가 책상 앞에 앉아서 말할 때 쌓여 있는 물건에 가려져 이 유명한 교수를 볼 수 없기 때문이다. 밀리는 〈보스턴 글로브〉와의 인터뷰에서 이렇게 말했다. "여기가 나의 작은 구멍입니다. 논문의 바다에서 여기만 치우면 되지요."[5] 물론 밀리가 어수선한 사무실에서 많은 업적을 남긴 최초의 물리학자도 마지막 물리학자도 아닐 것이다. 밀리의 MIT 동료이자 이론물리학자 앨런 구스는 보스턴에서 가장 지저분한 사무실을 뽑는 대회에서 우승한 적이 있다.[6] 도티에 따르면, 밀리의 업무 공간은 통제 불능일 때가 많았다고 한다. 2009년 버락 오바마 대통령이 밀리가 있는 건물을 방문했을 때 그 사무실에는 잠재적인 화재 위험이 있다는 딱지가 붙었다.[7] 도티는 "우리 사무실에 소방관들이 와 있었어요"라고 말했다.[8]

밀리는 전자기기를 활용한 IT통신을 아주 천천히 받아들였다. 2012년에는 MIT에서 밀리와 진의 말년에 행정 업무를 맡았던 리드 슈스키에게 사용법을 배운 아이패드를 가장 좋아하는 기기라고 주장했으나, 2000년대 초까지만 해도 컴퓨터로는 통신을 하지 않았다. 밀리가 사용한 첫 번째 휴대전화인 블랙베리는 클린턴 행정부에서 근무할 때 지급받은 것이고 그제서야 이메일을 사용하기 시작했다.[9] 도티는 이렇게 말했다. "이것이야말로 혁명적인 일이었어요!"[10]

그때까지도 밀리는 전화와 팩스에 크게 의존했고 팩스는 사무실을 서류 더미로 만드는 데 기여했다. 밀리가 세계를 여행하면서 서류 가방을 들고 다녔으며, 다음 비행기를 기다리는 동안 서류에 빨간색 볼펜으로 표시하고 착륙하면 최대한 빨리 팩스로 보낼 방법을 찾은 이야기는 무수히 많다.[11] 밀리는 이메일과 전자 파일을 더 자주 사용하기 시작한 뒤에도 여전히 인쇄해서 손으로 쓰는 것을 좋아했다. 슈스키는 이렇게 말했다. "밀리는 굉장히 많은 논문을 공동으로 작업했는데, 언제나 100퍼센트 인쇄한 상태로 작업했어요."[12]

──── 창조성의 배출구가 되어준 음악

1990년대 말 〈MIT 테크 토크〉와의 인터뷰에서 밀리는 오랜 성공의 비밀은 밤 11시 30분에 퇴근하고, 매일 아침 5시 30분이나 6시에 MIT에 도착하는 것이라고 밝혔다. 도티는 밀리가 말년에도 잠을 아주 적게 자면서도 잘 지냈고, 오랜 시간 동안 일하다가 잠깐씩 책상에서 낮잠을 자면서 다시 기운을 차렸다고 말했다.[13]

성공의 또 다른 비결은 연구와 봉사 말고도 밀리가 창조성의 배출구를 확실히 갖고 있었다는 것이다. 밀리에게 이 배출구는 항상 음악이었다. 어린 시절 뉴욕에서 음악 레슨으로 시작하여 케임브리지대학교에서도 기회가 있을 때마다 음악 행사에 참여했고, MIT에서는 아서 폰히펠이 조직한 사중주단에 참여해 연구실 파티와 여러 행사에서 연주했다. 밀리는 스스로 조직한 임시 실내악단과 함께 몇 세기 전의 음악을 날렵한 손끝으로 재현했다. 이러한 연주는 밀리의 집에서도 자주 펼쳐졌다.[14]

도티는 "밀리는 텔레비전오 영화도 보지 않았으며, 책도 읽지 않았어요"라고 말했다. 밀리가 가장 많이 즐긴 취미는 바이올린과 비올라 연주였고 하이킹과 요리도 매우 좋아했다. 밀리의 일정 관리자이자 전문 가수이기도 한 도티는 특히 음악에 대한 밀리의 헌신을 가까이에서 지켜보았다. 도티는 밀리가 여행을 하지 않을 때는 거의 매일 음악을 위한 시간을 만드는 것을 보았다. 집이나 다른 곳에서 격식을 차리지 않은 음악회를 즐기면서 함께하는 가족, 학생, 친구, 그리고 다른 많은 사람과 자기의 경험을 공유했다. 도티는 이렇게 말했다. "저녁 시간 이후의 일정은 진이 관리했는데, 낮 시간의 일정만큼이나 중요했어요. 음악 관련 일정은 신성한 것이었습니다."[15]

밀리의 학생이었고 행성과학, 핵과학, 교통 분야 등에서 다양한 경력을 쌓은 아비바 브레처는 2017년 추모 행사에서 밀리의 음악 세계에 대해 좋은 기억을 들려주었다. "오래전 학부생 시절에 MIT 대학원생이었던 남편 켄과 함께 초대받은 저녁 식사가 기억납니다. 저녁 식사가 끝난 뒤에 드레셀하우스 부부의 네 아이가 함께 현악 사중주를 연주해주었습니다. 그리고 진이 악보를 넘겼어요! 우리는 아주 환영받았고 정말로 놀라웠습니다."[16]

브레처는 1972년에 여성포럼이 시작된 MIT 체니 룸에서 있었던 일도 회상했다. 2017년 구술사 인터뷰에서 이렇게 말했다. "그곳에서 밀리와 함께 피아노를 연주했습니다. …… 밀리는 바이올린을 가져왔고 우리는 차이콥스키를 연주했죠. 밀리는 전기공학 세미나가 시작되기 전에 언제나 음악을 연주해서 문화적인 분위기로 이끌었습니다. MIT에서는 전례가 없는 일이었어요."[17]

드레셀하우스의 집에서 열린 실내악 행사에서 여러 번 노래를 불렀던 도티에 따르면, 음악에 대한 밀리의 헌신은 끊임없이 진화한 그녀의 경력을 대하는 태도와 같았다고 한다. 도티는 이렇게 말했다. "그들은 결코 멈추지 않았어요. 나는 완벽한 연주를 원하지만 …… 그들은 그런 생각을 참아주지 않았습니다. 연주하다가 자기 자리를 찾지 못하거나 음표 몇 개를 놓쳐도 그대로 연주했습니다. 밀리는 인생도 그렇게 살았던 것 같아요. 자기 자리를 잃거나 실수해도 그대로 계속하는 거죠. 멈추지 않고 불평하지 않으며 변명할 필요도 없습니다."[18]

── 밀리의 대가족

세상 모든 일이 궁금한 브루클린 출신의 조숙한 아이였던 밀리는 어린 시절에 가졌던 강렬한 지적 호기심을 결코 잃지 않았다. 밀리가

80대까지 탄소, 비스무트, 그리고 다른 물질에 대한 연구를 계속하면서 단지 새로운 과학적 이해만 추구한 것은 아니었다. 밀리에게는 동지애와 우정(직원과 동료 교수, 학생, 박사후 연구원, 전 세계에 있는 협력자들과의 우정)도 똑같이 중요했다. 밀리는 2007년에 이렇게 말했다. "MIT는 언제나 나의 대가족이었고 나의 학생들은 내 아이들과 같아요."[19]

밀리와 진은 동료들을 자주 집으로 초대했다. 음악의 밤 말고도 학생, 동료, 그리고 다른 사람들을 초대해서 알링턴의 집을 웃음, 음식, 대화로 채웠다. 특히 밀리와 진은 추수감사절마다 직접 만찬을 준비해 많은 학생을 초대했다.[20] 2005년부터 2011년까지 밀리 그룹의 박사과정 학생이었던 국립타이완대학교 부교수 마리오 호프만은 이렇게 말했다. "밀리가 갈 데 없는 학생 몇 명을 데려온 것 같지는 않았어요. 연구실에 있는 대부분의 학생을 데려왔거든요."[21]

밀리의 직업상 가족은 MIT에 국한되지 않았다. 처음 교수가 되었던 시절부터 밀리의 협력 범위는 세계적이었다(그림 18). 도티의 회상에 따르면, 밀리는 자신의 하루 일정을 동료들의 시간대에 맞춰 짰다고 한다. 밀리는 메시지를 보내는 시간을 잘 선택해서, 받는 사람들이 그날 하루 동안 최대한 시간 여유를 두고 그 메시지에 대해 생각할 수 있도록 배려했다. 또한 밀리는 교수로 일했던 대부분의 기간 동안 세계의 어디를 방문해도 그곳에 있는 누군가를 알고 있었다. 제자이거나 함께 연구하는 동료이거나 밀리를 환대할 만한 기관이었다. 그들은 밀리의 방문 약속을 잡거나 사랑하는 이모, 할머니처럼 대했다.[22] 밀리는 2007년 구술사 인터뷰에서 이렇게 말했다. "과학은 만국 공통어입니다. 이것이 과학의 혜택이지요. 우리는 서로를 알고 있고 사람들은 다른 사람들을

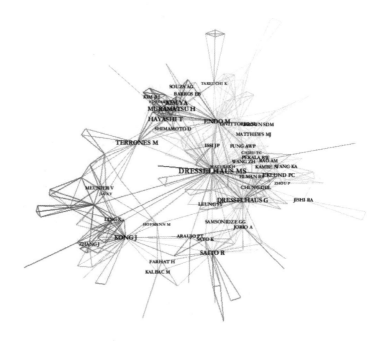

그림 18

밀리 그룹의 박사과정 학생이었던 물리학자 마리오 호프만은 밀리의 학문적 가족을 정량화했다. 호프만은 거의 1,700편에 달하는 밀리의 연구논문에서 나온 데이터를 사용하여 4,872개의 가지로 가득한 '가계도'를 만들었다. 밀리와의 공동논문이 가장 많은 8명 가운데 MIT 동료는 징 콩과 진 드레셀하우스뿐이었다.

돌봐줍니다."[23]

밀리의 대학원생이었으며, 지금은 미국공영방송 PBS의 최고 기술책임자인 마리오 베치는 2017년 추모 행사에서 이렇게 말했다. "밀리의 학생들은 지속적인 기여와 개인적인 지원의 실타래였습니다. 밀리가 성공한 이유의 핵심은 인격, 일과 인생에서 소중하게 여긴 가치입니다. …… 밀리와 진은 그들의 아이와 친구들에게 많은 영감을 주는 환경을 만들어주었습니다."[24]

때때로 밀리는 자기의 학문적 권위를 이용해 박사학위를 받은 제자나 박사후 연구원을 돕는 일을 마다하지 않았다. MIT를 졸업한 캘빈 로는 1980년대 초에 학문적으로나 사회적으로 잘 적응하지 못했지만, 적절한 기회만 있으면 분명히 빛날 뛰어난 학자였다. 밀리는 다른 제자가 교수로 있어서 로를 직접 도와줄 수 있는 대학교에 조교수로 자리 잡도록 주선했다.[25] MIT의 오랜 동료인 클래런스 윌리엄스는 이렇게 말했다. "밀리는 로를 결코 포기하지 않았어요. 로는 역사적으로 흑인을 위해 설립된 대학교(미국에서 1964년 민권법이 시행되기 전에 설립된 흑인 대학교들을 말한다. 현재 100여 개의 대학교에는 여전히 재학생 가운데 흑인이 다수인 곳도 있지만, 그렇지 않은 학교도 있다. 캘빈 로는 2000년부터 2006년까지 매릴랜드에 있는 보위대학교 총장을 지냈다─옮긴이)에서 연구 부총장이 되었고, 나중에는 총장이 되었습니다. 밀리는 그의 경력에서 가장 중요한 역할을 했죠."[26]

더 최근인 2009년에는 MIT 교환학생으로 밀리의 지도를 받았던 물리학자와 그의 형제가 멕시코 연구기관에서 미심쩍은 이유로 해고되었을 때, 밀리가 그들을 돕는 데 중요한 역할을 했다.[27] 지금은 펜실베이니아주립대학교의 물리학자인 마우리시오 테로네스는 2017년에 이렇게 말했다. "밀리는 우리가 편안하게 미국으로 옮길 수 있도록 해주었습니다. 우리를 도와주었으며 아주 멋진 추천서를 써주었어요. 그래서 우리가 여기에 있는 겁니다."[28]

제자인 마리오 호프만은 낯선 사람도 흔쾌히 도와준 밀리 덕분에 인생이 엄청나게 바뀌었다. 호프만은 이렇게 말했다. "내가 처음으로 시작하려고 했던 인턴직이 취소된 뒤, 어느 날 저녁 나의 지도교수가 말 그대로 학술회의에서 한 번 보았을 뿐인 밀리에게 전화를 했습니다. 그는 자기소개를 한 다음에 나의 사정을 설명했지요. 밀리는 한순간의 주저함도 없이, 번거로움을 마다하지 않고 비용까지 부담하면서 나를 MIT에 초청하겠다고 약속했어요. 밀리가 저서에서 우리의 나노탄소 연구를 언급한 적도 있었기 때문에 이 소식을 듣고 놀라서 숨이 막힐 뻔했습니다."[29]

밀리는 여러 번에 걸쳐 공식적 추천서와 비공식적 보장을 통해 학생, 동료, 다른 아는 사람을 지원했다. 그들은 인생의 중요한 길목에서 핵심적인 자리에 오를 수 있었다. 이런 일은 가까운 곳에서 함께 일하던 사람들에게 지도자로서 밀리의 명성을 높였을 뿐만 아니라 가까운 관계가 아닌 사람도 평생 동안 밀리를 고맙게 생각하도록 만들었다.

그러나 동료를 위해 가족적인 분위기를 만들려는 밀리의 노력에도 한계가 있었다. 세상을 떠나기 10년쯤 전부터 밀리에게 들어오는 추천 요청과 부탁이 감당할 수 없을 만큼 많아졌다. 도티는 이렇게 말했다. "요청이 너무 많고 너무 일정해서 강물이 흐르는 것 같았어요. 그래도 밀리는 거의 거절하지 않았어요. 항상 이렇게 말했죠. '흠, 내가 할 수 있어!' 밀리의 뇌는 항상 문제 해결 모드에 있었어요. 그래서 누군가가 밀리에게 무언가를 부탁하면, 심지어 '내가 이것을 하고 싶은가, 하기 싫은가?'라고 생각하기 전에 '음, 어떻게 하면 좋을까?'부터 생각했어요."[30]

물론 가족과 보내는 시간도 있었다. 손주가 다섯 명으로 늘어나자 밀리는 손주를 방문하는 시간을 최대한 많이 내려고 노력했다. 그래서 밀리는 출장을 가는 김에 가족들도 방문할 수 있도록 일정을 조정했다. 또한 손주를 한 명씩 데리고 멀리 떨어진 곳으로 가는 특별한 '밀리 여행'을 계획했다.[31]

캘리포니아대학교 버클리 캠퍼스에서 이론 응집물질물리학 박사 과정을 하고 있는 손녀 엘리자베스는 이렇게 말했다. "2011년 여름에 할머니와 함께 영국과 중국으로 여행을 갔을 때 비로소 할머니가 얼마나 유명한지 깨달았습니다. 지구 반대편에 사는 사람들이 할머니의 이름과 연구를 알아보았고 우리와 함께 사진 찍기를 원했죠. 믿기 어려울 정도였어요."[32]

손녀 클라라 드레셀하우스Clara Dresselhaus는 캘리포니아대학교 데이비스 캠퍼스의 학부생으로, 응용수학과 심리학을 전공하고 있다. 영국 옥스퍼드로 밀리 여행을 떠났던 클라라는 이렇게 말했다. "사람들은 할머니의 모험 정신에 대해 잘 모르는 것 같습니다. 우리는 템스강에서 보트를 타며 재미있게 놀다가 내가 배에서 떨어져 강물에 빠졌어요. 우리가 강변으로 돌아왔을 때 나는 흠뻑 젖은 고양이 같은 몰골이었고, 할머니는 …… 활짝 웃으며 앉아 있었죠."[33]

—— 선구자를 기리다

아담한 체구에 꼭 맞는 회색 블레이저, 검은 바지, 은발을 단정하게 땋아 올린 팔순의 노인이 21세기의 가장 유명한 미국인들 사이에 조용히 앉아 있다. 왼쪽에는 그녀의 세대 중 최고라고 불리는 배우가 앉아 있다. 45년 넘게 연기하는 동안 〈크레이머 대 크레이머〉, 〈소피의 선택〉, 〈철의 여인〉 같은 작품으로 아카데미상을 세 번 받았고, 스물한 번이나 후보로 지명된 메릴 스트립이었다. 앞줄의 먼 곳에는 모든 시대를 통틀어 가장 영향력이 있는 가수라고 할 만한 스티비 원더가 앉아 있다. 그는 수많은 유명한 노래로 인기를 얻었고 그래미상을 스물다섯 번이나 받았다.[34]

대통령자유훈장은 의회 금메달과 함께 미국에서 민간인에게 주어지는 가장 영예로운 상이다. 2014년 수여식에 이 훈장을 받기 위해 참석한 유일한 과학자였던 밀리는 자기 순서가 되자 우아하고 환한 미소를 지으며 서 있었다. 과학과 공학의 선구자로서 유명한 언론인, 공직자, 예술인 사이에서 자연스럽고 당당하게 빛나고 있었다.

오바마 대통령은 밀리를 소개하면서 "밀리가 연구로 준 영향은 우리가 운전하는 자동차, 우리가 생산하는 에너지, 우리의 삶에 힘을 주는 전자장치를 통해 온통 우리를 둘러싸고 있습니다"라고 말했다. 훈장을 받을 때 이름이 호명되자 밀리는 표창 내용이 낭독되는 동안 장내를 훑어보았다. "그의 세대에서 가장 저명한 물리학자, 재료과학자, 전기공학자 가운데 한 명"이고 "지도자이고 멘토"이며, 밀리의 "본보기는 우리가 호기심과 꿈을 따라갈 용기를 낼 때 얼마나 많은 것을 성취할 수 있는지 보여주는 증거"이다.[35]

밀리는 평생 동안 영예로운 상을 헤아릴 수 없을 만큼 많이 받았다. 밀리의 인생에서 마지막 10년 동안에는 반세기에 걸쳐 해온 연구와 지도력에 수여되는 상이 훨씬 빠르게 증가했고, 밀리에 대한 대중의 인상은 완전히 새로운 단계에 다다랐다. 도티는 "우리는 밀리 스스로 치솟는 인기를 즐기는 방법을 배우도록 해야 했어요. 밀리는 대중이 과학의 중요성을 인식해야 한다는 절박한 필요성을 이해했죠. 그래서 시간을 쪼개 사진 촬영과 인터뷰에 응하면서 대중에게 과학을 알리려고 노력했습니다"라고 했다.[36]

특히 재료과학과 생명과학의 뛰어난 성취에 주어지는 로레알-유네스코 세계 여성 과학상을 받게 되면서 밀리의 수많은 업적과 영향력이 얼마나 큰지 새롭게 조명되었다.(로레알-유네스코 세계 여성 과학상은 매년 세계의 다섯 개 지역에서 한 명씩 수상자를 선정한다. 한국 로레알-유네스코 여성 과학상과 별도로 수여되는 상이다-옮긴이) 밀리의 가장 오래된 박사후 연구원이었으며, 밀리를 후보자로 선정한 물리학자 피터 에클룬드는 2007년 〈보스턴 글로브〉 기사에 이렇게 썼다.[37] "어떻게 더 나은 사람이 있을 수 있을까?" 도티는 다음과 같이 덧붙였다. "밀리는 국제적으로 역할 모델이 되는 것을 매우 기뻐했습니다."[38]

손녀인 재료과학자 레오라는 고등학교 시절 반 친구들과 파리로 여행을 갔다가 자신의 할머니가 유명한 사람이라는 것을 깨달았다. 로레알-유네스코상을 받은 뒤에 샤를 드골 공항에 걸린 밀리의 거대한 포스터를 보았던 것이다. 레오라는 밀리가 얼마나 유명한지 모른 채 자랐다. 그러나 공항에서 포스터를 본 뒤에 이렇게 말했다. "그때 나는 깨달았죠. '그래, 여기에 뭔가 있네.'"[39]

밀리가 2009년에 받은 버니바 부시Vannevar Bush상도 매우 의미 있는 상이었다. 이 상은 미국국립과학위원회가 모범적인 공공 봉사에 대해 수여한다. 오랫동안 MIT 전기공학과 교수였던 부시는 제2차 세계대전 이후에 국가가 공적자금으로 과학과 기술을 지원하는 정책을 주도했고, 기초과학 연구를 지원하기 위해 1950년에 설립된 국립과학재단 설립 운동의 주역이었다. MIT에서 부총장과 공학부 학장을 지냈으며, 이 학교를 운영하는 MIT 이사회의 종신회원으로서 이사장도 맡았다. 오랫동안 밀리의 학문적 집이었던 MIT 13번 건물에는 부시의 이름이 붙었다. 오늘날에는 로비에 붙은 커다란 초상화가 방문객을 맞이한다. 그의 정신은 밀리가 일하는 곳에도 깃들어 있다. 밀리가 MIT 교수가 되었을 때 부시가 사용하던 사무실을 배정받아 많은 영감을 얻었다.[40]

밀리는 자신의 삶에서 중요한 역할을 한 사람의 이름이 붙은 권위 있는 상을 두 번 받는 명예를 누렸다. 첫 번째는 미국 에너지부의 엔리코 페르미상이었다. 페르미는 밀리의 대학원 시절 멘토였다. 밀리는 백악관에서 열린 특별한 시상식에서 오바마 대통령으로부터 상을 받았다. 두 번째는 미국재료학회의 폰 히펠상이었다. 폰 히펠은 밀리의 또 다른 멘토였다. 밀리는 재료과학 연구, 에너지와 과학 정책에서의 리더십, 젊은 과학자들의 멘토 역할을 한 공로로 이 상을 받았다.[41]

2010년대에도 흑연 층간삽입과 열전기에 대한 연구로 미국 국립 발명가 명예의 전당에 들어갔고, 전기전자기술자협회IEEE 명예메달을 받는 등 다양한 영예를 안았다. 이러한 상들은 밀리가 물리학, 재료과학, 전기공학 분야에서 매우 영향력이 큰 공헌자로서의 위상을 굳히는데 도움이 되었다. 결국 노벨상은 받지 못했지만, 스칸디나비아에서 주는 또 다른 상은 밀리의 있을 듯하지 않은 경력을 축하하는 최고로 화려하고 감동적인 자리를 마련해주었다.[42]

카블리재단은 노르웨이 출신의 미국인 사업가 프레드 카블리가 과학 발전을 위해 설립한 자선단체이다. 2008년부터 시작된 카블리상은 천체물리학, 나노과학, 신경과학 세 가지 분야의 획기적 업적에 주어진다. 각각 가장 크고, 가장 작고, 가장 복잡한 과학의 진보에 대해 격년으로 주는 이 상의 권위는 사촌 격인 노벨상과 빠르게 비슷해졌다. 검은 넥타이와 무도회 의상을 입은 사람들이 자리를 가득 메운 화려한 시상식에서 수상자는 상장, 금메달, 100만 달러짜리 수표를 받는다.[43]

카블리상을 받는다는 것은 어떤 과학자에게나 경력을 인정받는 성취이며, 밀리는 모든 부문을 통틀어 첫 번째 단독 수상자였기 때문에 더욱 의미가 컸다. 이 여든한 살의 물리학자는 부분적으로 차원이 줄어들었을 때 물질의 기본적인 열적, 전기적 성질의 변화를 이해하는 방식을 발전시킨 공로를 인정받았다.[44] 손녀 클라라는 이렇게 말했다. "하루는 학교에 다녀와서 '노르웨이 왕이 할머니에게 상을 준다'는 말을 듣고 얼떨떨해졌죠."[45]

그해 말 오슬로에서 열린 화려한 카블리상 시상식에서 밀리는 열 겹이 넘는 탄소섬유로 재단한 파란색 드레스를 입고 눈부시게 빛났다. 밀리의 수상 연설은 수많은 청중을 감동시켰다. 밀리는 상을 준 것에 깊이 감사하면서 자라나는 과학자들을 위해 상금을 기부하겠다고 말했다.[46] 그날 밤 밀리를 처음 보았고 나중에 《브롱크스에서 온 아이들Just Kids from the Bronx》을 쓰려고 밀리를 인터뷰했던 알린 알다는 이렇게 썼다. "나는 너그러운 정신을 가진 이 영특한 사람에게 곧바로 매료되었다."[47] 밀리에게 이 시상식은 잊을 수 없는 밤이 되었다. 자신이 해온 평생의 일을 긍정하고 새로운 방향으로 계속 나아가라는 영감을 얻은 경험이었기 때문이다.

───── 다음 세대를 위한
   도전

밀리는 인생의 마지막까지도 행복한 마음으로 많은 연구 프로젝트에 참여했다. 밀리의 마지막 논문들은 그래핀과 포스포린phosphorene 같은 2차원 물질에 관련된 주제를 다루었다. 포스포린은 인P 원자가 그래핀과 비슷하게 한 층으로 이루어진 물질이다.[48] 리드 슈스키는 이렇게 말했다. "밀리는 속도를 많이 늦추지 않았어요."[49] 그러나 밀리는 여행 일정을 꽤 많이 줄였고, 나중에는 결국 출근 시간을 오전 6시 정각에서 7시 정각으로 바꿨다. 이것이 밀리가 늙었다는 것을 보여주는 가장 큰 징후였다.[50]

밀리는 말년에 MIT에서 물리화학 박사학위를 받은 레오라를 보면서 특별한 즐거움을 누렸다. 레오라는 대학교를 졸업할 무렵까지도 어떤 학문을 해야 할지, 대학원을 어디로 갈지 결정하지 못했다. 2012년 봄 레오라가 케임브리지에 방문했을 때 밀리와 진은 손녀에게 MIT를 선택하면 어떤 삶이 펼쳐질지 살짝 보여주었다. "나는 과학의 세계에서 할머니를 보기 전까지는 그녀를 진정으로 이해할 수 없다는 것을 깨닫기 시작했습니다." 레오라는 자신의 결정을 이렇게 말했다. "MIT를 통해서 볼 수 있었던 할머니의 모습을 다른 방법으로는 볼 수 없었을 것이라고 생각합니다."[51]

케임브리지에서 두 사람은 매주 점심 식사를 함께했다. 그들은 주로 실험과 공동연구에 관해 대화했고, 어싱이 과학계에서 직업을 찾기 위해 필요한 것에 대해서도 조금씩 이야기했다.[52] 밀리가 독립 연구자로서 첫발을 내디딘 뒤로 50년이 넘는 동안 여성은 역사적으로 큰 발전을 이루었다. 그러나 직장에서 여성들을 보호하기 위해 법과 규범이 개선되었음에도 과학과 공학에 종사하는 여성 차별은 계속 보고되었다. 불평등한 승진, 전문적인 영역에서의 배제, 가족을 돌보기 어려운 상황, 무의식적인 편견, 성차별적인 작은 공격, 가끔씩은 노골적인 괴롭힘이 계속되고 있다.

밀리는 어떤 면에서는 여성이 큰 발전을 이루도록 만들었지만, 여전히 차별이 계속되고 있다는 점을 과소평가했다고 말했다. 모욕적인 말과 기회, 급여, 실험실 공간 배정에도 차별이 있고, 이런 일은 교묘하고 눈에 띄지 않게 진행되기도 한다. 밀리는 후배 교수들이 작성한 보고서를 보고 깜짝 놀랐다. 1999년 MIT 생물학 교수 낸시 홉킨스와 여러 동료가 힘을 모아 작성한 보고서는 MIT 과학부가 의도하지는 않았을지 모르지만 여성을 체계적으로 차별하고 있다는 것을 보여주었다. 학계에 상당한 파문을 일으킨 이 획기적인 보고서는 MIT와 여러 기관에서 많은 변화를 이끌어냈다.[53]

"홉킨스는 모두 평등해야 한다고 말했고 올바른 일을 했습니다." 밀리는 2012년 BBC와의 인터뷰에서 이렇게 말했다. "나는 그저 관용을 원했어요. 일단 우리가 발을 들여놓은 이 분야에서 동등하게 제대로 일할 기회를 달라는 것이었어요. 그러나 홉킨스는 남성이 요구하고 얻는 모든 편의를 여성도 가져야 한다고 했죠."[54]

밀리는 또한 성적 괴롭힘의 범주에 들어가는 여러 행위에 대해 자신이 조금 무심했다고도 밝혔다. 여성은 이 분야에서 잘할 수 없다는 투로 말하기, 회의에서 같은 의견을 여성이 말할 때는 무시하다가 남성이 말하면 경청하는 태도와 같은 미세한 공격, 미묘한 모욕 같은 것이다. "내 생각에 대부분의 여성이 그런 일을 당하지요. 그러니까 살아가는 법을 배운다는 것은 괴로운 일입니다." 밀리는 BBC와의 인터뷰에서 "젊은 세대는 그런 일을 겪지 않으면 좋겠습니다"라고 말했다.[55]

밀리는 젊은 여성 과학자의 염려를 속속들이 알지 못했을 수도 있지만, 그들을 도우려고 계속 노력했다. 가능할 때마다 이 분야의 젊은 여성과 STEM에 포부를 가진 자신의 손녀들도 격려했다. 밀리는 말년에 과학과 공학에서 경력을 갓 시작한 여성들과 관계를 맺고, 솔직한 토론으로 계속 도전하기 위한 전략을 알려주는 라이징 스타 워크숍Rising Stars workshop에 여러 번 참여했다.[56]

밀리는 인생이 끝나는 해에 여성과 소녀가 STEM 경력을 고려하도록 격려할 수 있는 특별한 기회를 받았다. 제너럴 일렉트릭은 과학자와 공학자로 일할 여성을 더 많이 모집하고 고용하기 위한 캠페인의 일환으로, 밀리에게 60초짜리 광고에 출연해달라고 부탁했다. 과학계의 저명한 여성이 프로 운동선수, 팝스타, 할리우드 배우들 같은 인기를 누린다면 어떨까? 그렇게 된다면 이 분야의 여성이 어떻게 변할 수 있을까? 그 결과 산업과 학문이 어떻게 개선될까? 밀리는 이 책의 시작에 나온 장면에서 세계적으로 유명한 과학 스타를 연기했다. 어린이들은 밀리가 입는 것과 같은 옷을 입고, 파파라치와 거리를 지나가는 사람들은 밀리가 가는 곳마다 사진을 찍으려고 하고, 소셜 미디어 팔로워들이 밀리의 과학 강연에 참석해서 북적댄다. 이 광고는 제너럴 일렉트릭이 2020년까지 과학, 공학, 기술 부문에 여성 인력 2만 명을 고용하기로 약속하는 장면에서 끝난다.[57]

"밀리는 대본을 받았지만 '정말 이해할 수 없다'고 말했습니다." 레오라는 이렇게 설명했다. 밀리는 자신이 대중 스타처럼 연기하는 것이 어떻게 과학계 여성에 대해 긍정적인 메시지를 전달할 수 있다는 건지 알지 못했다. 밀리는 소셜 미디어가 무엇인지, 어떻게 작동하는지에 대해 안개처럼 희미하게 알고 있을 뿐이었다. "나는 할머니에게 이렇게 말했습니다. '할머니는 이걸 거절할 수 없어요. …… 요즘 세대에게 다가가려면 이렇게 해야 해요.'"[58]

이 말을 받아들인 밀리는 광고 촬영에 들어갔다. 밀리는 어색하게 무대에서 걸어가고 배우들과 셀카를 찍기 위해 포즈를 취했고 촬영은 여러 번 거듭되었다. 광고는 의도한 효과를 얻었다. 2017년에 텔레비전으로 방송되자 3,000만 명 이상이 보았고 소셜 미디어에서 매우 좋은 반응을 받았다.[59]

작가인 애니 F. 다운스는 트위터에 이렇게 썼다. "@GE 광고를 보고 소름이 100만 개는 돋은 것 같다. 아름다운 작품이다." 핑크 실링Pink Ceiling(여성이 설립했거나 여성 제품을 만드는 회사에 투자하는 기업)의 CEO인 신디 에커트는 트위터에 이렇게 썼다. "여성이 따라할 만한 이런 유명 인사라면 소녀들에게 어떤 의미가 있을지 상상할 수 있겠는가?" 나중에 조 바이든 정부에서 미국 에너지부 장관이 된 제니퍼 그랜홈 전 미시간 주지사는 트위터에 이렇게 썼다. "밀리 드레셀하우스 광고는 매번 나를 사로잡는다."[60]

제너럴 일렉트릭의 부사장이자 최고 마케팅 책임자인 린다 보프는 2017년에 미국재료학회에서 이렇게 말했다. "우리는 STEM의 여성을 빛나게 하고 사람들이 빠져들 만한 이야기를 하고 싶었습니다. 과학적으로 칭찬받을 만한 사람을 찾고 있었어요. 그 가운데에서도 호감이 가고 매력적이고 개성 있으며, 과학계에서 여성에게 진정으로 헌신하는 사람을 찾았습니다. 밀리 드레셀하우스는 이 모든 조건을 아름답게 충족했습니다."[61]

물론 이 광고는 여성이 과학, 공학, 정보기술로 진로를 정했을 때 겪을 수 있는 어려움을 해결하는 방법을 다루지 않았으며, 흑인, 미국 원주민, 라틴계처럼 이 분야에 잘 진출하지 못하는 집단이 겪는 문제를 해결하려고 하지도 않았다. 그러나 이 프로젝트는 밀리가 과학계에서 여성이 올바른 위치를 차지하도록 영감을 주고 자신감을 갖도록 도와주려고 평생에 걸쳐 노력한 방식과 일치했다.

2020년 말 현재, 이 회사는 밀리의 광고에서 약속한 채용 목표를 달성했는지 발표하지 않았다. 그러나 같은 해에 최초로 전체를 총괄하는 최고 다양성 책임자와 9개 사업부의 최고 다양성 책임자를 임명했다. 2021년 초에 발표된 제너럴 일렉트릭 다양성 보고서에 따르면, 2020년 12월 기준으로 전 세계 직원의 22퍼센트와 최고 지도자의 26퍼센트가 여성이라고 한다. 보고서는 "우리가 해야 할 일이 있다는 것은 분명하다"고 밝혔다.[62]

제너럴 일렉트릭의 글로벌 리더십 프로그램과 대학 관계 책임자인 줄리 그르제다가 나에게 서면으로 다음 내용을 알려주었다. "지난 몇 년 동안 우리의 인력 구성은 변해왔지만, 포용과 다양성에 대한 근본적인 헌신은 변하지 않았다. …… 부분적으로는 밀드레드 '밀리' 드레셀하우스가 출연한 광고 같은 캠페인 덕분에 대학 채용을 통해 더 많은 여성을 기술 분야에 참여시키고 전 세계의 채용 결과를 개선했다. 우리가 진행하는 인턴십과 리더십 프로그램에서도 여성이 높은 비율을 차지하는 것을 자랑스럽게 생각한다."⁶³

밀리가 출연한 광고는 2017년 2월에 국영 텔레비전 방송의 〈새터데이 나이트 라이브Saturday Night Live〉에서 처음 방송되었고, 소셜 미디어에도 공개되었다. 물론 밀리는 첫 방송이 나가기 훨씬 전에 광고의 최종본을 보았다. 제너럴 일렉트릭은 89회 아카데미 시상식 때도 이 광고를 내보낼 계획이었다. 밀리를 초대하여 그날 밤 레드카펫에서 과학의 스타가 은막의 최고 스타들과 함께 어울리는 장면을 연출하려고 했다. 하지만 밀리는 끝내 아카데미 시상식에 가지 못했다. 또한 밀리는 그 영상이 궁극적으로 어떤 영향을 미쳤는지 알 수 없었고, 자신이 마지막으로 대중 앞에 선 이 장면이 왜 사람들에게 가장 널리 알려진 모습이 되었는지 이해할 수 없었다.

―― 전설을
       잃다

2017년 2월 초 MIT 학생들이 겨울방학에서 막 돌아왔을 때, 보스턴 지역은 눈보라에 대비해서 모든 업무와 학술 활동을 중단한다는 통보로 소란스러웠다. 물론 평소와 다름없는 한 주를 계획한 밀리는 일기예보를 대수롭게 생각하지 않은 채 실험실에 출근해서 활발한 하루를 시작하려고 했다. 이날이 밀리가 집을 떠나 사랑하는 MIT에 도착한 마지막 출근이 되었다.

그날 아침 늦게 밀리는 몸이 크게 불편하다고 느꼈다. 밀리는 결국 케임브리지의 서쪽 끝에 있는 마운트 오번 병원에 입원했다. 의사들은 밀리가 뇌졸중을 앓고 있으며, 추후 통지가 있을 때까지 침대에 누워 있어야 한다고 말했다.[64]

이틀쯤 지나자 마시 블랙은 밀리로부터 이메일 답장이 오지 않는 것을 걱정하기 시작했다. 블랙은 나중에 이렇게 말했다. "몇 시간 뒤에 나는 이미 무언가가 잘못되었다는 것을 알았어요. 선생님은 항상 한 시간 이내에 답장을 보내왔거든요."[65]

다음 2주일 동안 가족과 친구들이 밀리의 병문안을 왔다. 2월 20일 월요일에 밀드레드 드레셀하우스는 사랑하는 사람들에게 둘러싸인 채 평화롭게 숨을 거두었다. 세계는 전설을 잃었다. 밀리는 근처에 있는 마운트 오번 묘지에 안장되었다. 200미터도 떨어지지 않은 곳에는 밀리가 발견에 기여했으며, 그토록 잘 알았던 분자의 이름이 된 리처드 버크민스터 풀러의 무덤이 있다. 밀리의 묘소 앞에 있는 육각형 탄소 모양의 표지에는 이렇게 적혀 있다. "소중한 아내, 어머니, 할머니, 물리학자이자 MIT 교수, 탄소의 여왕."[66](진 드레셀하우스는 아흔한 살로 2021년 9월 29일에 죽었고, 밀리 옆에 묻혔다).

그다음 주말 밀리의 광고는 계획대로 황금 시간대에 아카데미 시상식 도중 1분간 방송되었다. 밀리의 유산에 대해 잘 알았으며 바로 며칠 전에 밀리가 세상을 떠났다는 것을 알았던 나와 같은 사람들에게는, 여러 감정이 교차하는 순간이었다. 오랫동안 밀리를 반짝이는 빛으로 여겨왔던 동료 MIT 교수 상기타 바티아는 이렇게 말했다. "나는 그 순간 쏟아지는 눈물을 참을 수 없었어요. 그 장면은 밀리를 기리는 정말로 좋은 찬사였습니다."[67]

　STEM 분야에서 경력을 쌓은 두 손녀 레오라와 클라라가 제너럴 일렉트릭의 손님으로 밀리를 대신해서 레드카펫을 밟았다. "할머니가 하던 일을 이제 내가 완전히 이어받았다는 느낌이 들었습니다." 레오라는 이렇게 말했다. "이것이 차세대 여성 과학자들에게 본보기가 되면 좋겠습니다."[68]

　밀리가 죽은 뒤 전 세계로부터 밀드레드 드레셀하우스를 기리는 추모의 물결이 이어졌다. 물리학자 조지 크랩트리는 《재료학회 회보》에 이렇게 썼다. "밀리는 무엇보다도 과학, 여성, 진리, 봉사를 비롯하여 여러 가지 미덕의 상징이었다. 이러한 미덕을 너무나 자연스럽게 잘 대표했기에 많은 사람이 당연하게 여겼다."[69]

　"밀리는 MIT의 수많은 여학생, 직원, 교수에게 많은 영감을 주었고 나에게도 든든한 진로 지원 시스템이었어요." 아비바 브레처는 그해 말 구술사 인터뷰에서 이렇게 말했다. "학생과 밀리를 멘토로 삼은 사람들에게 산업계에서 좋은 일자리를 주선해주었고, MIT가 워싱턴에 사무실을 열게 할 정도로 과학 정책의 중요성을 깨닫게 해주었죠."[70]

　"빛나는 정신, 깊은 통찰력, 완벽한 과학적 직관 이것들은 과학자로서 밀리의 특성 가운데 일부일 뿐이었다." 우크라이나 국립 하르키우 공과대학교의 물리학과 교수이자 협력자였던 엘레나 로가체바는 《피직스 투데이》에 실린 추모사에 이렇게 썼다. "밀리의 연구는 에너지 문제와 관련이 있었지만, 밀리는 내부에 무진장한 에너지원을 가지고 있었다. 그 에너지는 영원히 지속될 것 같았다."[71]

　"내가 밀리에게서 배운 가장 중요한 것은 재료과학, 군론group

theory, 라만 분광학, 나노기술이 아니었다. 항상 사물의 긍정적이고 건설적인 면을 보는 방법을 배웠다." 밀리의 제자 아도 요리오는 《피직스 투데이》에 이렇게 썼다. "밀리는 결코 논문의 부정적인 면을 지적하거나 비판하지 않았다. 언제나 논문의 장점을 지적했다. 밀리는 건물의 구조, 정치, 그 어떤 것이라도 사람들의 불평을 듣고 나서 그것들의 좋은 면에 대해 말해주었다. 좋은 면을 찾을 수 없을 때는 그저 '더 좋은 날이 오겠지'라고 말해주었다. 밀리와 함께하는 삶은 늘 매우, 매우, 매우 힘든 일의 연속이었지만, 기쁨과 행복과 미소와 함께였다."[72]

"밀리 선생님, 이제는 천국에서 논문을 쓸 수 있기를 바랍니다." 일본의 물리학자이자 협력자인 모리노부 엔도는 2017년 말 추모 행사에서 이렇게 말했다. "진 선생님과 뒤에 남은 가족을 돌보아주시고 …… 세계 과학자들이 탄소와 다른 물질에 대한 연구를 더욱 발전시킬 수 있도록 그들 연구의 공통의 어머니로서 돌보아주십시오."[73]

─── 불가능해 보이는
　　삶

밀리가 세상을 떠난 지 1년 반 뒤 MIT는 캠퍼스 중심에서 빛나는 새로운 나노과학·나노기술 연구시설의 문을 열었다. MIT.나노라고 불리는 이 4억 달러에 달하는 공사는 오랜 기간 동안 진행되었다. 밀리는 성대한 개관식을 보지 못했다. 하지만 이 시설이 완공되어 물리학, 화학, 재료과학, 에너지, 생물학에 대한 인류의 이해를 넓히려는 새로운

세대의 노력이 이 학교에서 시작되기를 손꼽아 기다렸다.[74]

손녀 쇼시에 따르면, 밀리도 MIT.나노가 자기 유산의 확장이라고 생각했다. 2019년 말에 MIT 무한 복도MIT Infinite Corridor(MIT 주요 건물을 관통하는 250미터에 달하는 복도에 붙은 이름이다-옮긴이)와 MIT.나노의 남쪽 면 사이 안마당이 밀리를 기념하는 곳이 되었다. 이 공간은 불가능성 산책로Improbability Walk(두 건물 사이의 좁고 긴 정원이다-옮긴이)라고 불린다. 밀리의 인생을 보면 저절로 고개를 끄떡일 수밖에 없는 곳이다. 밀리는 뉴욕에서 초라하게 시작해 국제적인 명성을 얻는 불가능해 보이는 일을 해냈고, 멘토로 활동할 수 있는 사람들에게 젊은이를 만나는 시간을 내도록 격려했다. 밀리의 격려를 받은 사람들은 밀리에게 배운 대로 무한한 가능성을 가진 어린 동료와 학생들을 격려했다. 그들의 삶의 경로에 헤아릴 수 없을 정도로 큰 영향을 주었다.[75]

밀리가 세상을 떠난 지 불과 몇 년 만에 동료들이 이룬 새로운 발전은 밀리의 연구가 가진 특징을 그대로 가지고 있으면서도 점점 더 매혹적인 방향으로, 여러 갈래로 가지를 뻗고 있다. 그래핀은 여전히 과학에서 가장 뜨거운 주제 가운데 하나이다. 밀리는 2010년대 초중반에 자신과 다른 사람들이 '잘못된 방향의 그래핀'이라고 부르는 것을 연구했다. 벌집 모양의 정렬이 어긋나서 그래핀과 겹쳐놓으면 살짝 뒤틀려 있는 것처럼 보이는 물질이다.[76] 당시 연구에서 밀리와 다른 연구자들은 이 흥미로운 패턴에서 유용한 성질이 나올 수 있다고 예측했다.[77] 2018년 밀리의 동료 파블로 하리요-에레로가 이 예측을 실현했다. 그와 다른 연구자들이 그래핀 시트 두 장을 1.1도라는 마법의 각도로 정렬된 초격자로 결합하면 초전도체나 절연체가 될 수 있다는 사실을 발견한 것이다. 주요한 발견으로 환영받았고 《피직스 월드Physics World》에서 '올해의 돌파구'로 선정되었다. 또한 이 발견으로 2차원 격자 구조를 쌓아 올려서 나타나는 성질을 연구하는 트위스트로닉스twistronics라는 하위 분야가 탄생했다.[78]

또 다른 젊은 과학자는 밀리의 유산을 더 직접적으로 물려받아 물리학을 배경으로 새로운 경력을 쌓고 있다. 파나즈 니루이Farnaz Niroui는 캐나다 출신의 나노기술 연구자이다. 니루이는 자기가 나노 규모 물질에서 가장 유명한 연구자의 발자취를 따라갈 것이라고는 상상도 하지 못했다. 그러나 최근 MIT 전기공학 및 컴퓨터과학과에 조교수로 들어온 니루이는 밀리가 연구하던 곳에서 매일 영감을 얻는다.

니루이는 물질을 원자 수준에서 더 쉽게 조작하고 처리하는 방법을 집중적으로 연구한다. 니루이의 연구로 과학자와 공학자가 이러한 물질의 화학적 성질과 물리적 성질을 연구하고 직접 이용할 수 있게 될 것이다. 뛰어난 재능을 가진 니루이는 MIT에서 박사과정을 밟으면서 북미의 여러 유명 대학교에서 교수직을 제안받았다. 그러나 MIT는 누구도 줄 수 없는 것을 주었다. 매일 밀리가 앉던 자리에 앉아, 탄소의 여왕이 그렇게 흥분했던 나노과학과 나노기술 시설에서 연구할 수 있도록 해준 것이다. 니루이는 이렇게 말했다. "나 자신이 밀리가 남긴 유산의 작은 부분이 될 수 있다고 생각합니다."[79]

니루이는 나노 규모 연구뿐만 아니라 밀리의 다른 발자취도 따라가고 있다. 과학과 공학에서 여성을 지원하고, 나노과학과 나노기술에 모든 사람이 더 쉽게 접근할 수 있도록 노력했던 밀리의 활동을 그대로 따르고 있다. 니루이는 정년 보장 교수로서의 경력을 계획하고 있는

STEM 여성을 위한 워크숍을 조직했다. MIT에서 밀드레드 S. 드레셀하우스 강연 시리즈와 나노기술의 전망이라는 강연 시리즈도 만들었다. 니루이는 2018년 MIT 동창회에서 이렇게 말했다. "대학원생 때 사무실이 매우 가까웠기 때문에 밀리를 알고 있었고 항상 존경했습니다. 내가 독립적인 학자가 되어 경력을 처음 시작할 때 밀리의 사무실에 있다는 것은 저에게 많은 영감을 주는, 가치 있는 일입니다."[80]

밀리의 헤아릴 수 없는 기여는 나노과학과 나노기술 분야에 계속 영향을 줄 것이다. 밀리가 직접 연구했던 영역은 물론이고, 멘토가 되어 주고 가르치고 다른 방식으로 격려했던 사람들을 통해서도 이 분야에 영향을 줄 것이다. 반금속 성질에 대한 밀리의 연구는 누구에게도 뒤지지 않으며, 나노물질의 수없이 많은 탐구 방향에 영향을 주었다. 밀리는 에너지 변환을 개선하는 방법으로 열전기 분야를 되살리는 데 결정적인 역할을 했다.

밀리는 교육자로서도 큰 영향을 주었다. 중요한 교과서와 리뷰 논문을 썼고 학술회의와 정보 교환 모임의 결과를 요약해서 전달했다. 수백 명의 학생을 지도했으며 강의실에서 수천 명의 학생을 가르쳤다. 밀리는 과학 단체와 미국 정부의 과학 행정을 이끄는 중요한 지도자였다. 그리고 여성분만 아니라 과학과 공학 분야에 잘 진출하지 못하는 집단에 소속된 사람들의 기회를 늘리기 위해 꾸준히 노력했다.

밀리의 놀라운 삶은 어떻게 한 사람이 거대한 역경을 극복할 수 있는지, 그러면서도 더 나은 세계를 만들기 위해 크고 작은 방법으로 노력할 수 있는지 보여준다. 밀리가 성취한 일들이 제대로 되기까지는 여러 가지 운도 따라야 했다. 그러나 밀리가 당대 최고의 과학자가 될 수 있었던 것은 빛나는 재능, 다른 사람들을 보살피는 엄청난 노력, 결코 포기하지 않는 인내심 덕분이었다.

밀리는 본질적으로 탐험가였다. 뉴욕에서 보낸 어린 시절부터 밀리는 개인적인 경험을 쌓을 때도, 삶의 끊임없는 질문에 대한 대답을 찾을 때도 늘 새로운 영역을 탐구했다. 밀리는 기초과학에 기여할 수 있는 경력을 쌓았고 탄소와 다른 물질에 대한 이해의 폭을 넓혔다. 그리고 호기심을 자극하는 모든 실마리를 추적하면서 많은 기쁨을 얻었다.[81] 밀리는 한때 이렇게 말했다. "이 엄청난 지식의 폭발에 참여할 수 있다는 것은 대단한 특권이고, 그것을 가르칠 수 있다는 것은 더 큰 특권입니다."[82] 2013년에는 이렇게 덧붙였다. "내 생각에 과학자의 목적은 모르는 것을 발견하는 것이며 영원한 목적입니다. 이 목적은 하루하루를 흥분으로 가득 채우고 정신을 바짝 차리게 해주지요."[83]

밀리는 학생, 연구 공동체, 사회 전반을 위해 자기가 받은 것을 되돌려주어야 한다는 강한 의무감을 느꼈다. 2007년에는 이렇게 말했다. "처음 연구를 시작했을 때 나는 아무런 경력이 없다고 생각했어요. 그리고 내가 경력을 쌓은 것은 사회 덕분이므로 이 사회에 갚아주어야 한다는 느낌이 듭니다."[84]

평생 동안 밀드레드 S. 드레셀하우스는 자신이 받은 것보다 훨씬 많은 일을 했다. 86년이 넘는 인생에서 밀리는 주고 또 주는 사람이었다. 자신의 시간, 지식, 에너지, 사랑, 열정을 끊임없이 나누어주었다.

마지막 인터뷰 가운데 하나에서 탄소의 여왕은 미래에 발견의 물결을 함께 헤쳐나가도록 사람들을 깨우치는 메시지를 남겼다. "우리에게는 새로운 과학, 새로운 아이디어가 필요합니다. 그리고 젊은이들이

들어와서 새로운 아이디어를 발견하는 경력을 쌓을 수 있는 충분한 공간이 있습니다. 연구자로 살아가는 것은 매우 흥미롭습니다. 이리 와서 나와 함께합시다!"[85]

2002년 여름에 내가 《디스커버》 잡지의 젊은 과학 기자였을 때 가장 기억에 남는 일을 하게 되었다. 편집자들이 '과학에서 가장 중요한 여성'이라고 불렀던 50명에 대한 특집 기사를 쓰는 일이었다. 과학 분야에서 여성의 역사에 관심이 많았던 나는 목록에 있는 모든 사람을 즐겁게 조사했고, 우리의 정보가 정확한지 확인하기 위해 그들에게 연락했다. 최종 원고에서 입자물리학자 페르시스 드렐과 해양학자 실비아 얼 사이에 들어간 밀드레드 '밀리' 드레셀하우스는 평소처럼 흉내낼 수 없는 매력적인 미소를 지어 보였다.

2014년 〈MIT 뉴스〉의 편집자가 된 나는 밀리의 영향을 더 자세히 이해하기 시작했다. 얼마 지나지 않아 연구소의 성스러운 홀에서 밀리의 이름이 경건하게 언급되는 것을 들었고, 80대까지 지속된 연구에 경외감을 느꼈다. 나는 그해 말에 존경받는 명예 연구소 교수를 만날 기회가 있었다. 11월의 어느 흐린 날 오후, 밀리가 버락 오바마에게 대통령자유훈장을 받기 바로 며칠 전에 밀리의 사무실로 걸어갔다. 나는 손수 만든, 밀리의 모습을 닮은 작은 레고 인형을 재빨리 건네주고 나올 수 있겠다고 생각했다. 밀리는 나를 따뜻하게 맞아주었고 적어도 30분 동안 대화를 나누었다. 그동안 우리는 세계 여행, 여성 과학자, 뉴욕에서 자란 사람들에 대해 이야기를 했다. 사진을 찍은 다음에 사무실에 진열된 여러 상 옆에 가져간 인형을 두었다.

하지만 밀리가 2017년에 여든여섯의 나이로 세상을 떠난 후에야 나는 진짜 밀리 드레셀하우스를 발견하기 시작했다. 몇십 년에 걸친 인터뷰와 자료, 그리고 가족, 동료, 학생, 다른 사람과의 새로운 인터뷰를 모아서 엮어낸 밀리는 과학자, 멘토, 행정가, 어머니, 할머니였다. 2002년에 내가 처음 보았던 단색광의 밝은 이미지가 아니라 프리즘을 통과한 화려한 무지갯빛이었다.

밀리의 생애를 추적하는 장대한 여정을 시작하도록 나를 초대해준 MIT 출판부 동료들에게 가장 먼저 가장 큰 고마움을 전한다. 특히 첫 번째 책을 쓰는 나와 함께 걸어가 준 제르미 매슈스는 나에게 핵심적인 것을 알려주면서 책을 쓰는 내내 나를 도와주었다. 애미 브랜드는 책을 만드는 다양한 단계에서 나를 격려해주었다. 해리 비어먼은 제작 절차에서 나를 도와주었다. 익명의 검토자 네 사람이 보내준 논평은 원고를 개선하는 데 큰 도움이 되었다. 그리고 기타 마나크탈라, 주디스 펠드만, 비벌리 밀러, 수전 클라크, 마르가리타 엔코미엔다, 션 라일리, 케이트 엘웰, 제이 마치, 니콜라스 디사바티노, 제스 펠리엔, 빌 스미스와 그의 영업팀, 그리고 모든 편집자, 디자이너, 마케팅 관리자가 세계에 책을 선보일 수 있도록 도와주었다. '다양한 목소리를 위한 MIT 출판 기금MIT Press Fund for Diverse Voices'의 기부자들에게 감사한다. 이 기금은 스스로를 증명한 여성, 다양한 성 정체성을 가진 사람, STEM 분야에 잘 진출하지 못하는 집단 출신인 사람들의 글쓰기를 지원하고 있다.

드레셀하우스 대가족은 역사적 정보, 귀중한 사진, 밀리와 진에 대한 가슴 아픈 이야기를 제공해주었다. 특히 쇼시 드레셀하우스−쿠퍼에게 감사한다. 쇼시는 자신의 통찰, 기록 문서, 사진 정보, 기타 자료와 함께 밀리의 자세한 연표를 공유해주었다. 나를 가족의 세계로 초대해

준 메리앤 드레셀하우스 – 쿠퍼에게 감사한다. 또한 이야기와 경험을 공유해준 진, 폴, 엘리엇, 칼, 엘리자베스, 클라라 드레셀하우스, 레오라 드레셀하우스 – 마레, 제프리 쿠퍼에게도 감사한다.

로라 도티는 드레셀하우스의 사무원으로 일한 20년 동안 밀리와 진의 날개를 떠받치는 지속적인 바람 역할을 했다. 밀리와의 추억과 밀리의 마법에 대한 이야기를 전해준 로라에게 감사한다.

많은 사람이 나에게 밀리와의 기억을 나눠주었다. 리드 슈스키, 클래런스 윌리엄스, 강 첸, 징 콩, 아비바 브레처, 엘리자베스 스튜어트, 바바라 제이콥스, 마시 블랙, 파나즈 니루이, 마리오 호프만, 상기타 바티아, 체리 머레이, 사이러스 모디, 셔윈 레러, 로라 로스에게 감사한다.

이 책을 쓰는 동안 많은 사람이 격려해주었고 귀중한 의견을 주었다. 에밀리 닐, 조셉 마틴, 트레이시 스워츠, 아서 아이젠크래프트, 톰 기어티, 세스 므누킨, 앨리스 드래군, 데보라 블룸, 피터 던, 데보라 청, 마리온 라인, 세라 사이먼, 콜린 스미스, 로렌 그래비츠, 특히 많은 도움을 준 제니퍼 추, 대니얼 후딘, 에밀리 히스탠드에게 감사한다.

밀리에 대한 감동적인 시를 사용하도록 허락해준 캐롤린 반 데 미어, 아름다운 밀리의 초상화를 사용하게 해준 테레사 매키머, 엘 윌러비에게 진심으로 고마움을 전한다.

〈MIT 뉴스〉 사무실 동료인 스타브 브랫, 킴벌리 앨런, 특히 캐시 렌에게 감사한다. 그들은 책을 쓰는 동안 여러 번 휴가를 내야 했던 나의 빈자리를 메우고 격려해주었다. MIT 도서관 직원들, 특히 MIT 특별 컬렉션의 마일즈 크롤리, 노라 머피, 엘리자베스 앤드류스, 그리고 하버드 래드클리프연구소의 슐레진저 도서관 직원들과 헌터컬리지고등학교 도서관 직원들에게도 감사한다. 또한 애비 록펠러 모제 교수직에 대한 유용한 기록 정보를 제공해준 MIT 사무소의 도린 모리스, MIT 여성에 대한 자료를 제공해준 MIT 연구소의 리디아 스노버, MIT의 학과들과 인적자원에 대한 자료를 제공해준 레이철 켐퍼, 앤 스튜어트, 아이린 용 롱 황, 스티븐 솔크, MIT에서 여성의 역사에 관련된 통찰을 제공해준 M. 그레이와 데비 더글러스에게 감사한다. 또한 내가 이 책을 쓰는 일이 가능하도록 도와준 MIT 동료들에게 감사한다. 중요한 사진, 그래픽, 일러스트를 제공해준 루미나 데이터매틱스 직원들, 색인을 만들어준 데이비드 룩작에게도 감사한다.

이 책을 쓰는 일과 다른 직업적인 일을 하는 동안 나의 가족을 돌봐준 수많은 사람에게 신세를 졌다. 이 모든 일을 가능하게 해준 한 사람한 사람에게 고마움을 전한다.

가족의 특별한 도움이 없었다면 이 책을 쓸 수 없었을 것이다. 특히 부모님인 로사와 루는 격려를 아끼지 않았을 뿐만 아니라 규칙적인 스트레칭을 하게 해줌으로써 내가 집중해서 글을 쓸 수 있도록 도와주었다. 오빠 조디는 이렇게 중요한 일을 맡을 용기를 나에게 주었고, 와인 스타스는 매일 영감을 주었다. 수없이 많은 날에 늦은 밤까지 글을 쓰는 동안 사랑스러운 미노우가 가르렁거리는 소리를 내면서 내 옆을 지켜주었다. 이 모든 것에 감사한다.

나의 어린아이에게: 밀리의 이야기는 너의 이야기이기도 해. 너의 처음 몇 년 동안 이 이야기도 함께 자라났기 때문이야. 내 삶의 빛이 되어줘서 고마워.

1930년 11월 11일	밀드레드 스피웍이 뉴욕 브루클린에서 태어남
1948년	뉴욕 헌터컬리지고등학교 졸업
1951년	뉴욕 헌터컬리지 졸업(학사)
1951~1952년	케임브리지대학교 풀브라이트 펠로우십
1953년	래드클리프대학 대학원 졸업(석사)
1958년	진 드레셀하우스와 결혼
1958년	시카고대학교 대학원 졸업(박사)
1958~1960년	국립과학재단 박사후 연구원 펠로우, 코넬대학교
1959년	딸 메리앤이 태어남
1960년	MIT 링컨연구소에서 연구 과학자로 일하기 시작함
1961년	아들 칼이 태어남
1963년	아들 폴이 태어남
1964년	아들 엘리엇이 태어남
1967~1968년	MIT 전기공학과 애비 록펠러 모제 초빙교수
1968년	MIT 전기공학과 종신교수 임명
1972~1974년	MIT 전기공학과 부학과장
1974년	미국공학학술원 회원으로 선출
1977~1983년	MIT 재료과학 및 공학센터 소장
1983년	MIT 물리학과 교수 공동 임명
1984년	미국물리학회 회장
1985년	MIT 연구소 교수 임명
1985년	미국국립과학원 회원으로 선출
1986년	MIT 제임스 R. 킬리언 주니어 교수 업적상
1990년	미국국가과학훈장

1997~1998년	미국과학진흥협회 회장
2000~2001년	미국 에너지부 과학국장
2003~2008년	미국물리학협회 이사회 의장
2005년	하인즈가족재단 하인즈상
2007년	로레알-유네스코 세계 여성 과학상
2008년	미국 물리학교사협회 외르스테드 메달
2009년	미국과학위원회 버니바 부시상
2009년	미국재료학회 펠로우로 선출
2012년	미국 에너지부 엔리코 페르미상
2012년	카블리상
2013년	미국재료학회 폰 히펠상
2014년	미국 발명가 명예의 전당에 헌액
2014년	미국 대통령자유훈장
2015년	IEEE 명예메달
2017년 2월 20일	밀드레드 S. 드레셀하우스가 매사추세츠주 케임브리지에서 죽음

프롤로그 교육자, 멘토 그리고 탄소의 여왕

1. Aditi Risbud, "Millie Dresselhaus: Our Science Celebrity," MRS Bulletin 42, no.11 (2017): 788, https://doi.org/10.1557/mrs.2017.262.
2. "Carbon," Periodic Table of Elements, Los Alamos National Laboratory, https://periodic.lanl. gov/6.shtml.
3. Nick Bilton, "Bend It, Charge It, Dunk It: Graphene, the Material of Tomorrow," New York Times, April 13, 2014, https://bits.blogs.nytimes.com/2014/04/13/bend-it-charge-it-dunk-it-graphene-the-material-of-tomorrow.
4. "1954: Silicon Transistors Offer Superior Operating Characteristics," Computer History Museum, Mountain View, CA, https://www.computerhistory.org/siliconengine/silicon-transistors-offer-superior-operating-characteristics.
5. Andrew Grant, "Mildred Dresselhaus (1930-2017)," Physics Today, February 23, 2017, https://physicstoday.scitation.org/do/10.1063/PT.5.9088/full/.

1 다듬어지지 않은 다이아몬드

1. Eamon Loingsigh, "Sands Street Station," ArtofNeed, June 9, 2013,https://artofneed. wordpress.com/2013/06/09/break-for-edit; "History of the Yard," Brooklyn Navy Yard, https://brooklynnavyyard.org/about/history.
2. Andrew J. Sparberg, From a Nickel to a Token: The Journey from Board of Transportation to MTA (New York: Fordham University Press, 2015), 45-47; "Pedestrian Counts," Downtown Alliance, https://www.downtownny.com/pedestrian-counts; "Cyclist Counts on East River Bridge Locations," New York City Department of Transportation, https:// www1.nyc.gov/ html/dot/downloads/pdf/east-river-bridge-24hr-cyclist-count-oct201.pdf; "2016 New York City Bridge Traffic Volumes," New York City Department of Transportation, February 2018, http://www .nyc.gov/html/dot/downloads/pdf/nyc-bridge-traffic-report-2016. pdf.
3. Marianne Dresselhaus Cooper, interview by author, Arlington, MA, April 27, 2018; Mildred Dresselhaus, interview by Kelsey Irvin, 2013, transcript, Oral History Program, IEEE History Center, Hoboken, NJ, https://ethw.org/Oral-History:Mildred_Dresselhaus; US Census Bureau, "1930 Federal Population Census," prepared by Ancestry.com; Marianne Dresselhaus Cooper, emails to author, May 31, June 8, 2020.
4. Mark Anderson, "The Queen of Carbon," IEEE Spectrum 52, no. 5 (2015): 50-54; Mildred Dresselhaus, interview, 2004, by Magdolna Hargittai and Istvan Hargitti, Candid Science IV: Conversations with Famous Physicists (London: Imperial College Press, 2004), 546-569; Marianne Dresselhaus Cooper, interview, 2018; Mildred Dresselhaus, interview by Shirlee Sherkow, 1976, transcript, Project on Women as Scientists and Engineers, MIT Libraries Distinctive Collections, Cambridge, MA, 2-3.
5. Mildred Dresselhaus, interview, 2004, 546-569; Marianne Dresselhaus Cooper, email to author, June 8, 2020.
6. "Irving Spiewak," Find a Grave, March 3, 2009, https://www.findagrave .com/ memorial/34387569/irving-spiewak; Mildred Dresselhaus, interview, 2013.

7. Robert J. Schoenberg, Mr. Capone: The Real—and Complete—Story of Al Capone (New York: HarperCollins, 2001), 19.

8. Marianne Dresselhaus Cooper, interview, 2018; Loingsigh, "Sands Street Station."

9. History.com Editors, "Great Depression History," History.com, October 29, 2009, https://www.history.com/topics/great-depression/great-depression-history; Marianne Dresselhaus Cooper, interview, 2018; Mildred Dresselhaus, interview, 1976, 10–11.

10. Mildred Dresselhaus, interview, 1976, 6–8, 92–93; Mildred Dresselhaus, "Memories from a Life in Physics," MIT Physics Annual (2009): 46–51.

11. Mildred Dresselhaus, interview, 1976, 6–7.

12. Mildred Dresselhaus, interview by Arlene Alda, Just Kids from the Bronx: Telling It the Way It Was: An Oral History (New York: Holt, 2015), 42–45; Mildred Dresselhaus, interview, 1976, 6–7.

13. Alda, Just Kids from the Bronx, 42–45; Mildred Dresselhaus, interview, 1976, 6–7.

14. Mildred Dresselhaus, interview by the US Department of Energy Office of Science, "Fermi Award Winners: Q&A," US Department of Energy Office of Science, June 6, 2012, https://web.archive.org/web/20150908034322/https://science.energy.gov/news/featured-articles /2012/06–06–12/; "History of the Bronx," Yes the Bronx, http://yesthebronx.org/about/history–of–the–bronx/, Mildred Dresselhaus, interview, 1976, 7.

15. "Industrial Depression—Unemployment—Destitution! Idleness and Want Drive Men to Crime and Suicide! Desperate Situation Demands Serious Consideration!" Minnesota Union Advocate, March 5, 1931, 1.

16. Mildred Dresselhaus, interview, 1976, 7.

17. Mildred Dresselhaus, interview , 2015, 42–45; Mildred Dresselhaus, interview, 1976, 7.

18. Mildred Dresselhaus, "Memories," 46–47; Mildred Dresselhaus, interview by Jenni Murray, "The Age of Reason," BBC, December

2012, https://www.bbc.co.uk/sounds/play/p012bp6b; Mildred Dresselhaus, interview, 1976, 92; Mildred Dresselhaus, interview by Paul S. Weiss, "A Conversation with Prof. Mildred Dresselhaus: A Career in Carbon Nanomaterials," ACS Nano 3, no. 9 (2009): 2438.

19. Mildred Dresselhaus, interview, 1976, 91.

20. Mildred Dresselhaus, interview, 2015; Mildred Dresselhaus, "Memories"; Shoshi Dresselhaus– Cooper, email to author, April 9, 2018; Google Maps with Street View; "FDNY Rescue Company 3," Architect, July 17, 2012, https://www.architectmagazine.com/project–gallery/fdny–rescue–company–3–320; "Perrigo Co PLC," Bloomberg, https://www.bloomberg.com/profile/company/PRGO:US; "Perrigo New York, Inc." Vault, https://www.vault.com/company–profiles/pharmaceuticals–and–biotechnology/perrigo–new–york–inc.

21. "NYCityMap," City of New York, http://maps.nyc.gov/doitt/nycitymap/; Mildred Dresselhaus, interview, June 6, 2012; "History of the Bronx," Yes the Bronx; "Prohibition," History.com, Oct. 29, 2009, https://www.history.com/topics/roaring–twenties/prohibition.

22. Mildred Dresselhaus, interview, 1976, 106.

23. Mildred Dresselhaus, interview, 1976, 108.

24. Mildred Dresselhaus, interview, June 2012; Anderson, "Queen of Carbon"; Mildred Dresselhaus, "Mildred Dresselhaus Biography," Kavli Prize, http://kavliprize.org/sites/default/files/%25nid%25/auto biographies_attachments/Mildred_Dresselhaus_Biography_0.pdf; Mildred Dresselhaus, interview, 2015.

25. Mildred Dresselhaus, interview, 2015.

26. Mildred Dresselhaus, interview, 1976, 106–107; Mildred Dresselhaus, interview, December 2012.

27. Mildred Dresselhaus, interview, December 2012.

28. Mildred Dresselhaus, interview, 1976, 3–4, 10–11; Kimberly Amadeo, "Unemployment

Rate by Year since 1929 Compared to Inflation and GDP," The Balance, https://www.thebalance.com/unemployment-rate-by-year-3305506; Mildred Dresselhaus, interview, 2015, 44; Leora Dresselhaus- Marais via Marianne Dresselhaus Cooper, email, June 8, 2020.

29. Mildred Dresselhaus, interview by Harry Kroto, Vega Science Trust, 2001, http://www.vega.org.uk/video/programme/20.

30. Mildred Dresselhaus, interview, 2001.

31. Mildred Dresselhaus, interview, 1976, 10; Mildred Dresselhaus, interview, 2001.

32. Mildred Dresselhaus, interview, 2001.

33. Mildred Dresselhaus, interview, 2015, 42–45.

34. Shoshi Dresselhaus- Cooper, emails to author, May 3, 2018; Mildred Dresselhaus, interview, 1976, 82.

35. Shoshi Dresselhaus- Cooper, email, May 3, 2018.

36. Mildred Dresselhaus, interview, 1976, 10.

37. Shoshi Dresselhaus- Cooper, email to author, April 9, 2018; Mildred Dresselhaus, interview, 1976, 11.

38. Mildred Dresselhaus, interview, 1976, 11.

39. "Modern Times," Rotten Tomatoes, https://www.rottentomatoes.com/m/modern_times; Marianne Dresselhaus Cooper, email, June 8, 2020.

40. Shoshi Dresselhaus- Cooper, email to author, April 9, 2018; Marianne Dresselhaus Cooper, email, June 8, 2020.

41. Mildred Dresselhaus, interview, 2015, 42–45.

42. Mildred Dresselhaus, interview, June 2012.

43. "The History of Greenwich House," Greenwich House, https://www.greenwichhouse.org/history; Irving Spiegel, "School's Concert a Story of Music," New York Times, March 4, 1950, 19.

44. Mildred Dresselhaus, interview, June 2012.

45. Keith O'Brien, "Pioneering Woman Physicist, Cited for Her Research, Mentoring," Boston Globe, March 5, 2007, 19; Mildred Dresselhaus, interview, 1976, 7, 92.

46. Mildred Dresselhaus, interview, 2015, 42–45; Mildred Dresselhaus, interview, 1976, 15.

47. Shoshi Dresselhaus- Cooper, email to author, May 15, 2018; Mildred Dresselhaus, interview, 1976, 15.

48. Mildred Dresselhaus, interview, 2015, 43.

49. "Fantasia in Eight Parts: 'The Sorcerer's Apprentice,'" Walt Disney Family Museum, Aug. 2, 2012, https://www.waltdisney.org/blog/fantasia-eight-parts-sorcerers-apprentice; "Fantasia in Eight Parts: 'Toccata and Fugue in D minor,'" Walt Disney Family Museum, Aug.

28, 2012, https://www.waltdisney.org/blog/fantasia-eight-parts-sorcerers-apprentice.

50. Marianne Dresselhaus Cooper, email, June 8, 2020; Shoshi Dresselhaus- Cooper, email to author, April 9, 2018; Mildred Dresselhaus, interview, 2015, 42–45.

51. Marianne Dresselhaus Cooper, interview, 2018; Greenwich House, "The History of Greenwich House."

52. Eleanor Roosevelt, "My Day, July 26, 1939," Eleanor Roosevelt Papers Digital Edition (2017), https://www2.gwu.edu/~erpapers/myday/displaydoc.cfm?_y=1939&_f=md055328.

53. "They Shall Have Music," TCM.com, https://www.tcm.com/watchtcm/movies/92847/They-Shall-Have-Music.

54. Eleanor Roosevelt, "My Day, July 27, 1939," Eleanor Roosevelt Papers Digital Edition (2017), https://www2.gwu.edu/~erpapers/myday /displaydoc.cfm?_y=1939&_

f=md055329.

55. David Dworkin, "The Legacy of Mary Kingsbury Simkhovitch," National Housing Conference, March 19, 2019, https://www.nhc.org/the-legacy-of-mary-kingsbury-simkhovitch/; Mary Kingsbury Simkhovitch Papers, 1852–1960; A– 97, Schlesinger Library, Radcliffe Institute, Harvard University, Cambridge, MA; Shoshi Dresselhaus– Cooper, email to author, April 9, 2018.

56. Shoshi Dresselhaus– Cooper, email to author, May 16, 2018.

57. Mildred Dresselhaus, interview, 1976, 9.

58. Mildred Dresselhaus, interview, 2004, 548; Paul De Kruif, Microbe Hunters (New York: Harcourt, 1926).

59. Cherry Murray, email to author, July 22, 2018; Eve Curie, Madame Curie: A Biography (New York: Da Capo Press, 2001 reissue); Eugene Straus, Rosalyn Yalow Nobel Laureate: Her Life and Work in Medicine(New York: Plenum Press, 1998), 66.

60. Mildred Dresselhaus, interview, 2001.

61. Mildred Dresselhaus, interview, 2004.

62. Mildred Dresselhaus, interview, 2004.

63. Mildred Dresselhaus, interview, 1976, 107–108.

64. Mildred Dresselhaus, interview, 1976, 108–109.

65. Mildred Dresselhaus, interview, 1976, 108–109.

66. Mildred Dresselhaus, interview, June 2012; Mildred Dresselhaus, interview, 1976, 91–94; Mildred Dresselhaus, "Memories," 47; Mildred Dresselhaus, interview, September 2009, 2438–2439.

67. Mildred Dresselhaus, interview, 1976, 4–5, 48; "Irving Spiewak," Find a Grave; Rick Seltzer, "Free Again—in 10 Years," Inside Higher Ed, March 16, 2018, https://www.insidehighered.com/news/2018/03/16/cooper-union-plans-restore-free-undergraduate-tuition-decade.

68. Mildred Dresselhaus, interview, 1976, 25–26; "About," Bronx High School of Science, https://www.bxscience.edu/apps/pages/index .jsp?uREC_ID=219378&type=d&termREC_ID=&pREC_ID=433038 &hideMenu=0; "Stuyvesant History—Enter the First Girls," Stuyvesant High School Alumni Association, https://www.stuyalumni.org/news/stuyvesant-history-enter-the-first-girls; Laurie Gwen Shapiro, "How a Thirteen- Year-Old Girl Smashed the Gender Divide in American High Schools," New Yorker, January 26, 2019, https://www.newyorker .com/culture/culture-desk/how-a-thirteen-year-old-girl-smashed-the-gender-divide-in-american-high-schools; "School History—History of Tech," Brooklyn Technical High School, https://www.bths.edu/school_history.jsp.

69. Mildred Dresselhaus, interview, September 2009, 2439.

70. Mildred Dresselhaus, interview, 1976, 26–27.

71. Mildred Dresselhaus, interview, 1976, 24.

72. Mildred Dresselhaus, interview, 1976, 27.

73. Mildred Dresselhaus, interview, 1976, 26.

74. Mildred Dresselhaus, interview, 2015, 42–45.

2 두뇌 더하기 재미

1. Mildred Dresselhaus, interview by Shirlee Sherkow, 1976, transcript, Project on Women as Scientists and Engineers, MIT Libraries Distinctive Collections, Cambridge, MA, 101.

2. Mildred Dresselhaus, interview, 1976, 101.

3. Betty Stewart, email to author, June 19, 2018; Mildred Dresselhaus, interview, 1976, 100–101, 107.

4. Mildred Dresselhaus, interview by Arlene Alda, Just Kids from the Bronx: Telling It the Way It Was: An Oral History (New York: Holt, 2015), 42–45; Mildred Dresselhaus, interview, 1976, 16, 110.

5. Marianne Dresselhaus Cooper, interview by author, Arlington, MA, April 27, 2018; Kimberly Amadeo, "Unemployment Rate by Year since 1929 Compared to Inflation and GDP," The Balance, September 17, 2020, https://www.thebalance.com/unemployment-rate-by-year-3305506.

6. Mildred Dresselhaus, interview, 1976, 81–82.

7. Mildred Dresselhaus, interview, 2015, 42–45; Mildred Dresselhaus, interview, 1976, 82–83.

8. Mildred Dresselhaus, interview, 1976, 14, 107.

9. Mildred Dresselhaus, interview, 1976, 14.

10. Mildred Dresselhaus, interview, 1976, 18.

11. Mildred Dresselhaus, interview, 1976, 17.

12. Mildred Dresselhaus, interview, 1976, 17.

13. Mildred Dresselhaus, interview, 1976, 17.

14. Mildred Dresselhaus, interview, 1976, 17–18.

15. Mildred Dresselhaus, interview, 1976, 18.

16. Mildred Dresselhaus, interview, 1976, 15.

17. Mildred Dresselhaus, interview, 1976, 19.

18. Mildred Dresselhaus interview, 1976, 28; Mildred Dresselhaus interview in US Department of Energy Office of Science, "Fermi Award Winners: Q&A," US Department of Energy Office of Science, June 6, 2012, https://web.archive.org/web/20150908034322/https://science .energy.gov/news/featured-articles/2012/06-06-12/.

19. "Hunter College High School Address by Mildred Dresselhaus," Hunter College High School, December 1, 2009, https://www.youtube.com/watch?v=zTe6mAvWB2M.

20. Mildred Dresselhaus interview, 1976, 28.

21. Elizabeth Balletto Stewart, email to author, June 19, 2018.

22. Stewart, email.

23. Mildred Dresselhaus interview, 1976, 11–12.

24. "Value of $5 from 1946 to 2021, Inflation Calculator," Official Inflation Data, Alioth, https://www.officialdata.org/us/inflation/1946

25. Mildred Dresselhaus interview, 1976, 11.

26. Mildred Dresselhaus interview, 1976, 12.

27. Mildred Dresselhaus interview, 1976, 93; "Pertussis Cases by Year(1922–2018)," US Centers for Disease Control and Prevention, https:// www.cdc.gov/pertussis/surv-reporting/cases-by-year.html.

28. C. G. Shapiro– Shapin, "Pearl Kendrick, Grace Eldering, and the Pertussis Vaccine," Emerging Infectious Diseases 16, no 8 (2010): 1273–1278, https://dx.doi.org/10.3201/eid1608.100288; Jean– Marc Cavaillon, Sansonetti Philippe, and Goldman Michel, "100th Anniversary of Jules Bordet's Nobel Prize: Tribute to a Founding Father of Immunology," Frontiers in Immunology, September 11, 2019, https://doi.org/10.3389/fimmu.2019.02114; Brian Shaw, "Leila Denmark (1898–2012)," New Georgia Encyclopedia, April 24, 2013, https://www.georgiaency clopedia.org/articles/science-medicine/leila-denmark-1898-2012; Shift7, "#20for2020: Pearl Kendrick, Grace Eldering, and Loney Clinton Gordon Developed the Whooping Cough and Single Dose DTP Vaccines," Amy Poehler's Smart Girls, January 12, 2020, https://amysmartgirls.com/20for2020-pearl-kendrick-grace-eldering-and-loney-clinton-gordon-developed-the-pertussis-and-c035f2858d6.

29. Mildred Dresselhaus interview, 1976, 93.

30. Margaret Nash and Lisa Romero, "Citizenship for the College Girl:Challenges and Opportunities in Higher Education for Women in the United States in the 1930s," Teachers College Record 114, no. 2 (2012): 5–6, https://www.academia.edu/12116246/_ Citizenship_for_the_College_Girl_Challenges_and_Opportunities_in_Higher_Education_ for_Women_in_the_United_States_in_the_1930s; Scott A. Ginder, Janice E. Kelly– Reid, and Farrah B. Mann, "Postsecondary Institutions and Cost of Attendance in 2017–18; Degrees and Other Awards Conferred, 2016–17; and 12– Month Enrollment, 2016–17," US Department of Education National Center for Education Statistics, November 2018, https://nces.ed.gov/pubs2018/2018060REV.pdf; table 4.

31. Mildred Dresselhaus interview, 1976, 29; Rebecca Onion, "Unclaimed Treasures of Science," Slate, July 13, 2014, https://slate.com/technology/2014/07/women–in– science–technology–engineering–math–history–of–advocacy–from–1940–1980.html.

32. Mildred Dresselhaus interview in US Department of Energy Office of Science.

33. Mildred Dresselhaus interview, June 2012; Mildred Dresselhaus interview, 1976, 11–12.

34. Mildred Dresselhaus interview, 1976, 29–30.

35. Mildred Dresselhaus interview, 1976, 30–31.

36. Commencement Program, Hunter College High School, February 3, 1948.

37. Hunter College High School, Annals, January 1948.

38. Hunter College High School, Annals.

39. Dresselhaus, "Hunter College High School Address," 2009.

3 갈림길에 서다

1. "Leo Szilard," Atomic Heritage Foundation, https://www.atomi cheritage.org/profile/leo– szilard.

2. Timothy J. Jorgensen, "Lise Meitner—The Forgotten Woman of Nuclear Physics Who Deserved a Nobel Prize," The Conversation, February 7, 2019, http://theconversation. com/lise–meitner–the–forgotten–woman–of–nuclear–physics–who–deserved–a–nobel– prize–106220; Ruth H. Howes and Caroline C. Herzenberg, Their Day in the Sun: Women of the Manhattan Project (Philadelphia: Temple University Press, 2003); Leonore Tiefer, "How the Quad Went Coed," Wall Street Journal, November21, 2016, https://www.wsj. com/articles/how–the–quad–went–coed–1479680187.

3. "Hunter College Mission," Hunter College, https://hunter.cuny.edu/about/mission/; Maura King, Hunter College Office of Legal Affairs, email to author, September 4, 2018; Mildred Dresselhaus, interview by Shirlee Sherkow, 1976, transcript, Project on Women as Scientists and Engineers, MIT Libraries Distinctive Collections, Cambridge, MA, 29–30.

4. Mildred Dresselhaus, interview, 1976, 33–34.

5. Mildred Dresselhaus, interview, 1976, 35.

6. Mildred Dresselhaus, interview, 1976, 13.

7. Mildred Dresselhaus, interview, 1976, 37–38.

8. Maura King, email to author, September 4, 2018; Mildred Dresselhaus, "Expanding the Audience for Physics Education," presentation abstract from the American Association of Physics Teachers 2008 Winter Meeting, https://www.aapt.org/AbstractSearch/ FullAbstract.cfm

9. Mildred Dresselhaus, interview by the US Department of Energy Office of Science, "Fermi Award Winners: Q&A," US Department of Energy Office of Science, June 6, 2012, https:// web.archive.org/web/20150908034322/https://science.energy.gov/news/featured– articles/2012/06–06–12/; Mildred Dresselhaus, interview, 1976, 38.

10. Mildred Dresselhaus, interview, 1976, 39.

11. Mildred Dresselhaus, "Mildred Dresselhaus Biography," Kavli Prize, http://kavliprize.org/sites/default/files/%25nid%25/autobiagraphies_attachments/Mildred_Dresselhaus_Biography_0.pdf.

12. Sharon Bertsch McGrayne, Nobel Prize Women in Science: Their Lives, Struggles, and Momentous Discoveries, 2nd ed. (Washington, DC: Joseph Henry Press, 1998), 332–354, 93–116.

13. Mildred Dresselhaus, interview by Magdolna Hargittai, Candid Science IV: Conversations with Famous Physicists (London: Imperial College Press, 2004), 548.

14. Ruth H. Howes, "Rosalyn Sussman Yalow (1921–2011)," Physics and Society, American Physical Society, October 2001, https://www.aps.org/units/fps/newsletters/201110/howes.cfm; Eugene Straus, Rosalyn Yalow Nobel Laureate: Her Life and Work in Medicine (New York: Plenum Press, 1998), 33–34, 65–69; Mildred Dresselhaus and F. A. Stahl, "Rosalyn Sussman Yalow (1921–)," in Out of the Shadows: Contributions of Twentieth-Century Women to Physics, ed. Nina Byers and Gary Williams(Cambridge: Cambridge University Press, 2006), 307–308.

15. Straus, Rosalyn Yalow Nobel Laureate, 66.

16. Mildred Dresselhaus, interview, 1976, 29; Howes, "Rosalyn Sussman Yalow (1921–2011)."

17. Straus, Rosalyn Yalow Nobel Laureate, 66.

18. Mildred Dresselhaus, interview by Harry Kroto, Vega Science Trust, 2001, http://www.vega.org.uk/video/programme/20.

19. Mildred Dresselhaus, interview by US Department of Energy Office of Science, https://web.archive.org/web/20150908034322/https://science.energy.gov/news/featured-articles/2012/06-06-12/.

20. "History," Department of Physics, Columbia University, https://physics.columbia.edu/content/history; Straus, Rosalyn Yalow Nobel Laureate, 66–67.

21. Mildred Dresselhaus, interview by the Kavli Foundation, "2012 Kavli Prize in Nanoscience: A Discussion with Mildred Dresselhaus," August 2012, https://www.kavlifoundation.org/science-spotlights/kavli-prize-2012-dresselhaus#.XjEWVIBOnOR.

22. Natalie Angier, "Carbon Catalyst for Half a Century," New York Times, July 2, 2012, https://www.nytimes.com/2012/07/03/science/carbon-catalyst-for-half-a-century.html.

23. Mildred Dresselhaus, interview, 2004, 549.

24. Straus, Rosalyn Yalow Nobel Laureate, 77.

25. Mildred Dresselhaus, interview, 2004, 549.

26. Mildred Dresselhaus, interview, 1976, 36–37; "Mildred Dresselhaus," Arlington Public News, YouTube, February 5, 2015, https://youtu.be/0JOlyDyUYnw.

27. McGrayne, Nobel Prize Women in Science, 341; Mildred Dresselhaus, interview, 1976, 13.

28. Mildred Dresselhaus, interview, 1976, 39–40.

29. Mildred Dresselhaus, interview, 1976, 40–41, 56, 68.

30. Mildred Dresselhaus, interview, 1976, 53.

31. Mark Anderson, "The Queen of Carbon," IEEE Spectrum 52, no. 5(2015): 52; Mildred Dresselhaus, interview, 1976, 56.

32. "Hunter College of the City of New York Commencement Exercises," Hunter College, June 21, 1951, https://library.hunter.cuny.edu/old/sites/default/files/100th_commencement_06211951.pdf; Marianne Dresselhaus Cooper, email to author, June 8, 2020.

33. Mildred Dresselhaus, interview, 1976, 42.

34. "Hunter College Commencement."

35. Mildred Dresselhaus, interview, 1976, 113–114.

36. Mildred Dresselhaus, interview, 1976, 58.

37. "Nobel Laureates," University of Cambridge Department of Physics, Cavendish Laboratory, https://www.phy.cam.ac.uk/history/nobel; Mildred Dresselhaus, interview, 1976, 57–59.

38. Mildred Dresselhaus, interview, 1976, 57.

39. Mildred Dresselhaus, interview, 1976, 62.

40. Shoshi Dresselhaus– Cooper, email to author, October 18, 2018; Anthony Tucker, "Sir Brian Pippard," Guardian, September 23, 2008, https://www.theguardian.com/science/2008/sep/24/physics.peoplein science; Paul Preuss, "Superconductors Face the Future," Lawrence Berkeley National Laboratory, September 10, 2010, https://newscenter.lbl.gov/2010/09/10/superconductors–future; Bridget Cunningham, "Mildred Dresselhaus, a Driving Force for Women in STEM," COMSOL blog, March 7, 2016, https://www.comsol.com/blogs/mildred-dresselhaus-a-driving-force-for-women-in-stem/.

41. Mildred Dresselhaus, interview, 1976; Michael Berry and John Cornwell, "Robert Balson Dingle," Royal Society of Edinburgh, https://www.rse.org.uk/cms/files/fellows/obits_alpha/dingle_robert.pdf; "Professor Bob Chambers, 1924–2016," University of Bristol, January 20, 2017, http://www.bristol.ac.uk/news/2017/january/bob-chambers.html; Charles Clement, "Tony Lane Obituary," Guardian, March 10, 2011, https://www.theguardian.com/science/2011/mar/10/tony-lane-obituary.

42. Mildred Dresselhaus, interview, 1976, 58–65.

43. Mildred Dresselhaus, interview, 1976, 63.

44. Mildred Dresselhaus, interview, 1976, 42.

45. Mildred Dresselhaus, interview, 1976, 65–68, Marianne Dresselhaus Cooper, interview by author, Arlington, MA, April 27, 2018.

46. Mildred Dresselhaus, interview, 1976, 67.

47. Mildred Dresselhaus, interview, 1976, 63.

48. Mildred Dresselhaus, interview, 1976, 66.

49. Mildred Dresselhaus, interview, 1976, 67.

50. Dorothy Elia Howells, A Century to Celebrate: Radcliffe College, 1879–1979 (Cambridge, MA: Radcliffe College, 1978), 1–15; "Albert Einstein—Facts," NobelPrize.org, Nobel Media, https://www.nobelprize.org/prizes/physics/1921/einstein/facts/; Drew Gilpin Faust, "Mingling Promiscuously: A History of Women and Men at Harvard," in Yards and Gates: Gender in Harvard and Radcliffe History, ed. Laurel Ulrich (New York: Palgrave Macmillan, 2004), 317–328; Colleen Walsh, "Hard– Earned Gains for Women at Harvard," Harvard Gazette, April 26, 2012, https://news.harvard.edu/gazette/story/2012/04/hard-earned-gains-for-women-at-harvard/.

51. Walsh, "Hard– Earned Gains."

52. Howells, A Century to Celebrate, 14; Faust, "Mingling Promiscuously," 317.

53. Anderson, "Queen of Carbon," 53; Mildred Dresselhaus, interview, 1976.

54. Anderson, "Queen of Carbon," 53; Mildred Dresselhaus, interview by Martha A. Cotter and Mary S. Hartman, Talking Leadership: Conversations with Powerful Women (New Brunswick, NJ: Rutgers University Press, 1999), 70.

55. Mildred Dresselhaus, interview, 1999, 70.

56. Mildred Dresselhaus, interview, 1976, 32–33, 59–61.

57. Mildred Dresselhaus, interview, 1976, 117.

58. Mildred Dresselhaus, interview, 1976, 114–116.

59. Sam Merrill, "Women in Engineering," Cosmopolitan, April 1976, 162–166.

60. "Ruth Bader Ginsburg," Oyez, https://www.oyez.org/justices/ruth_bader_ginsburg; RBG, directed by Betsy West and Julie Cohen (Magnolia Pictures, 2018), https://www.amazon.com/gp/video/detail/B07CT9Q5C6.

61. Anderson, "Queen of Carbon," 53; "Physicist Enrico Fermi Produces the First Nuclear Chain Reaction," History.com, A&E Television Networks, November 16, 2009, https://www.

history.com/this-day-in-history/fermi-produces-the-first-nuclear-chain-reaction.

62. Anderson, "Queen of Carbon," 53.

4 위대한 정신과의 만남

1. Steve Koppes, "How the First Chain Reaction Changed Science," University of Chicago, https://www.uchicago.edu/features/how_the_first_chain_reaction_changed_science/; Ingred Goncalves and Maureen Searcy, "Manhattan's Critical Moment," University of Chicago Magazine (Fall 2017): 56–57.

2. Koppes, "Chain Reaction"; Goncalves and Searcy, "Critical Moment," 56–57; "Manhattan Project Spotlight: Enrico Fermi," Atomic Heritage Foundation, October 28, 2015, https://www.atomicheritage.org/article/manhattan-project-spotlight-enrico-fermi; J. A. J. Gowlett, "The Discovery of Fire by Humans: A Long and Convoluted Process," Philosophical Transactions of the Royal Society B 371, no. 1696 (June 5, 2016), http://doi.org/10.1098/rstb.2015.0164.

3. "Mildred Dresselhaus Biography," Kavli Prize, http://kavliprize.org/sites/default/files/%25nid%25/autobiagraphies_attachments/Mildred_Dresselhaus_Biography_0.pdf; Sharon Bertsch McGrayne, Nobel Prize Women in Science: Their Lives, Struggles and Momentous Discoveries(Washington, DC: Joseph Henry Press, 1998), 189–199; Ruth H. Howes and Caroline L. Herzenberg, Their Day in the Sun: Women of the Manhattan Project (Philadelphia: Temple University Press, 1999), 192–193; Mildred Dresselhaus, interview by Shirlee Sherkow, 1976, transcript, Project on Women as Scientists and Engineers, MIT Libraries Distinctive Collections, Cambridge, MA, 77.

4. Mark Anderson, "The Queen of Carbon," IEEE Spectrum 52, no. 5(2015): 50–54; Franklin Institute, "Mildred Dresselhaus—2017 Laureate of the Franklin Institute in Materials Science and Engineering," YouTube, May 4, 2017, https://youtu.be/caCAPTIZtkY; Mildred Dresselhaus, interview, 1976, 62.

5. Natalie Angier, "Mildred Dresselhaus, Who Pioneered Revolution in Carbon Use, Dies at 86," New York Times, February 24, 2017, B–15.

6. Atomic Heritage Foundation, "Enrico Fermi."

7. Mildred Dresselhaus, interview by Harry Kroto, Vega Science Trust, 2001, http://www.vega.org.uk/video/programme/20.

8. Mildred Dresselhaus, interview, 2001.

9. Mildred Dresselhaus, interview, 2001.

10. Mildred Dresselhaus, interview by the Kavli Foundation, "2012 Kavli Prize in Nanoscience: A Discussion with Mildred Dresselhaus," August 2012, https://www.kavlifoundation.org/science-spotlights/kavli-prize-2012-dresselhaus#.XjEWVlBOnOR; Robbie Gonzalez, "Answer Quickly: How Many Piano Tuners Are There in the City of Chicago?" Gizmodo, September 12, 2012, https://io9.gizmodo.com/answer-quickly-how-many-piano-tuners-are-there-in-the-5942673.

11. "Enrico Fermi Awards Ceremony for Dr. Mildred S. Dresselhaus and Dr. Burton Richter, May 2012," US Department of Energy Office of Science and Technical Information, May 7, 2012, https://www.osti.gov/sciencecinema/biblio/1044165.

12. US Department of Energy, "Fermi Awards Ceremony"; Gonzalez, "Answer Quickly."

13. Kavli Prize, "Mildred Dresselhaus Biography."

14. Mildred Dresselhaus, interview, August 2012.

15. Jay Orear, "My First Meetings with Fermi," in Fermi Remembered, ed. James W. Cronin (Chicago: University of Chicago Press, 2004), 202–203; Louis Hand and Donald Holcomb, "Jay Orear," Cornell University, http://archive.theuniversityfaculty.cornell.edu/memorials/OREAR.pdf.

16. Greg Wientjes, Creative Genius in Technology: Mentor Principles from Life Stories of Geniuses and Visionaries of the Singularity (CreateSpace, 2011), 111.

17. Mildred Dresselhaus, interview by Brian Keegan, August 27, 2007, transcript, MIT Infinite History, Cambridge, MA, https://infinitehistory.mit.edu/video/mildred-s-dresselhaus.

18. Alice Dragoon, "The 'What If?' Whiz," MIT Technology Review, April 23, 2013, https://www.technologyreview.com/s/513491/the-what-if-whiz/.

19. Harold Agnew, "A Snapshot of My Interactions with Fermi," in Fermi Remembered, ed. James W. Cronin (Chicago: University of Chicago Press, 2004), 185; "Harold M. Agnew," Los Alamos National Laboratory, https://www.lanl.gov/about/history-innovation/lab-directors/harold-agnew.php.

20. US Department of Energy, "Fermi Awards Ceremony."

21. Mildred Dresselhaus, interview, August 2012.

22. Richard L. Garwin, "Enrico Fermi and Ethical Problems in Scientific Research," Federation of American Scientists, October 19, 2001, https://fas.org/rlg/011019-fermi.htm; Mildred Dresselhaus, interview, August 2012.

23. Mildred Dresselhaus, interview, 2001.

24. Mildred Dresselhaus, interview, August 2012.

25. Mildred Dresselhaus, interview, August 2012.

26. Mildred Dresselhaus, interview, August 2012.

27. "Our History," University of Chicago Department of Physics, https://physics.uchicago.edu/about/our-history; R. W. Keyes, "Andrew Lawson," Physics Today 31, no. 6 (1978): 69.

28. Mildred Dresselhaus, interview by Magdolna Hargittai, Candid Science IV: Conversations with Famous Physicists (London: Imperial College Press, 2004), 549–550.

29. Mildred Dresselhaus, interview, 2004.

30. Mildred Dresselhaus, interview, August 2012.

31. Sam Merrill, "Women in Engineering," Cosmopolitan, April 1976, 162.

32. Mildred Dresselhaus, interview, 1976, 69.

33. Mildred Dresselhaus, interview by Martha A. Cotter and Mary S. Hartman, Talking Leadership: Conversations with Powerful Women (New Brunswick, NJ: Rutgers University Press, 1999), 70–71.

34. Mildred Dresselhaus, interview, 1976, 72–73.

35. Lolly Boween, "Clyde A. Hutchison," Chicago Tribune, September 12, 2005, https://www.chicagotribune.com/news/ct-xpm-2005-09-12-0509120161-story.html.

36. Mildred Dresselhaus, interview, August 2012.

37. Marianne Dresselhaus Cooper, interview by author, Arlington, MA, April 27, 2018; Eliot Dresselhaus, web video interview by author, April 29, 2020; Editors of Encyclopaedia Britannica, "Canal Zone," Encyclopaedia Britannica, Encyclopaedia Britannica, May 1, 2020, https://www.britannica.com/place/Canal-Zone; "Charles Kittel," American Institute of Physics, https://history.aip.org/phn/11505002.html.

38. Gene Dresselhaus, A. F. Kip, and C. Kittel, "Plasma Resonance in Crystals: Observations and Theory," Physical Review 100 (October 15, 1955): 618; Gene Dresselhaus, A. F. Kip, and C. Kittel, "Cyclotron Resonance of Electrons and Holes in Silicon and Germanium Crystals," Physical Review 98 (April 15, 1955): 368; Gene Dresselhaus, "Spin–Orbit Coupling Effects in Zinc Blende Structures," Physical Review 100 (October 15, 1955): 580; Paul Dresselhaus, email to author, May 26, 2020; Wan–Tsang Wang et al., "Dresselhaus Effect in Bulk Wurtzite Materials," Applied Physics Letters 91, no. 8 (August 24, 2007), https://doi.org/10.1063/1.2775038.

39. Paul Dresselhaus, email to author, November 12, 2019.

40. Gene Dresselhaus, "Spin–Orbit Coupling." Shoshi Dresselhaus-Cooper, email to author,

May 16, 2018.

41. "Remembering Frederick Reif," University of California at Berkeley Department of Physics, August 26, 2019, https://physics.berkeley.edu/news-events/news/20190826/remembering-frederick-reif; "Mildre[d] Reif," New York State Marriage Index, 1881–1967, New York State Department of Health, Albany, NY, Ancestry.com; Erica Lehrer, email to author, May 29, 2020; Sherwin Lehrer, email to author, June 9, 2020.

42. Mildred Dresselhaus, interview, 1976, 69.

43. Shoshi Dresselhaus– Cooper, email to author, May 16, 2018.

44. Shoshi Dresselhaus– Cooper, email, May 16, 2018.

45. "The Nobel Prize in Physics 1972," NobelPrize.org, Nobel Media AB 2020, https://www.nobelprize.org/prizes/physics/1972/summary; CERN, "Superconductivity"; https://home.cern/science/engineering/superconductivity; Michael Sutherland, "Explainer: What Is a Superconductor?" The Conversation, March 4, 2015, https://theconversation.com/explainer-what-is-a-superconductor-38122; Mildred Dresselhaus, interview, August 2012.

46. US Department of Energy, "Fermi Awards Ceremony."

47. Anderson, "The Queen of Carbon," 53.

48. Mildred Dresselhaus, interview by Bernadette Bensaude– Vincent and Arne Hessenbruch, October 25, 2001, transcript, History of Recent Science and Technology Project, Dibner Institute for the History of Science and Technology at MIT, Cambridge, MA, https://authors.library.caltech.edu/5456/1/hrst.mit.edu/hrs/materials/public/Dresselhaus/Dresselhaus(HelenaFu_plus).html.

49. CERN, "Superconductivity"; Mildred Dresselhaus, interview, October 2001.

50. Natalie Angier, "Carbon Catalyst for Half a Century," New York Times, July 2, 2012, https://www.nytimes.com/2012/07/03/science/carbon-catalyst-for-half-a-century.html.

51. Mildred Dresselhaus, interview, October 2001.

52. Editors of Encyclopaedia Britannica, "BCS Theory," Encyclopaedia Britannica, May 30, 2017, https://www.britannica.com/science/BCS-theory; Adam Mann, "High– Temperature Superconductivity at 25: Still in Suspense," Nature 475 (July 20, 2011): 280–282, https://doi.org/10.1038/475280a.

53. Kavli Prize, "Mildred Dresselhaus Biography"; Mildred Dresselhaus, interview with Joseph D. Martin, transcript, American Institute of Physics, Niels Bohr Library and Archive, College Park, MD, June 24, 2014; Mildred Dresselhaus, interview, August 2012.

54. Mildred Dresselhaus, interview, October 2001.

55. Mildred Dresselhaus, interview, August 2012; "John Bardeen—Biographical," NobelPrize.org, Nobel Media AB 2020, https://www.nobelprize.org/prizes/physics/1956/bardeen/biographical.

56. Mildred Dresselhaus, interview, October 2001.

57. Press release, NobelPrize.org, Nobel Media AB 2020, October 20, 1972, https://www.nobelprize.org/prizes/physics/1972/press-release.

58. Mildred Dresselhaus, interview, 2001.

59. Gene Dresselhaus and Mildred Dresselhaus, foreword to Anomalous Effects in Simple Metals by Albert Overhauser (Weinheim: Wiley-VCH, 2011), vi; "Mildred Dresselhaus," Kavli Prize.

60. Mildred Dresselhaus, interview by the US Department of Energy Office of Science, "Fermi Award Winners: Q&A," US Department of Energy Office of Science, June 6, 2012, https://web.archive.org/web/20150908034322/https://science.energy.gov/news/featured-articles/2012/06-06-12/.

61. Mildred Dresselhaus, interview, August 2012.

62. Marianne Dresselhaus Cooper, email to author, June 8, 2020; Mildred Dresselhaus, interview by Paul S. Weiss, "A Conversation with Prof. Mildred Dresselhaus: A Career in Carbon Nanomaterials," ACS Nano 3, no. 9 (September 2009): 2434–2440.

63. JoAnn Creviston, University of Chicago Office of the Registrar, email to author, October 30, 2018; Mildred Dresselhaus, interview, 2004.

64. Mildred Dresselhaus, interview, 1976, 141–142; Mildred Spiewak, "Magnetic Field Dependence of High– Frequency Penetration into a Superconductor," Physical Review Letters 1 (August 1958): 136; Mildred Spiewak, "Magnetic Field Dependence of the Surface Impedance of Superconducting Tin," Physical Review 113 (March 1959): 1479; Mildred Dresselhaus, curriculum vitae, unpublished.

65. Mildred Dresselhaus, interview, 2009, 2437.

66. G. Dresselhaus and M. Dresselhaus, foreword, vi.

67. G. Dresselhaus and M. Dresselhaus, foreword, vi.

68. Lynnette D. Madsen, Successful Women Ceramic and Glass Scientists and Engineers: 100 Inspirational Profiles (Hoboken, NJ: Wiley, 2016), 122.

69. Mildred Dresselhaus, interview, 2009, 2437.

70. Mildred Dresselhaus, interview, 2004, 551–552.

71. Mildred Dresselhaus, interview, 2004, 551–552.

72. Mildred Dresselhaus, interview, 2004, 551–552.

73. Marianne Dresselhaus Cooper, "My Extended Family: Growing Up as the Daughter of Millie Dresselhaus," Celebrating Millie, May 15, 2018, https://millie.pubpub.org/pub/6c8d1jyi.

74. Laura Doughty, interview by author, Wendell, MA, October 10, 2019.

75. Mildred Dresselhaus, interview, 2009, 2437.

76. Mildred Dresselhaus, interview, 2009, 2437.

77. Mildred Dresselhaus, interview, 1976, 142–143.

78. Marianne Dresselhaus Cooper, interview, 2018.

79. Elizabeth Dresselhaus, email to author, November 15, 2019.

80. Doughty, interview, 2019.

81. Mildred Dresselhaus, interview, 1976, 144–146.

82. Mildred Dresselhaus, interview, 1976, 150–151.

83. Millie and Gene were offered jobs at IBM's Manhattan facility next to Columbia University and would have moved to the company's current Yorktown Heights location if they had accepted. Mildred Dresselhaus, interview, 2009, 2437; Emerson W. Pugh, Building IBM: Shaping an Industry and Its Technology (Cambridge, MA: MIT Press, 1995), 127–28, 229, 237.

84. Pugh, Building IBM, 237–240.

85. Mildred Dresselhaus, interview, 2009, 2437; Mildred Dresselhaus, interview, 1976, 146–151.

86. Mildred Dresselhaus, interview, 1976, 146.

87. "About," Lincoln Laboratory, MA Institute of Technology, https:// www.ll.mit.edu/about; "SAGE: Semi– Automatic Ground Environment Air Defense System," Lincoln Laboratory, MIT, https://www.ll.mit.edu /about/history/sage–semi–automatic–ground–environment–air–defense–system.

88. Lincoln Laboratory, "SAGE"; "MIT Radiation Laboratory," Lincoln Laboratory, MIT, https:// www.ll.mit.edu/about/history/mit–radiation–laboratory.

89. Lincoln Laboratory, "Sage"; "Sputnik 1," NASA, October 4, 2011, https://www.nasa.gov/ multimedia/imagegallery/image_feature_924.html.

90. Mildred Dresselhaus, interview, 1976, 144–146; Roshan L. Aggarwal and Marion B. Reine, "Benjamin Lax 1915–2015," Biographical Memoirs, National Academy of Sciences (2016), 6–7, http://www .nasonline.org/publications/biographical–memoirs/memoir–pdfs/lax–

benjamin.pdf; Mildred Dresselhaus, interview, 2004, 551.

91. Mildred Dresselhaus, interview, 2007.

92. Mildred Dresselhaus, interview, 1976, 160–162; "Mildred Dresselhaus," Arlington Public News, YouTube, February 5, 2015, https://youtu.be/0JOlyDyUYnw.

93. "Friends of Menotomy Rocks Park," https://friendsofmenotomy.org.

5 한 과학자가 꽃을 피우다

1. Roshan L. Aggarwal and Marion B. Reine, "Benjamin Lax 1915–2015," Biographical Memoirs, National Academy of Sciences (2016), 1–4, http://www.nasonline.org/publications/biographical-memoirs/memoir-pdfs/lax-benjamin.pdf; "Plasma," Encyclopaedia Britannica, Encyclopaedia Britannica, Inc., July 18, 2019, https://www.britannica.com/science/plasma-state-of-matter.

2. Aggarwal and Reine, "Benjamin Lax," 6–7; William Coffeen Holton and S. M. Sze, "Semiconductor Device," Encyclopaedia Britannica, April 10, 2016, https://www.britannica.com/technology/semiconductor-device.

3. "Semimetal," Lexico.com, https://www.lexico.com/definition/semimetal; Aggarwal and Reine, "Benjamin Lax," 6–7.

4. Aggarwal and Reine, "Benjamin Lax," 7–9.

5. Aggarwal and Reine, "Benjamin Lax," 7–9; L. G. Rubin, R. J. Weggel, E. J. McNiff Jr., and T. Vu, "The Francis Bitter National Magnet Laboratory at MIT: An Update," Physica B: Condensed Matter 201 (July–August 1994): 500; Marion Reine, email to author, May 3, 2020.

6. Benjamin Lax, interview by Donald T. Stevenson, Benjamin Lax—Interviews on a Life in Physics at MIT (Boca Raton, FL: CRC Press, 2020), 136–140; Mildred Dresselhaus, interview by Brian Keegan, August 27, 2007, transcript, MIT Infinite History, Cambridge, MA, https://infinitehistory.mit.edu/video/mildred-s-dresselhaus; Paul Dresselhaus, email to author, May 26, 2020.

7. Benjamin Lax, interview, 2020, 113; "Laura M. Roth," MIT Museum, https://webmuseum.mit.edu/detail.php?module=people&type=related&kv=17132; Mildred Dresselhaus, interview by Shirlee Sherkow, 1976, transcript, Project on Women as Scientists and Engineers, MIT Libraries Distinctive Collections, Cambridge, MA, 144–145.

8. Mildred Dresselhaus, interview, 2007.

9. Mildred Dresselhaus, interview by the Kavli Foundation, "2012

Kavli Prize in Nanoscience: A Discussion with Mildred Dresselhaus," August 2012, https://www.kavlifoundation.org/science-spotlights/kavli-prize-2012-dresselhaus#.XjEWVIBOnOR.

10. Jeff Hecht, "Short History of Laser Development," Optical Engineering 49, no. 2 (September 1, 2010): 091002, https://doi.org/10.1117/1.3483597.

11. Mildred Dresselhaus, interview, 2007.

12. Mildred Dresselhaus, interview, 2007.

13. "Magneto- optic." Merriam- Webster.com Dictionary, Merriam–Webster, https://www.merriam-webster.com/dictionary/magneto-optic; Mildred Dresselhaus, interview by Harry Kroto, Vega Science Trust, 2001, http://www.vega.org.uk/video/programme/20.

14. Mildred Dresselhaus, interview, August 2012.

15. Mildred Dresselhaus, interview, August 2012; J.M.K.C. Donev et al., "Valence Band," Energy Education, 2018, https://energyeducation.ca/encyclopedia/Valence_band; J. M. K. C. Donev et al., "Conduction Band," Energy Education, 2018, https://energyeducation.ca/encyclopedia/Conduction_band; Mildred Dresselhaus, interview by Magdolna Hargittai, Candid Science IV: Conversations with Famous Physicists (London: Imperial College

Press, 2004), 561.

16. Mildred Dresselhaus, interview, 2004, 561.

17. Mildred Dresselhaus, interview, 2004, 561; Mildred Dresselhaus, interview, 1976, 170.

18. John Emsley, "Bismuth," Education in Chemistry, Royal Society of Chemistry, November 19, 2014, https://edu.rsc.org/elements/bismuth/2000017.article; Mildred Dresselhaus, interview, 1976, 170–171.

19. Mildred Dresselhaus, interview, 1976, 171–177.

20. Mildred Dresselhaus, interview, 1976, 177. According to Millie, the individual had issues with others as well and ended up leaving MIT shortly after the clash with her. Once this person had gone, Millie returned to bismuth, then and many other times in her career.

21. Mildred Dresselhaus, interview, 2001.

22. Jeanie Chung, "Superconductor," University of Chicago Magazine, Summer 2015, https://mag.uchicago.edu/science-medicine/superconductor.

23. Mildred Dresselhaus, interview by Bernadette Bensaude- Vincent and Arne Hessenbruch, October 25, 2001, transcript, History of Recent Science and Technology Project, Dibner Institute for the History of Science and Technology at MIT, Cambridge, MA, https://ethw.org/Oral-History:Mildred_Dresselhaus; Mildred Dresselhaus, interview by Paul S. Weiss, "A Conversation with Prof. Mildred Dresselhaus: A Career in Carbon Nanomaterials," ACS Nano 3, no. 9 (September 2009): 2434–2440.

24. Chung, "Superconductor."

25. Natalie Angier, "Carbon Catalyst for Half a Century," New York Times, July 2, 2012, https://www.nytimes.com/2012/07/03/science/carbon-catalyst-for-half-a-century.html.

26. Mildred Dresselhaus, interview, October 2001; Mildred Dresselhaus, interview, September 2009.

27. Mildred Dresselhaus, interview, 2004, 561.

28. Mildred Dresselhaus, interview, August 2012; Reine, email, 2020.

29. Mildred Dresselhaus, interview, 2001.

30. Mildred Dresselhaus, interview, August 2009.

31. Mildred Dresselhaus, interview, 2004, 561.

32. Paul Dresselhaus, "Growing Up with Millie," speech, MIT, Cambridge, MA, Nov. 26, 2017, http://web.mit.edu/webcast/millie; Paul Dresselhaus, email to author, May 26, 2020.

33. Paul Dresselhaus, email to author, November 12, 2019.

34. Mildred Dresselhaus, interview, 1976, 147–149;

35. Angier, "Carbon Catalyst."

36. Mildred Dresselhaus, interview by Vijaysree Venkatraman, "Reflections of a Woman Pioneer," Science, November 11, 2014, https:// www.sciencemag.org/careers/2014/11/reflections-woman-pioneer; Alice Dragoon, "The 'What If?' Whiz," MIT Technology Review, April 23, 2013, https://www.technologyreview.com/s/513491/the-what-if-whiz/.

37. Mildred Dresselhaus, interview, 1976, 159.

38. Mildred Dresselhaus, interview, 1976, 159.

39. Natalie Angier, "Mildred Dresselhaus, Who Pioneered Revolution in Carbon Use, Dies at 86," New York Times, February 24, 2017, B–15; "Women as a Percentage of Total Undergraduates, Graduate Students, and Faculty: Academic Years 1901–2014," MIT Faculty Newsletter 26, vol. 4 (March/April 2014), http://web.mit.edu/fnl/volume/264/numbers.html.

40. Angier, "Mildred Dresselhaus . . . Dies at 86."

41. Mildred Dresselhaus, interview by the US Department of Energy Office of Science, "Fermi Award Winners: Q&A," US Department of Energy Office of Science, June 6, 2012, https://

web.archive.org/web/20150908034322/https://science.energy.gov/news/featured-articles/2012/06-06-12/.

42. Angier, "Carbon Catalyst"; Mildred Dresselhaus, interview, 2007.

43. Mildred Dresselhaus, interview, 2007.

44. Paul Coxon, "Have Scientists Really Found Something Harder Than Diamond?" Conversation, January 19, 2016, https://theconversation.com/have-scientists-really-found-something-harder-than-diamond-52391; Seth I. Rosen, "Are Diamonds Really Rare? Diamond Myths and Misconceptions," International Gem Society, https://www.gemsociety.org/article/are-diamonds-really-rare.

45. "The Unleaded Pencil," Pencils.com, https://pencils.com/pages/the-unleaded-pencil; D. D. Richardson, "A Calculation of Van der Waals Interactions in and between Layers of Atoms: Application to Graphite," Journal of Physics C: Solid State Physics 10 (1977): 3235; Ethan Siegel, "There Are 6 'Strongest Materials' on Earth That Are Harder Than Diamonds," Forbes, June 18, 2019, https://www.forbes.com/sites/startswithabang/2019/06/18/there-are-6-strongest-materials-on-earth-that-are-harder-than-diamonds/#3e5785cd3412; "Fillo, Filo, or Phyllo?" Fillo Factory, https://www.fillofactory.com/phyllo-dough-s/122.htm.

46. "The Unleaded Pencil"; Hobart M. King, "Graphite," Geology.com, https://geology.com/minerals/graphite.shtml.

47. There are dozens of examples online for making pencil- based circuits, using either full pencils or pencil- drawn circuits, such as "Graphite Circuit," KiwiCo, https://www.kiwico.com/diy/Science-Projects-for-Kids/3/project/Graphite-Circuit/2 67; "The Nobel Prize in Physics 2010," NobelPrize.org, Nobel Media AB 2020, https://www.nobelprize.org/prizes/physics/2010/summary.

48. "The Nobel Prize in Physics 2010."

49. Mildred Dresselhaus, interview, 2001; Benjamin Lax, interview, 2020, 135–140.

50. Mildred Dresselhaus, interview, 2007.

51. Mildred Dresselhaus, interview by Steve Yalisove, "Advancing Carbon, Energy Materials: Mildred S. Dresselhaus Talks about Her Work," MRS Bulletin 38, no. 11 (November 2013): 974–976.

52. Mildred Dresselhaus, interview, October 2001.

53. Mildred Dresselhaus, interview, October 2001; L C. F. Blackman and A. R. Ubbelohde, "Stress Recrystallization of Graphite," Proceedings of the Royal Society of London 266, no. 1324 (February 27, 1962), 20–32; "Dresselhaus Wins L'OREAL- UNESCO for Women in Science Prize," SEED, February 22, 2007, https://www.seedmagazine.com/content/article/dresselhaus_wins_loreal-unesco_for_women_in_science_prize.

54. Mildred Dresselhaus, interview, October 2001; Mildred Dresselhaus, interview, 2004, 561.

55. Mildred Dresselhaus, interview, 2001; Mildred Dresselhaus, interview, October 2001; Dragoon, "The 'What If?' Whiz."

56. Mildred Dresselhaus, interview, October 2001; "Joel McClure," Eugene Register- Guard, September 11, 2016, https://www.legacy.com/obituaries/RegisterGuard/obituary.aspx?page=lifestory&pid=181363887.

57. Mildred Dresselhaus, interview, October 2001.

58. Mildred S. Dresselhaus and John G. Mavroides, "The Fermi Surface of Graphite," IBM Journal of Research and Development 8, no. 3(July 1964): 262–267; Joel W. McClure, "Energy Band Structure of Graphite," IBM Journal of Research and Development 8, no. 3 (July 1964): 255–261; Sidney Perkowitz, "Fermi Surface," Encyclopaedia Britannica, Encyclopaedia Britannica, Inc., June 14, 2013, https://www.britannica.com/science/Fermi-surface.

59. Dragoon, "The 'What If?' Whiz."

60. Mildred Dresselhaus, interview, 2004, 562.

61. OpenStax, "Atoms, Isotopes, Ions, and Molecules: The Building Blocks" in Biology, OpenStax CNX, May 8, 2019 http://cnx.org /contents/185cbf87–c72e–48f5–b51e–f14f21b5eabd@11.10.

62. Tony R. Kuphaldt, "Band Theory of Solids," in Semiconductors, All About Circuits editorial team, https://www.allaboutcircuits.com/textbook/semiconductors/chpt–2/band–theory–of–solids.

63. Kuphaldt, "Band Theory of Solids."

64. Donev et al., "Valence Band"; Donev et al., "Conduction Band."

65. Donev et al., "Conduction Band."

66. Donev et al., "Valence Band."

67. While pure diamond is an insulator, diamond can become a semiconductor when impurities are added. "Diamond Factory: Expert Q&A," NOVA, April 1, 2009, https://www.pbs.org/wgbh/nova/article/butler–diamonds.

68. Donev et al., "Conduction Band."

69. Lexico.com, "Semimetal"; Jeanie Chung, "Superconductor."

70. Mildred Dresselhaus, "Mildred Dresselhaus Biography," Kavli Prize, http://kavliprize.org/sites/default/files/%25nid%25/autobiagraphies_attachments/Mildred_Dresselhaus_Biography_0.pdf; Mildred Dresselhaus, curriculum vitae, unpublished; Mildred Dresselhaus, interview, 1976, 155.

71. Ephrat Livni and Dan Kopf, "The Decline of the Large US Family, in Charts," Quartz, October 11, 2017, https://qz.com/1099800/average–size–of–a–us–family–from–1850–to–the–present; Mildred Dresselhaus, interview, 2004, 556; Mildred Dresselhaus, interview, 1976, 177–180.

72. Mark Anderson, "The Queen of Carbon," IEEE Spectrum 52, no. 5(May 2015): 54.

73. Benjamin Lax, interview, 2020, 171; Mildred Dresselhaus, interview, 1976, 170–171, 174, 188–190; Mildred Dresselhaus, interview, 2001; Joe Holley, "Biophysicist Samuel Williamson Dies," Washington Post, April 30, 2005, https://www.washingtonpost.com/wp-dyn/content/article/2005/04/29/AR2005042901621.html.

74. Benjamin Lax, interview, 2020, ix, 153.

75. Mildred Dresselhaus, interview, September 2009, 2437.

76. Mildred Dresselhaus, interview, 2004, 550.

77. Mildred Dresselhaus, interview, 1976, 178–180.

78. Mildred Dresselhaus, interview, 2004, 551.

79. "MIT History: The Women of the Institute Panel Discussion," MIT Infinite History, transcript, Cambridge, MA, June 24, 1997, https://infinitehistory.mit.edu/video/mit–history–women–institute–panel–discussion–6241997; Mildred Dresselhaus, interview, 1976, 180–182; Mildred Dresselhaus, interview, 2007.

80. Mildred Dresselhaus, interview, September 2009, 2437.

81. Mildred Dresselhaus, interview, 1976, 181–182, 199; Mildred Dresselhaus, interview, September 2009, 2437.

82. secooper87, "Mildred S. Dresselhaus' Retirement Party," YouTube video, 9:44, November 11, 2007, https://youtu.be/ixbbY4Jxx9Q.

83. Mildred Dresselhaus, interview, 1976, 181–182.

84. Mildred Dresselhaus, interview, 1976, 182–183; Margaret W. Rossiter, Women Scientists in America: Before Affirmative Action 1940–1972(Baltimore: Johns Hopkins University Press, 1995), 38–39, 428; "Abby Rockefeller Mauze, Philanthropist, 72, Is Dead," New York Times, May 29, 1976, 26; "Endowed Professorships at MIT: A History," copy in the Office of the Provost, MIT, Cambridge, MA, June 1984; Ted Nygreen, "Dr. Hodgkin Serves as First Mauze Professor," Tech, November 17, 1965, http://tech.mit.edu/V85/PDF/V85–N24.pdf.

85. Mildred Dresselhaus, interview, September 2009, 2437; Mildred Dresselhaus, interview,

1976, 182; Mildred Dresselhaus, interview, 2007.

86. Mildred Dresselhaus, interview, 2004, 554.

6 정신과 손

1. 야구 팬들은 잘 알겠지만 보스턴 레드삭스는 이 월드 시리즈에서 패배했다. 86년 동안 이어진 밤비노의 저주가 계속되는 중이었다. 밤비노는 베이브 루스의 별명이다. 보스턴 레드삭스는 1918년에 우승하고 나서 1년 뒤에 베이브 루스를 트레이드했다. 그 뒤로 계속 우승을 못 하다가 2004년이 되어서야 월드시리즈에서 우승하게 된다. Boston Globe, October 8, 1967, 210.

2. "Millie: Trailblazer for Women of MIT," Association of MIT Alumnae, Celebration of the Life of Millie Dresselhaus, November 26, 2017, http:// amita.alumgroup.mit.edu/s/1314/ images/gid20/editor_documents/millie/amita_celebrates_millie1.pdf; Sheila Widnall, "Millie's Impact on Women at MIT," prerecorded lecture, Celebrating Our Millie, MIT, Cambridge, MA, November 26, 2017.

3. Mark Anderson, "The Queen of Carbon," IEEE Spectrum 52, no. 5(May 2015): 54.

4. Mildred Dresselhaus, interview by the Kavli Foundation, "2012 Kavli Prize in Nanoscience: A Discussion with Mildred Dresselhaus," August 2012, https://www.kavlifoundation.org/ science-spotlights/kavli-prize-2012-dresselhaus#.XjEWVIBOnOR.

5. Joseph D. Martin, "Mildred Dresselhaus and Solid State Pedagogy at MIT," Annalen der Physik 2019, no. 531 (August 2019), https://doi.org/10.1002/andp.201900274.

6. Mildred Dresselhaus, interview by Bernadette Bensaude-Vincent and Arne Hessenbruch, October 25, 2001, transcript, History of Recent Science and Technology Project, Dibner Institute for the History of Science and Technology at MIT, Cambridge, MA, https://ethw. org/Oral-History:Mildred_Dresselhaus.

7. Alice Dragoon, "The 'What If?' Whiz," MIT Technology Review, April 23, 2013, https://www. technologyreview.com/s/513491/the-what-if-whiz/.

8. Andrew Grant, "Mildred Dresselhaus (1930-2017)," Physics Today, February 23, 2017, https://physicstoday.scitation.org/do/10.1063/PT.5.9088/full/.

9. Mildred Dresselhaus, interview by Brian Keegan, August 27, 2007, transcript, MIT Infinite History, Cambridge, MA, https://infinitehistory.mit.edu/video/mildred-s-dresselhaus.

10. Mildred Dresselhaus, interview by Magdolna Hargittai, Candid Science IV: Conversations with Famous Physicists (London: Imperial College Press, 2004), 558; Margaret W. Rossiter, Women Scientists in America: Before Affirmative Action, 1940-1972 (Baltimore: Johns Hopkins University Press, 1995), 428; Mildred Dresselhaus, interview by Shirlee Sherkow, 1976, transcript, Project on Women as Scientists and Engineers, MIT Libraries Distinctive Collections, Cambridge, MA, 184.

11. "Women as a Percentage of Total Undergraduates, Graduate Students, and Faculty: Academic Years 1901-2014," MIT Institutional Research, MIT Faculty Newsletter 26, vol. 4 (March/April 2014): 16; Lydia Snover, MIT Institutional Research, email to author, March 3, 2020; "Enrollments 2019-2020," in MIT Facts 2020 (Cambridge, MA: MIT Reference Publications, 2020), 20; Catherine Hill, Christianne Corbett, and Andresse St. Rose, Why So Few?: Women in Science, Technology, Engineering, and Mathematics (Washington, DC: AAUW, 2010), 12-15; "Legal Highlight: The Civil Rights Act of 1964," US Department of Labor, https://www.dol.gov/agencies/oasam/civil-rights-center/statutes/civil-rights-act-of-1964; "Title IX and Sex Discrimination," US Department of Education, https:// www2.ed.gov/about/offices/list/ocr/docs/tix_dis.html.

12. Mildred Dresselhaus, interview, 2004, 558.

13. Mildred Dresselhaus, interview, 2007.

14. Mildred Dresselhaus, interview by Paul S. Weiss, "A Conversation with Prof. Mildred

Dresselhaus: A Career in Carbon Nanomaterials," ACS Nano 3, no. 9 (September 2009): 2438; Dragoon, "The 'What If?' Whiz."

15. "Years That Men's Colleges Became Co– ed," Collegexpress, https://www.collegexpress. com/lists/list/years–that–mens–colleges–became–co–ed/366. Some of these universities at that time educated women via affiliated colleges—Harvard via Radcliffe and Brown via Pembroke, for example.

16. Mildred Dresselhaus, interview, 2009, 2437–2438.

17. Aviva Brecher, "Remembering My Mentor, Millie," lecture, Celebrating Our Millie, MIT, Cambridge, MA, November 26, 2017.

18. "Institute Professor Emerita Mildred Dresselhaus, a Pioneer in the Electronic Properties of Materials, Dies at 86," MIT News, February 21, 2017, http://news.mit.edu/2017/institute–professor–emerita–mildred–dresselhaus–dies–86–0221; Widnall, "Millie's Impact on Women at MIT"; "Appointments—Jobs 1953 Forward," Emily Wick Papers, MC 696, box 1, MIT Libraries Distinctive Collections, Cambridge, MA; Stephen Salk, MIT Human Resources, email to author, November 12, 2020.

19. Sam Merrill, "Women in Engineering," Cosmopolitan, April 1976, 166.

20. "MRS Obituary for Arthur R. von Hippel," Materials Research Society, 2004, https://www. mrs.org/mrs–von–hippel–obituary; Mildred Dresselhaus, "Memories of Arthur von Hippel, 1898–2003," MRS Bulletin 39 (November 2014): 998–1003.

21. Dresselhaus, "Memories of Arthur von Hippel," 1000.

22. Mildred Dresselhaus, interview by Bernadette Bensaude– Vincent and Arne Hessenbruch, October 25, 2001, transcript, History of Recent Science and Technology Project, Dibner Institute for the History of Science and Technology at MIT, Cambridge, MA, https://ethw. org/Oral–History:Mildred_Dresselhaus.

23. "Ali Javan, Scientist and Inventor—Obituary," Telegraph, September 21, 2016, https:// www.telegraph.co.uk/obituaries/2016/09/21/ali–javan–scientist–and–inventor-- obituary; Chuck Leddy, "Professor Emeritus Ali Javan, Inventor of the First Gas Laser, Dies at 89," MIT News, September 29, 2016, http://news.mit.edu/2016/physics–professor– emeritus–ali–javan–dies–0929.

24. Mildred Dresselhaus, curriculum vitae, unpublished; Mildred Dresselhaus, "New Materials through Science and New Science through Materials," James R. Killian Jr. Lecture, MIT, Cambridge, MA, April 8, 1987, https://youtu.be/ZOFHDo20YYc.

25. Mildred Dresselhaus, "New Materials through Science."

26. P. R. Schroeder, M. S. Dresselhaus, and A. Javan, "Location of Electron and Hole Carriers in Graphite from Laser Magnetoreflection Data," Physical Review Letters 20, no. 23 (June 3, 1968): 1292–1295; Mildred Dresselhaus, interview, 2004, 565.

27. Mildred Dresselhaus, "New Materials through Science."

28. Maia Weinstock, "Chien– Shiung Wu: Courageous Hero of Physics" in A Passion for Science: Stories of Discovery and Invention, ed. Suw Charman– Anderson (London: Finding Ada, 2013), chap. 16, https://findingada.com/shop/a–passion–for–science– stories–of–discovery–and–invention.

29. Mildred Dresselhaus, interview, 2004, 565; J.M.K.C. Donev et al., "Charge Carrier," Energy Education, 2018, https://energyeducation.ca/encyclopedia/Charge_carrier.

30. J.M.K.C. Donev et al., "Electron Hole," Energy Education, 2018, https://energyeducation. ca/encyclopedia/Electron_hole.

31. Mildred Dresslhaus, interview, October 2001.

32. Mildred Dresselhaus, interview by Harry Kroto, Vega Science Trust, 2001, http://www. vega.org.uk/video/programme/20.

33. Mildred Dresselhaus, "New Materials through Science."

34. Mildred Dresselhaus, interview, 2001.

35. Mildred Dresselhaus, interview, 2001.

36. Ednah Dow Littlehale Cheney, Memoir of Margaret Swan Cheney(Boston: Lee and Shepard, 1889), 24–26; Sally Atwood, "A Haven for Women: One Alumna's Legacy," MIT Technology Review, September 1, 2005, https://www.technologyreview.com/s/404619/a-haven-for-women-one-alumnas-legacy; "Early Maps of the Massachusetts Institute of Technology," MIT Libraries, https://wayback.archive-it.org/7963/20190702002432/https://libraries.mit.edu/archives/exhibits/maps/index.html; "Margaret Cheney Room," MIT Division of Student Life, http://studentlife.mit.edu/impact-opportunities/diversity-inclusion/womenmit/margaret-cheney-room.

37. Amy Sue Bix, Girls Coming to Tech!: A History of American Engineering Education for Women (Cambridge, MA: MIT Press, 2013), 244; Atwood, "A Haven for Women."

38. Bix, Girls Coming to Tech!, 240–242.

39. MIT Institutional Research, "Women as a Percentage of Total Undergraduates, Graduate Students, and Faculty"; Bix, Girls Coming to Tech!, 230–253.

40. Widnall, "Millie's Impact on Women at MIT."

41. Bix, Girls Coming to Tech!, 245.

42. Mildred Dresselhaus, interview by Vijaysree Venkatraman, "Reflections of a Woman Pioneer," Science, November 11, 2014, https://www.sciencemag.org/careers/2014/11/reflections-woman-pioneer.

43. Mildred Dresselhaus, interview, 1976, 201–205.

44. Association of MIT Alumnae, "Millie: Trailblazer for Women of MIT."

45. Shirley M. Malcom, Janet Welsh Brown, and Paula Quick Hall, "The Double Bind: The Price of Being a Minority Woman in Science: Report of a Conference of Minority Women Scientists" (Washington, DC: American Association for the Advancement of Science, 1976).

46. Shirley Ann Jackson, prerecorded lecture, Celebrating Our Millie, MIT, Cambridge, MA, Nov. 26, 2017.

47. "MIT History: The Women of the Institute Panel Discussion," MIT Infinite History, transcript, Cambridge, MA, June 24, 1997, https://infinitehistory.mit.edu/video/mit-history-women-institute-panel-discussion-6241997.

48. Mildred Dresselhaus, interview, 1976, 203–206.

49. Elizabeth Durant, "Ellencyclopedia," MIT Technology Review, August 15, 2007, https://www.technologyreview.com/s/408456/ellencyclopedia; Bix, Girls Coming to Tech!, 223–243; Mildred Dresselhaus, interview, 1976, 206–207.

50. Mildred Dresselhaus, interview, 2007.

51. Mildred Dresselhaus, interview, 1976, 206–208.

52. Emily Wick, "Proposal for a New Policy for Admission of Women Undergraduate Students at MIT," MIT Distinctive Collections, Cambridge, MA, March 9, 1970; Mildred Dresselhaus, interview, 1976, 207–210.

53. Mildred Dresselhaus, interview, 1976, 206–2010; MIT Institutional Research, "Women as a Percentage of Total Undergraduates, Graduate Students, and Faculty"; Mildred Dresselhaus, interview, 2007.

54. MIT Infinite History, "The Women of the Institute Panel Discussion"; Bix, Girls Coming to Tech!, 243–245; Robert M. Gray, "Coeducation at MIT: 1950s–1970s," unpublished manuscript, October 8, 2019, 41–42, https://ee.stanford.edu/~gray/Coeducation_MIT.pdf.

55. MIT Infinite History, "The Women of the Institute Panel Discussion"; Bix, Girls Coming to Tech!, 243–245.

56. Mildred Dresselhaus, interview, 2007; Mildred Dresselhaus, interview, 2004, 552; Diane Casselberry, "Energetic Woman Paves the Way for MIT Coeds," Olean Times Herald, April 19, 1972, 13; "Academic Honors," Hartford Courant, February 17, 1972, 2.

57. Mildred Dresselhaus, interview, 2007; US Department of Justice, "Equal Access to Education: Forty Years of Title IX," June 23, 2012, https://www.justice.gov/sites/default/files/crt/legacy/2012/06/20/titleixreport.pdf.

58. Mildred Dresselhaus, interview, 1976, 233; Bix, Girls Coming to Tech!, 244–249.

59. MIT Infinite History, "The Women of the Institute Panel Discussion."

60. Ad Hoc Committee on the Role of Women at MIT, "Role of Women Students at MIT," 1972, MIT Libraries Distinctive Collections, Cambridge, MA, 1–2; Bix, Girls Coming to Tech!, 245.

61. "Role of Women Students at MIT," 1–2.

62. "Role of Women Students at MIT," 1–3, 22–23.

63. Bix, Girls Coming to Tech!, 245.

64. "Role of Women Students at MIT," 57; Bix, Girls Coming to Tech!, 244; Kristen Sunter, "Mary Rowe Retiring from Role as Ombudsman," Tech, June 6, 2014, https://thetech.com/2014/06/06/ombudsman-v134-n27; Clarence Williams, Technology and the Dream: Reflections on the Black Experience at MIT, 1941–1999 (Cambridge, MA: MIT Press, 2003), 3–4.

65. Diane Casselberry, "MIT Prof Opening Doors for Women," Arizona Daily Star, April 7, 1972, 55; Bix, Girls Coming to Tech!, 245.

66. Association of MIT Alumnae, "Millie: Trailblazer for Women of MIT."

67. Mildred Dresselhaus, interview, 1976, 271–272.

68. Reinaldo Jose Lopes, "Resistencia fisica [Physical endurance]," Folha de S. Paulo, October 28, 2003, https://www1.folha.uol.com.br/folha/sinapse/ult1063u618.shtml.

69. Mildred Dresselhaus, interview, 1976, 273–299.

70. Paul Dresselhaus, "Growing Up with Millie," lecture, Celebrating Our Millie, MIT, Cambridge, MA, Nov. 26, 2017.

71. Marianne Dresselhaus Cooper, email to author, June 8, 2020.

72. Mildred Dresselhaus, interview, 1976, 273–281; Eliot Dresselhaus, interview with author, videoconference, April 29, 2020.

73. Mildred Dresselhaus, interview, 1976, 281–284; Paul Dresselhaus, email to author, May 26, 2020.

74. Paul Dresselhaus, email to author, Nov. 12, 2019.

75. Mildred Dresselhaus, interview by Steve Yalisove, Materials Research Society, "MRS Bulletin Interviews Mildred S. Dresselhaus–Graphite to Intercalation Compounds," September 25, 2013, https://youtu.be/F2eQcF9Dw3k.

7 나노 세계에 온 것을 환영합니다

1. William Gibson, "First Cellular Phone Call Was Made 45 Years Ago," AARP, April 3, 2018, https://www.aarp.org/politics-society/history/info-2018/first-cell-phone-call.html; Sha Be Allah, "Today in Hip Hop History: Kool Herc's Party at 1520 Sedgwick Avenue 45 Years Ago Marks the Foundation of the Culture Known as Hip Hop," The Source, August 11, 2018, https://thesource.com/2018/08/11/today-in-hip-hop-history-kool-hercs-party-at-1520-sedgewick-avenue-45-years-ago-marks-the-foundation-of-the-culture-known-as-hip-hop.

2. Mildred Dresselhaus, interview by Shirlee Sherkow, 1976, transcript, Project on Women as Scientists and Engineers, MIT Libraries Distinctive Collections, Cambridge, MA, 242–243.

3. Mildred Dresselhaus, interview, 1976, 243–246; "Gender Gap," Dictionary.com, https://www.dictionary.com/browse/gender-gap; Sheila Widnall, "Millie's Impact on Women at MIT," prerecorded lecture, Celebrating Our Millie, MIT, Cambridge, MA, November 26,

2017.

4. Sheila Widnall, "Millie's Impact on Women at MIT."

5. Mildred Dresselhaus, interview by Clarence Williams, Technology and the Dream: Reflections on the Black Experience at MIT, 1941–1999(Cambridge, MA: MIT Press, 2003), 362–363.

6. Mildred Dresselhaus, interview, 1976, 251–252; MIT Office of Communications/Resource Development, "Endowed Professorships at MIT: A History," June 1984, Office of the Provost, MIT, Cambridge, MA, 194–195.

7. Mildred Dresselhaus, interview, 1976, 252.

8. Mildred Dresselhaus, interview by Brian Keegan, August 27, 2007, transcript, MIT Infinite History, Cambridge, MA, https://infinitehistory.mit.edu/video/mildred-s-dresselhaus.

9. Sheila Widnall, "Millie's Impact on Women at MIT."

10. Mildred Dresselhaus, interview by Steve Yalisove, Materials Research Society, "MRS Bulletin Interviews Mildred S. Dresselhaus—Graphite to Intercalation Compounds," September 25, 2013, https://youtu.be/F2eQcF9Dw3k.

11. Hiroshi Kamimura, "Graphite Intercalation Compounds," Physics Today 40, no. 12 (December 1987): 66–71, https://doi.org/10.1063/1.881095.

12. P. R. Wallace, "The Band Theory of Graphite," Physical Review 71, no. 622 (May 1, 1947): 622–634, https://doi.org/10.1103/PhysRev.71.622; Materials Research Society, "Mildred Dresselhaus—Nanocarbons from a Historical Perspective," YouTube video, February 14, 2017, https://youtu.be/xHeO9EYJHIs; Mildred Dresselhaus, interview by Magdolna Hargittai, Candid Science IV: Conversations with Famous Physicists(London: Imperial College Press, 2004), 565; N. B. Hannay et al., "Superconductivity in Graphitic Compounds," Physical Review Letters 14, no. 225 (February 15, 1965): 225–226, https://doi.org/10.1103/PhysRevLett.14.225.

13. Mildred Dresselhaus, interview, 2004, 565.

14. Alice Dragoon, "The 'What If?' Whiz," MIT Technology Review, April 23, 2013, https://www.technologyreview.com/s/513491/the-what-if-whiz/; D. D. L. Chung, "Mildred S. Dresselhaus (1930-2017)," Nature 534 (March 16, 2017): 316.

15. Mildred Dresselhaus, interview by Bernadette Bensaude– Vincent and Arne Hessenbruch, October 25, 2001, transcript, History of Recent Science and Technology Project, Dibner Institute for the History of Science and Technology at MIT, Cambridge, MA, https://ethw.org/Oral-History:Mildred_Dresselhaus.

16. Mildred Dresselhaus, interview, 2004, 565; Deborah Chung, email to author, September 23, 2020.

17. Jesus de la Fuente, "CVD Graphene—Creating Graphene Via Chemical Vapour Deposition," Graphenea, https://www.graphenea.com/pages/cvd-graphene#.Xn7jrFApDOT.

18. Mildred S. Dresselhaus, "Modifying Materials by Intercalation," Physics Today 37, no. 3 (March 1, 1984): 63.

19. Mildred Dresselhaus, "Modifying Materials by Intercalation," 60.

20. Mildred Dresselhaus, interview, 2004, 565; Mildred Dresselhaus, interview, 2013.

21. Mildred Dresselhaus, "Modifying Materials by Intercalation," 62.

22. Mildred Dresselhaus, interview, 2007; Jim Handy, "How Big Is a Nanometer?" Forbes, December 14, 2011, https://www.forbes.com/sites/jimhandy/2011/12/14/how-big-is-a-nanometer/#53cee4826fb0; "Size of the Nanoscale," National Nanotechnology Initiative, https://www.nano.gov/nanotech-101/what/nano-size.

23. Hiroshi Kamimura, "Graphite Intercalation Compounds," 64–65.

24. Mildred Dresselhaus, interview, 2013.

25. Mildred Dresselhaus, interview, 2007; "Dr. Mildred S. Dresselhaus," National Academy of Engineering, https://www.nae.edu/Members Section/MemberDirectory/29468.

aspx; "Women Elected to the National Academy of Engineering," Online Ethics Center for Engineering, Oct. 24, 2006, http://www.onlineethics.org/Topics/Diversity/DiverseResources/NAEwomen.aspx; "M. S. Dresselhaus," American Institute of Physics, https://history.aip.org/phn/11507001.html; "From NBS to NIST," National Institute of Standards and Technology, https://www.nist.gov/history/nist-100-foundations-progress/nbs-nist.

26. Shoshi Dresselhaus– Cooper, "Millie Dresselhaus Timeline," 2017.

27. Sam Merrill, "Women in Engineering," Cosmopolitan, April 1976, 162–166.

28. Merrill, "Women in Engineering," 164.

29. Mildred Dresselhaus, interview, 2007.

30. Joseph D. Martin, "Mildred Dresselhaus and Solid State Pedagogy at MIT," Annalen der Physik 2019, no. 531 (August 2019), https://doi .org/10.1002/andp.201900274.

31. Mildred Dresselhaus, interview, 2004, 560.

32. Natalie Angier, "Carbon Catalyst for Half a Century," New York Times, July 2, 2012, https://www.nytimes.com/2012/07/03/science/carbon-catalyst-for-half-a-century.html; Paul Dresselhaus, email to author, November 12, 2019.

33. Paul Dresselhaus, email, November 12, 2019.

34. Mildred Dresselhaus, interview, 2004, 555.

35. Paul Dresselhaus, email, November 12, 2019.

36. Eliot Dresselhaus, interview with author, videoconference, April 29, 2020.

37. Mildred Dresselhaus, interview, 2007.

38. Mildred Dresselhaus, interview, 2007.

39. Mildred Dresselhaus, interview, 2007; Denis Paiste, "Introducing the Materials Research Laboratory at MIT," MIT News, October 10, 2017, http://news.mit.edu/2017/introducing-mit-materials-research-laboratory-mrl-1010.

40. Mildred Dresselhaus, interview, 1976, 348; Mildred Dresselhaus, interview, 2004, 554–555.

41. Mildred Dresselhaus, interview, 2004, 555.

42. Mildred Dresselhaus, interview, 2004, 558.

43. Laura Doughty, interview by author, Wendell, MA, October 10, 2019.

44. Elizabeth Dresselhaus, email to author, November 15, 2019.

45. Mildred Dresselhaus, interview, 2004, 557.

46. "Mandelieu La Napoule," ProvenceWeb, https://www.provenceweb.fr/e/alpmarit/mandelie/mandelie.htm; Kamimura, "Graphite Intercalation Compounds," 65.

47. Mildred S. Dresselhaus and Gene Dresselhaus, "Intercalation Compounds of Graphite," Advances in Physics 30, no. 2 (1981): 139–326, https://doi.org/10.1080/00018738100101367; Mildred Dresselhaus, interview, 2004, 563.

48. Mildred Dresselhaus, interview, 2004, 566–567.

49. Mildred Dresselhaus, "Modifying Materials by Intercalation," 60–68; Mildred Dresselhaus, "Mildred Dresselhaus Biography," Kavli Prize, http://kavliprize.org/sites/default/files/%25nid%25/autobiagraphies_attachments/Mildred_Dresselhaus_Biography_0.pdf.

50. Dresselhaus, "Mildred Dresselhaus Biography;" Dresselhaus, "Modifying Materials by Intercalation," 63.

51. "Hydrogen Fuel Basics," US Department of Energy Office of Energy Efficiency and Renewable Energy, https://www.energy.gov/eere/fuelcells/hydrogen-fuel-basics; "Lithium– Ion Battery," Clean Energy Institute, University of Washington, https://www.cei.washington.edu/education/science-of-solar/battery-technology; "Graphene Supercapacitors: Introduction and News," Graphene– Info, https://www.graphene-info.com/graphene-supercapacitors.

52. Alice Dragoon, "The 'What If?' Whiz."

53. Mildred Dresselhaus, interview, 2013; Materials Research Society, "Nanocarbons from a Historical Perspective."

8 세상을 바꾼 탄소

1. Materials Research Society, "Mildred Dresselhaus—Nanocarbons from a Historical Perspective," YouTube video, February 14, 2017, https://youtu.be/xHeO9EYJHIs.

2. Deborah Chung, email to author, October 23, 2020; Pu‒Woei Chen and Deborah D. L. Chung, "Carbon‒Fiber‒Reinforced Concrete Smart Structures Capable of Nondestructive Flaw Detection," Proceedings SPIE, Smart Structures and Materials 1916 (July 23, 1993): 22–30, https://doi.org/10.1117/12.148502; Jeanie Chung, "Superconductor," University of Chicago Magazine, Summer 2015, https://mag.uchicago.edu/science-medicine/superconductor.

3. "Lamp Inventors 1880–1940: Carbon Filament Incandescent: Lighting a Revolution," Smithsonian National Museum of American History, https://americanhistory.si.edu/lighting/bios/swan.htm; Mildred S. Dresselhaus et al., Graphite Fibers and Filaments (Berlin: Springer-Verlag, 1988), 2; Morinobu Endo et al., "From Carbon Fibers to Nanotubes" in Carbon Nanotubes: Preparation and Properties, ed. Thomas W. Ebbesen (Boca Raton, FL: CRC Press, 1997), 39; Jonathan Martin, "Lewis H. Latimer 1848–1928," Contemporary Black Biography, Encyclopedia.com, https://www.encyclopedia.com/education/news-wires-white-papers-and-books/latimer-lewis-h-1848-1928; "February 10, 1874: Lewis Latimer Awarded First Patent," Mass Moments, https://www.massmoments.org/moment-details/lewis-latimer-awarded-first-patent.html; "Lewis Latimer," National Inventors Hall of Fame, https://www.invent.org/inductees/lewis-latimer.

4. Endo et al., "From Carbon to Nanotubes," 39–40; "High Performance Carbon Fibers," National Historic Chemical Landmarks, American Chemical Society, September 17, 2003, http://www.acs.org/content/acs/en/education/whatischemistry/landmarks/carbonfibers.html; Roger Bacon, "Growth, Structure, and Properties of Graphite Whiskers," Journal of Applied Physics 31, no. 2 (February 1960): 283–290, https://doi.org/10.1063/1.1735559.

5. Endo et al., "From Carbon Fibers to Nanotubes," 36–37; "What Is Carbon Fiber?" Zoltek; Mildred S. Dresselhaus et al., "Introduction to Carbon Materials" in Carbon Nanotubes: Preparation and Properties, ed. Thomas W. Ebbesen (Boca Raton, FL: CRC Press, 1997), 14; "How Is Carbon Fiber Made?" Carbon Fiber Education Center, Zoltek Corporation, https://zoltek.com/carbon-fiber/how-is-carbon-fiber-made; "High Performance Carbon Fibers," American Chemical Society; Chung, email, October 23, 2020.

6. Chung, email, October 23, 2020; D. D. L. Chung, "Comparison of Submicron‒Diameter Carbon Filaments and Conventional Carbon Fibers as Fillers in Composite Materials," Carbon 39, no. 8(2001): 1119–1125, https://doi.org/10.1016/S0008-6223(00)00314-6; Morinobu Endo et al., "Vapor‒Grown Carbon Fibers (VGCFs): Basic Properties and Their Battery Applications," Carbon 39, no. 9 (2001): 1287–1297, https://doi.org/10.1016/S0008-6223(00)00295-5.

7. Yoong A. Kim et al., "Carbon Nanofibers," in Springer Handbook of Nanomaterials, ed. Robert Vajtai (Berlin: Springer‒Verlag, 2013), 233–262; Chung, email, October 23, 2020.

8. Andrew Grant, "Mildred Dresselhaus (1930–2017)," Physics Today, February 23, 2017, https://physicstoday.scitation.org/do/10.1063/PT.5.9088/full/; Mildred Dresselhaus, interview by Magdolna Hargittai, Candid Science IV: Conversations with Famous Physicists (London: Imperial College Press, 2004), 566–567.

9. Andrew Grant, "Mildred Dresselhaus."

10. Mildred Dresselhaus et al., Graphite Fibers and Filaments, 1–4.

11. Mildred S. Dresselhaus and Gene Dresselhaus, "Intercalation Compounds

of Graphite," Advances in Physics 30, no. 2 (1981): 139–326, https://doi.
org/10.1080/00018738100101367; Mildred Dresselhaus et al., Graphite Fibers and
Filaments; Mildred Dresselhaus, interview, 2004, 567.

12. Endo et al., "From Carbon to Nanotubes," 41; Mildred Dresselhaus, interview by Steve
Yalisove, Materials Research Society, "MRS Bulletin Interviews Mildred S. Dresselhaus–
Graphite to Intercalation Compounds," September 25, 2013, https://youtu.be/
F2eQcF9Dw3k.

13. Mildred Dresselhaus, "Mildred Dresselhaus biography," Kavli Prize, http://kavliprize.org/
sites/default/files/%25nid%25/autobiagraphies_attachments/Mildred_Dresselhaus_
Biography_0.pdf.

14. "Organization and Governance," American Institute of Physics, https://www.aip.org/
aip/leadership; "1982: American Institute of Physics Governing Board Meeting Minutes,
1931–1990," American Institute of Physics, https://www.aip.org/history–programs/niels–
bohr–library/collections/governing–board/1982; "1983: American Institute of Physics
Governing Board Meeting Minutes, 1931–1990," American Institute of Physics, https://
www.aip.org/history–programs/niels–bohr–library/collections/governing–board/1983;
"1984: American Institute of Physics Governing Board Meeting Minutes, 1931–1990,"
American Institute of Physics, https://www.aip.org/history–programs/niels–bohr–library/
collections/governing–board/1984.

15. Mildred S. Dresselhaus, "Perspectives on the Presidency of the American Physical
Society," Physics Today 38, no. 7 (1985): 36–44, https://doi.org/10.1063/1.880980;
"About APS," American Physical Society, https://www.aps.org/about/index.cfm; Maia
Weinstock, "Chien–Shiung Wu: Courageous Hero of Physics" in A Passion for Science:
Stories of Discovery and Invention, ed. Suw Charman– Anderson(London: Finding Ada,
2013), chap. 16, https://findingada.com/shop/a–passion–for–science–stories–of–
discovery–and–invention.

16. Mildred Dresselhaus, "Perspectives," 37.

17. Mildred Dresselhaus, "Perspectives," 37; Mildred Dresselhaus, interview with Joseph D.
Martin, transcript, American Institute of Physics, Niels Bohr Library and Archive, College
Park, MD, June 24, 2014.

18. Laurie McNeil, "An Agent for Climate Change: Millie and Women in Science," lecture,
Celebrating Our Millie, MIT, Cambridge, MA, November 26, 2017; "Site Visits," American
Physical Society, https://www.aps.org/programs/women/sitevisits.

19. McNeil, "An Agent for Climate Change."

20. McNeil, "An Agent for Climate Change."

21. Mildred Dresselhaus, curriculum vitae, unpublished.

22. Marianne Dresselhaus Cooper, interview by author, Arlington, MA, April 27, 2018.

23. Paul Dresselhaus, email to author, November 12, 2019; Eliot Dresselhaus, interview by
author, videoconference, April 29, 2020.

24. Melissa Clason, "The History of Disney World's Spaceship Earth," WanderWisdom,
https://wanderwisdom.com/travel–destinations/The–History–of–Spaceship–Earth;
onstageDisney, "1982 Grand Opening of EPCOT Center," YouTube video, 23:17, June 30,
2018, https://youtu.be/wPRag–YygRE.

25. Tsz Yin Au et al., "TEA/AECOM 2018 Theme Index & Museum Index: Global Attractions
Attendance Report," Teaconnect.org. Themed Entertainment Association, https://
web.archive.org/web/20190523131129/http://www.teaconnect.org/images/
files/328_572762_190522.pdf; Kim Willis, "Disney World to Cut Theme Park Hours in
September as Visits Drop amid COVID– 19," USA Today, August 9, 2020, https://www.
usatoday.com/story/travel/news/2020/08/09/disney–world–reduce–hours–september–
visits–drop–amid–covid–19/3330470001; Jennifer Fickley–Baker, "The Scientist Who
Inspired the Name of Epcot's 'Spaceship Earth,'" Disney Parks Blog, September 28, 2012,

https://disneyparks.disney.go.com/blog/2012/09/the-scientist-who-inspired-the-name-of-epcots-spaceship-earth.

26. "About Fuller: R. Buckminster Fuller, 1895–1983," Buckminster Fuller Institute, https://www.bfi.org/about-fuller/biography; Lauren Beale, "It's a Brave New World for the Former Aldous Huxley Estate," South Florida Sun Sentinel, June 11, 2018, https://www.sun-sentinel.com/real-estate/prime-property/sfl-it-s-a-brave-new-world-for-the-former-aldous-huxley-estate-20180613-story.html; Adam Rome, "The Launch of Spaceship Earth," Nature, 527 (November 26, 2015): 443–445.

27. "About Fuller: Geodesic Domes," Buckminster Fuller Institute, https://www.bfi.org/about-fuller/big-ideas/geodesic-domes; Eric W. Weisstein, "Geodesic Dome," MathWorld, https://mathworld.wolfram.com/GeodesicDome.html; "Spaceship Earth," Walt Disney World, https://disneyworld.disney.go.com/attractions/epcot/spaceship-earth.

28. Jonathan Glancey, "The Story of Buckminster Fuller's Radical Geodesic Dome," BBC, October 4, 2014, http://www.bbc.com/culture/story/20140613-spaceship-earth-a-game-of-domes; Eric W. Weisstein, "Truncated Icosahedron," MathWorld, https://mathworld.wolfram.com/TruncatedIcosahedron.html; Mildred S. Dresselhaus, Gene Dresselhaus, and Paul C. Eklund, Science of Fullerenes and Carbon Nanotubes(San Diego: Academic Press, 1996), 7; H. W. Kroto et al., "C60: Buckminsterfullerene," Nature 318 (November 14, 1985): 162–163, https://doi.org/10.1038/318162a0.

29. Richard E. Smalley, "Discovering the Fullerines," Nobel Lecture, Stockholm, Sweden, December 7, 1996, https://www.nobelprize.org/uploads/2018/06/smalley-lecture.pdf.

30. George W. Hart, "Archimedean Polyhedra," Virtual Polyhedra, 1996, https://www.georgehart.com/virtual-polyhedra/archimedean-info.html; George W. Hart, "Piero della Francesca's Polyhedra," Virtual Polyhedra, 1998, https://www.georgehart.com/virtual-polyhedra/piero.html; M. S. Dresselhaus et al., Science of Fullerenes, 2–3; Smalley, "Discovering the Fullerines."

31. Mildred Dresselhaus, "Mildred Dresselhaus Biography"; Mildred Dresselhaus, interview by the Kavli Foundation, "2012 Kavli Prize in Nanoscience: A Discussion with Mildred Dresselhaus," August 2012, https://www.kavlifoundation.org/science-spotlights/kavli-prize-2012-dresselhaus#.XjEWVlBOnOR; Mildred Dresselhaus, interview, 2004, 562–563; T. Venkatesan et al., "Measurement of Thermodynamic Parameters of Graphite by Pulsed– Laser Melting and Ion Channeling," Physical Review Letters 53, no. 4 (July 23, 1984): 360–363.

32. Mildred Dresselhaus, interview, 2004, 562–563.

33. Materials Research Society, "Nanocarbons from a Historical Perspective."

34. Materials Research Society, "Nanocarbons from a Historical Perspective."

35. Eric A. Rohlfing, D. M. Cox, and A. Kaldor, "Production and Characterization of Supersonic Carbon Cluster Beams," Journal of Chemical Physics 81 (October 1, 1984): 3322–3330, https://doi.org/10.1063/1.447994; Smalley, "Discovering the Fullerines."

36. Mildred Dresselhaus, interview, 2004, 563.

37. Smalley, "Discovering the Fullerenes."

38. National Research Council, "Ion Implantation and Surface Modification," in Plasma Processing and Processing Science (Washington, DC: National Academies Press, 1995), 15–18. https://doi.org/10.17226/9854; Dresselhaus, interview, 2004, 562–563; Materials Research Society, "Nanocarbons from a Historical Perspective"; Mildred Dresselhaus, "Mildred Dresselhaus biography."

39. Mildred Dresselhaus, interview, August 2012.

40. "Discovery of Fullerenes," National Historic Chemical Landmarks, American Chemical Society, October 11, 2010, http://www.acs.org/content/acs/en/education/whatischemistry/landmarks/fullerenes.html; Hugh Aldersey– Williams, The Most Beautiful Molecule: The Discovery of the Buckyball (New York: Wiley, 1995), 52–90.

41. Harold W. Kroto, "Symmetry, Space, Stars, and C60," Nobel Lecture, Stockholm, Sweden, December 7, 1996, https://www.nobelprize.org/uploads/2018/06/kroto-lecture.pdf.

42. ACS, "Discovery of Fullerenes"; W. Kratschmer et al., "Solid C60: a new form of carbon." Nature 347 (Sept. 27, 1990): 354–358, https://doi.org/10.1038/347354a0; David R. M. Walton and Harold W. Kroto, "Fullerene," Encyclopedia Britannica, https://www.britannica.com/science/fullerene.

43. "Ado Jorio," ResearchGate, https://www.researchgate.net/profile/Ado_Jorio; Ado Jorio, "A Journey with the Queen of Carbon," Celebrating Millie, PubPub, March 20, 2018, https://millie.pubpub.org/pub/lboloi9l. This is an edited version of the speech Jorio gave at Celebrating Our Millie, the November 26, 2017, event at MIT, Cambridge, MA.

44. Barnaby J. Feder, "The Nobel Prize that Wasn't," New York Times, September 18, 2007, https://bits.blogs.nytimes.com/2007/09/18/the-nobel-prize-that-wasnt; Markian Hawryluk, "Discovery of Buckyballs a Nobel Effort by Professors," Houston Chronicle, May 23, 2016, https://www.chron.com/local/history/medical-science/article/Discovery-of-Buckyballs-a-Nobel-effort-by-7939221.php.

45. Barnaby J. Feder, "Richard E. Smalley, 62, Dies; Chemistry Nobel Winner," New York Times, October 29, 2005, https://www.nytimes.com/2005/10/29/science/richard-e-smalley-62-dies-chemistry-nobel-winner.html; Richard Feynman, "There's Plenty of Room at the Bottom," Caltech Engineering and Science 23, no. 5 (February 1960): 22–36, http://calteches.library.caltech.edu/1976/1/1960Bottom.pdf.

46. Kenneth Chang, "A Prodigious Molecule and Its Growing Pains," New York Times, October 10, 2000, https://www.nytimes.com/2000/10/10/science/a-prodigious-molecule-and-its-growing-pains.html.

47. Mildred Dresselhaus, curriculum vitae, unpublished.

48. Killian Faculty Achievement Award Committee (Bruno Coppi, David H. Marks, Bruce Mazlish, Edward B. Roberts, William L. Porter) to MIT Faculty, Recommendation of Professor Mildred S. Dresselhaus, May 21, 1986, MIT Institute Events, https://killianlectures.mit.edu/sites/default/files/images/Killian%20Citation%20M%20Dresselhaus.pdf.

49. Mildred Dresselhaus, curriculum vitae, unpublished; Mildred S. Dresselhaus et al., Graphite Fibers and Filaments (Berlin: Springer-Verlag, 1988).

50. Laura Doughty, interview by author, Wendell, MA, October 10, 2019.

51. Margaret W. Rossiter, Women Scientists in America: Forging a New World since 1972 (Baltimore: Johns Hopkins University Press, 2012), 109–110, 133.

52. Mildred Dresselhaus, curriculum vitae, unpublished; National Research Council, "Women in Science and Engineering: Increasing Their Numbers in the 1990s: A Statement on Policy and Strategy"(Washington, DC: National Academies Press, 1991), https://doi.org/10.17226/1878.

53. Michelle Buchanan, "Millie Serving Society," lecture, Celebrating Our Millie, MIT, Cambridge, MA, Nov. 26, 2017.

54. "History," National High Magnetic Field Laboratory, https://nationalmaglab.org/about/history.

55. Alice Dragoon, "The 'What If?' Whiz," MIT Technology Review, April 23, 2013, https://www.technologyreview.com/s/513491/the-what-if-whiz/.

56. Dragoon, "The 'What If?' Whiz."

57. Dragoon, "The 'What If?' Whiz."

58. David L. Chandler, "Explained: Phonons," MIT News, July 8, 2010, http://news.mit.edu/2010/explained-phonons-0706; Mildred Dresselhaus, "Mildred Dresselhaus Biography."

59. "The President's National Medal of Science: Recipient Details—Mildred S. Dresselhaus," National Science Foundation, https://www.nsf.gov/od/nms/recip_details.jsp?recip_

id=110; Associated Press, "President Honors 30 for Research," New York Times, November 14, 1990, A22. In addition to the twenty National Medal of Science recipients, ten individuals earned the National Medal of Technology.

60. NSF, "Medal of Science Details—Dresselhaus."

61. "The President's National Medal of Science: Recipients," National Science Foundation, https://www.nsf.gov/od/nms/recipients.jsp.

62. Mildred Dresselhaus, "Mildred Dresselhaus Biography."

63. Mildred Dresselhaus, "Mildred Dresselhaus Biography"; Jayeeta Lahiri, "The Queen of Carbon! Mildred Dresselhaus (1930–2017)," Resonance—Journal of Science Education 24, no. 3 (March 2019): 263–272, https://www.ias.ac.in/article/fulltext/reso/024/03/0263–0272.

64. Ting Guo et al., "Self– Assembly of Tubular Fullerenes," Journal of Physical Chemistry 99, no. 27 (July 1, 1995): 10694–10697, https://doi.org/10.1021/j100027a002; Sumio Iijima, "Helical Microtubules of Graphitic Carbon," Nature 354 (November 7, 1991): 56–58, https://doi.org/10.1038/354056a0; Mildred S. Dresselhaus, Gene Dresselhaus, and Riichiro Saito, "C60– Related Tubules," Solid State Communications 84, no. 1–2 (October 1992): 201–205, https://doi.org/10.1016/0038–1098(92)90325–4; Mildred S. Dresselhaus, Gene Dresselhaus, and Riichiro Saito, "Carbon Fibers Based on C60 and Their Symmetry," Physical Review B 45, no. 11 (March 15, 1992): 6234–6242, https://doi.org/10.1103/PhysRevB.45.6234; Ivan Amato, "The Soot That Could Change the World," Fortune, June 25, 2001, https://archive.fortune .com/magazines/fortune/fortune_archive/2001/06/25/305482/index.htm.

65. Mildred Dresselhaus, "Mildred Dresselhaus Biography"; Sumio Iijima, "Weizmann Institute Memorial Lecture for Millie Dresselhaus," Celebrating Millie, PubPub, June 21, 2018, https://millie.pubpub.org/pub/bqe71oiz; Mildred Dresselhaus, interview by Brian Keegan, August 27, 2007, transcript, MIT Infinite History, Cambridge, MA, https://infinitehistory.mit.edu/video/mildred–s–dresselhaus.

66. Michael F. L. De Volder et al., "Carbon Nanotubes: Present and Future Commercial Applications," Science 339, no. 535 (February 1, 2013): 535–539, http://doi.org/10.1126/science.1222453; Cheap Tubes, Inc., "Applications of Carbon Nanotubes," AZO Nano, April 23, 2018, https://www.azonano.com/article.aspx?ArticleID=4842.

67. "Carbon Nanotubes (CNT) Market by Type, Method, Application—Global Forecast to 2023," Research and Markets, October 2018, https://www.researchandmarkets.com/research/jrjnq4/the_global_carbon?w=5.

68. De Volder et al., "Carbon Nanotubes"; Soehil Jafari, "Engineering Applications of Carbon Nanotubes," in Carbon Nanotube Reinforced Polymers: From Nanoscale to Macroscale, ed. Roham Rafiee (Amsterdam: Elsevier, 2018), 25–40.

69. Marc Monthioux and V. L. Kuznetsov, "Who Should Be Given the Credit for the Discovery of Carbon Nanotubes?" Carbon 44, no.9 (August 2006): 1621–1623, http://doi.org/10.1016/j.carbon.2006.03.019; Endo et al., "From Carbon Fibers to Nanotubes," 40–41.

70. Monthioux and Kuznetsov, "Credit for Carbon Nanotubes?" 1621–1623; Agnes Oberlin, Morinobu Endo, and Tsuneo Koyama, "Filamentous Growth of Carbon through Benzene Decomposition," Journal of Crystal Growth 32, no. 3 (March 1976): 335–349, https://doi.org/10.1016/0022–0248(76)90115–9; Nicole Grobert, "Carbon Nanotubes—Becoming Clean," Materials Today 10, no. 1–2 (January–February 2007): 28–35, https://doi.org/10.1016/S1369–7021(06)71789–8; Mildred Dresselhaus, interview by Paul S. Weiss, "A Conversation with Prof. Mildred Dresselhaus: A Career in Carbon Nanomaterials," ACS Nano 3, no. 9 (September 2009): 2435; Mildred Dresselhaus, "Graphene: A Journey through Carbon Nanoscience," MRS Bulletin 37, no.12 (December 2012): 1319, https://doi-org.libproxy.mit.edu/10.1557/mrs.2012.301.

71. Iijima, "Helical Microtubules of Graphitic Carbon"; Monthioux and Kuznetsov, "Credit for Carbon Nanotubes?" 1621–1623; Materials Research Society, "Nanocarbons from a

Historical Perspective."

72. Mildred Dresselhaus, Gene Dresselhaus, and Riichiro Saito, "Carbon Fibers Based on C60 and Their Symmetry," Physical Review B 45, no. 11 (March 1992): 6234–6242; Riichiro Saito et al., "Electronic Structure of Carbon Fibers Based on C60," MRS Proceedings 247 (1992): 333. Riichiro Saito et al., "Electronic Structure of Chiral Graphene Tubules," Applied Physics Letters 60, no. 18 (May 1992): 2204–2206.

73. Riichiro Saito, "Early Times in Carbon Nanotubes," lecture, Celebrating Our Millie, MIT, Cambridge, MA, November 26, 2017; "Riichiro Saito," Tohoku University Department of Physics, https://flex.phys.tohoku.ac.jp/~rsaito/rsaito-e.html.

74. Saito, "Early Times in Carbon Nanotubes."

75. Mildred Dresselhaus, interview, August 2012; Saito et al., "Electronic Structure of Carbon Fibers Based on C60"; Saito et al., "Electronic Structure of Chiral Graphene Tubules."

76. Earl Boysen and Nancy Boysen, Nanotechnology for Dummies, 2nd ed. (Hoboken, NJ: Wiley, 2011), 40–42.

77. Saito et al., "Electronic Structure of Chiral Graphene Tubules"; Boysen and Boysen, Nanotechnology for Dummies, 40–42.

78. Reshef Tenne, "Weizmann Institute Memorial Lecture for Millie Dresselhaus," Celebrating Millie, PubPub, June 21, 2018, https://millie.pubpub.org/pub/bqe71oiz.

79. Mildred Dresselhaus, interview, August 2007.

80. Sumio Iijima and Toshinari Ichihashi, "Single– Shell Carbon Nanotubes of 1– nm Diameter," Nature 363 (June 17, 1993): 603–605, https://doi.org/10.1038/363603a0; Donald Bethune et al., "Cobalt– Catalysed Growth of Carbon Nanotubes with Single– Atomic– Layer Walls," Nature 363 (June 17, 1993): 605–607, https://doi.org/10.1038/363605a0; "Donald S. Bethune," IBM Research, https://researcher.watson.ibm.com/researcher/view.php?person=us-dbethune; Apparo M. Rao et al., "Diameter– Selective Raman Scattering from Vibrational Modes in Carbon Nanotubes," Science 275, no. 5297 (January 10, 1997): 187–191, http://doi.org/10.1126/science.275.5297.187.

81. M. Dresselhaus, G. Dresselhaus, and Eklund, Science of Fullerenes and Carbon Nanotubes "Obituary of Peter Clay Eklund, 64," StateCollege.com, August 21, 2009, http://www.statecollege.com/obituary/detail/obituary-of-peter-clay-eklund--64,155.

82. Mildred Dresselhaus, "Professor Dresselhaus' Closing Remarks," lecture, 19th Science in Japan Forum, Japan Society for the Promotion of Science, Cosmos Club, Washington, DC, October 3, 2014, https://jspsusa.org/wp/wp-content/uploads/2014/03/19SiJFRemarks.pdf.

9 모범을 보이다

1. Marcie Black, email to author, July 26, 2019; Marcie Black, email to author, May 6, 2020; "What Is the Kyoto Protocol?" United Nations Framework Convention on Climate Change secretariat, https://unfccc.int/kyoto_protocol.

2. Black, email, May 6, 2020.

3. Marcie Black, "Dr. Millie Dresselhaus: One in Ten Million Scientist, Amazing Violin Player, But So Much More Than That," poster, Celebrating Our Millie, MIT, Cambridge, MA, November 26, 2017, https://millie.pubpub.org/pub/4msu13pj/release/1.

4. Hui– Ming Cheng, Quan– Hong Yang, and Chang Liu, "Hydrogen Storage in Carbon Nanotubes," Carbon 39 no. 10 (August 2001): 1447–1454, https://doi.org/10.1016/S0008-6223(00)00306-7; Chang Liu et al., "Hydrogen Storage in Single– Walled Carbon Nanotubes at Room Temperature," Science 286, no. 5442 (1999): 1127–1129, http://doi.org/10.1126/science.286.5442.1127.

5. NanoTube—The National Nanotechnology Initiative, "Changing the World with Nano–

Textured Silicon: A Conversation with Dr. Marcie Black," YouTube video, March 11, 2019, https://youtu.be/1xG9wO−5Ksg.

6. Black, "Dr. Millie Dresselhaus."

7. Black, email, May 6, 2020; Black, "Dr. Millie Dresselhaus."

8. Black, email, July 26, 2019.

9. Black, email, July 26, 2019.

10. Black, email, July 26, 2019.

11. "Institute Professor Emerita Mildred Dresselhaus, a Pioneer in the Electronic Properties of Materials, Dies at 86," MIT News, February 21, 2017, http://news.mit.edu/2017/institute−professor−emerita−mildred−dresselhaus−dies−86−0221.

12. Eliot Dresselhaus, interview by author, videoconference, April 29, 2020.

13. Andrew Grant, "Mildred Dresselhaus (1930−2017)," Physics Today, February 23, 2017, http://doi.org/DOI:10.1063/PT.5.9088.

14. Mildred Dresselhaus, interview by Clarence Williams, Technology and the Dream: Reflections on the Black Experience at MIT, 1941−1999(Cambridge, MA: MIT Press, 2003), 359.

15. Amanda Schaffer, "The Remarkable Career of Shirley Ann Jackson," MIT Technology Review, December 19, 2017, https://www.technologyreview.com/2017/12/19/146775/the−remarkable−career−of−shirley−ann−jackson.

16. Shirley Ann Jackson, prerecorded lecture, Celebrating Our Millie, MIT, Cambridge, MA, Nov. 26, 2017.

17. Jackson, lecture.

18. Mildred Dresselhaus, interview, 2003, 359.

19. Jackson, lecture.

20. "Brief History of Thermoelectrics," Northwestern University Materials Science and Engineering, http://thermoelectrics.matsci.northwestern.edu/thermoelectrics/history.html; David L. Chandler, "Explained: Thermoelectricity," MIT News, April 27, 2010, http://news.mit.edu/2010/explained−thermoelectricity−0427.

21. Jospeh P. Heremans et al., "When Thermoelectrics Reached the Nanoscale," Nature Nanotechnology 8 (July 2013): 471−473.

22. John G. Stockholm, "A Call from the Navy: Millie and Thermoelectrics," lecture, Celebrating Our Millie, MIT, Cambridge, MA, November 26, 2017.

23. Chandler, "Explained: Thermoelectricity"; Gang Chen, email to author, June 3, 2020.

24. Alice Dragoon, "The 'What If?' Whiz," MIT Technology Review, April 23, 2013, https://www.technologyreview.com/s/513491/the−what−if−whiz/.

25. Mildred Dresselhaus, interview by Brian Keegan, August 27, 2007, transcript, MIT Infinite History, Cambridge, MA, https://infinitehistory.mit.edu/video/mildred−s−dresselhaus.

26. "Mildred Dresselhaus Biography," Kavli Prize, http://kavliprize.org/sites/default/files/%25nid%25/autobiographies_attachments/Mildred_Dresselhaus_Biography_0.pdf; Lyndon D. Hicks and Mildred S. Dresselhaus, "Effect of Quantum− Well Structures on the Thermoelectric Figure of Merit," Physical Review B 47, no. 19 (May 15, 1993): 12727−12731; Lyndon D. Hicks and Mildred S. Dresselhaus, "Thermoelectric Figure of Merit of a One− Dimensional Conductor," Physical Review B 47, no. 24 (May 15, 1993): 16631−16634; Lyndon D. Hicks et al., "Use of Quantum− Well Superlattices to Obtain a High Figure of Merit from Nonconventional Thermoelectric Materials," Applied Physics Letters 63, no. 23 (December 6, 1993): 3230−3232; David L. Chandler, "Thermoelectric Materials Are One Key to Energy Savings," MIT Tech Talk, MIT News Office, November 20, 2007, http://news.mit.edu/2007/nanoenergy−1120; Chen, email, June 3, 2020.

27. Oded Rabin, "Thermoelectrics Research in MGM," lecture, Celebrating Our Millie, MIT, Cambridge, MA, November 26, 2017; Chen, email, June 3, 2020.

28. Heremans et al., "Thermoelectrics," 473.

29. Jennifer Chu, "Turning Up the Heat on Thermoelectrics," MIT News, May 25, 2018, http://news.mit.edu/2018/materials-heated-magnetic-fields-thermoelectrics-0525.

30. Mildred Dresselhaus, curriculum vitae.

31. Gang Chen, interview by author, Cambridge, MA, August 13, 2019.

32. U.S. Patent numbers US8168879B2, US8865995B2, US8293168B2, US7586033B2, US7255846B2, Google Patents.

33. Chen, interview, August 13, 2019.

34. Chen, interview, August 13, 2019.

35. Gang Chen, letter to the editor, MIT Technology Review, June 28, 2013, https://www.technologyreview.com/2013/06/18/177742/letters-34.

36. Mildred Dresselhaus, interview by Magdolna Hargittai, Candid Science IV: Conversations with Famous Physicists (London: Imperial College Press, 2004), 569.

37. Mildred Dresselhaus, interview by Martha A. Cotter and Mary S. Hartman, Talking Leadership: Conversations with Powerful Women (New Brunswick, NJ: Rutgers University Press, 1999), 68; "Value of $5 from 1951 to 2020, Inflation Calculator," Official Inflation Data, Alioth, https://www.officialdata.org/us/inflation/1951?amount=5.

38. Mildred Dresselhaus, interview, 1999, 68.

39. Mildred S. Dresselhaus, "The AAAS Celebrates Its 150th," Science 282, no. 5397 (December 18, 1998): 2186–2190, http://doi.org/10.1126/science.282.5397.2186.

40. "Dresselhaus Speaks of Goals during her AAAS Term," MIT Tech Talk, MIT News Office, October 23, 1996, http://news.mit.edu/1996/dresselhaus-1023; Mildred Dresselhaus, interview by Harry Kroto, Vega Science Trust, 2001, http://www.vega.org.uk/video/programme/20; David Malakoff, "Clinton's Science Legacy: Ending on a High Note," Science 290, no. 5500 (December 22, 2000): 2236–2236, http://doi.org/10.1126/science.290.5500.2234.

41. William J. Clinton, "Remarks by the President for the American Association for the Advancement of Science," lecture, American Association for the Advancement of Science annual meeting, February 13, 1998, https://clintonwhitehouse4.archives.gov/textonly/WH/New/html/19980213-26754.html

42. Mihail C. Roco, "The Long View of Nanotechnology Development: The National Nanotechnology Initiative at 10 Years," Journal of Nanoparticle Research 13, no. 2 (February 2011): 427–445, http://doi.org/10.1007/s11051-010-0192-z.

43. Irwin Goodwin, "As Term Nears End, Clinton Names Dresselhaus to Strengthen Support for DOE Science," Physics Today 53, no. 6 (June 1, 2000): 48–49, https://doi.org/10.1063/1.1306368.

44. Deborah Halber, "Dresselhaus Sworn In as Head of DOE's Office of Science," MIT News, October 23, 2000, http://news.mit.edu/2000/dresselhaus-sworn-head-does-office-science.

45. Halber, "Dresselhaus Sworn In"; Mildred Dresselhaus, interview, 2004, 553–554.

46. Judy Jackson, "Millie Comes to Fermilab," FermiNews 23, no. 18(October 20, 2000), https://www.fnal.gov/pub/ferminews/ferminews00-10-20/p1.html.

47. Laura Doughty, interview by author, Wendell, MA, October 10, 2019; Mildred Dresselhaus, curriculum vitae, unpublished; Shoshi Dresselhaus– Cooper and Leora Dresselhaus–Marais, via Marianne Dresselhaus Cooper, email to author, June 8, 2020.

48. Shoshi Dresselhaus– Cooper, "Millie Dresselhaus Timeline," 2017; Shoshi Dresselhaus–Cooper and Leora Dresselhaus– Marais, via Marianne Dresselhaus Cooper, email, June 8, 2020.

49. Shoshi Dresselhaus– Cooper, email to author, August 18, 2019; Shoshi Dresselhaus–Cooper, email to author, August 22, 2019; Mildred Dresselhaus, interview, August 2007.

50. Shoshi Dresselhaus– Cooper, email, August 18, 2019; Shoshi Dresselhaus– Cooper, email, August 22, 2019.

51. Shoshi Dresselhaus– Cooper, email, August 18, 2019; Shoshi Dresselhaus– Cooper, email, August 22, 2019; Shoshi Dresselhaus–Cooper and Leora Dresselhaus– Marais via Marianne Dresselhaus Cooper, email, June 8, 2020.

52. Mildred Dresselhaus, curriculum vitae; "AIP Board Chairs," American Institute of Physics, https://www.aip.org/aip/board-chairs; Mildred Dresselhaus, "Basic Research Needs for the Hydrogen Economy," lecture at the American Physical Society meeting, Montreal, Canada, March 23, 2004, https://www.aps.org/meetings/multimedia/upload/Mildred_Dresselhaus.pdf.

53. Andre K. Geim, "Graphene Prehistory," Physica Scripta 2012, no. T146 (January 31, 2012): 014003, https://doi.org/10.1088/0031-8949/2012/T146/014003; Phillip R. Wallace, "The Band Theory of Graphite," Physical Review 71, no. 9 (May 1, 1947): 622–634; Mildred S. Dresselhaus and Paulo T. Araujo, "Perspectives on the 2010 Nobel Prize in Physics for Graphene," ACS Nano 4, no. 11 (November 23, 2010): 6297, https://doi.org/10.1021/nn1029789.

54. Mildred Dresselhaus and Paulo Araujo, "Perspectives," 6298.

55. Mildred S. Dresselhaus and Paulo T. Araujo, "Perspectives."

56. Hanns– Peter Boehm et al., "Dunnste Kohlenstoff– Folien," Zeitschrift fur Naturforschung B. 17, no. 3 (March, 1962): 150–153, https://doi.org/10.1515/znb-1962-0302; Hanns–Peter Boehm et al., "Das Adsorptionsverhalten sehr dunner Kohlenstoff– Folien," Journal of Inorganic and General Chemistry 316, no. 3–4 (July 1962): 119–127, https://doi.org/10.1002/zaac.19623160303; Mildred Dresselhaus and Paulo Araujo, "Perspectives," 6297–6300; Geim, "Graphene Prehistory"; Andre Geim and Konstantin Novoselov, "The rise of graphene." Nature Materials 6 (March 2007): 183–191, https://doi.org/10.1038/nmat1849.

57. David L. Chandler, "A Material for All Seasons," MIT Tech Talk 53, no. 54 (May 6, 2009): 1, http://news.mit.edu//2009/techtalk53-24.pdf.

58. Mildred Dresselhaus and Paulo Araujo, "Perspectives," 6297–6298; Geim, "Graphene Prehistory."

59. Mildred Dresselhaus and Paulo Araujo, "Perspectives," 6297–6299; Giles Whittell, "The Godfather of Graphene," Economist (September/October 2014), https://www.1843magazine.com/content/features/giles-whittell/andre-geim; Konstantin S. Novoselov et al., "Electric Field Effect in Atomically Thin Carbon Films," Science 306, no. 5696 (October 22, 2004): 666–669, http://doi.org/10.1126/science.1102896.

60. Geim and Novoselov, "Rise of Graphene," 184; Kenneth Chang, "Thin Carbon Is In: Graphene Steals Nanotubes' Allure," New York Times, April 10, 2017, https://www.nytimes.com/2007/04/10/science/10grap.html.

61. Andre Geim, "Random Walk to Graphene," Nobel lecture, Stockholm, Sweden, December 8, 2010, NobelPrize.org, https://www.nobelprize.org/prizes/physics/2010/geim/lecture; Materials Research Society, "Mildred Dresselhaus—Nanocarbons from a Historical Perspective," YouTube video, February 14, 2017, https://youtu.be/xHeO9EYJHIs.

62. John Colapinto, "Material Question," New Yorker, December 15, 2014, https://www.newyorker.com/magazine/2014/12/22/material-question.

63. Chandler, "A Material for All Seasons," 4.

64. Jennifer Chu, "Insulator or Superconductor? Physicists Find Graphene Is Both," MIT News, March 5, 2018, http://news.mit.edu/2018/graphene-insulator-superconductor-0305; Earl Boysen and Nancy Boysen, Nanotechnology for Dummies, 2nd ed. (Hoboken, NJ: Wiley, 2011), 43–44; Jing Kong, email to author, May 29, 2020; Angela Chen, "Behind the Hype: Experts Explain the Science behind Graphene, the New Supermaterial," Verge, January 24, 2018, https://www.theverge.com/2018/1/24/16927224/graphene-materials–

les–johnson–joseph–meany–book; Jennifer Chu, "Researchers 'Iron Out' Graphene's Wrinkles," MIT News, April 3, 2017, http://news.mit.edu/2017/iron–out–graphene–wrinkles–conductive–wafers–0403.

65. "Dresselhaus Wins L'OREAL– UNESCO for Women in Science Prize," SEED, February 22, 2007, Wayback Machine, https://web.archive.org/web/20160702063306/http://seedmagazine.com/content/article/dresselhaus_wins_loreal–unesco_for_women_in_science_prize.

66. Mildred Dresselhaus, curriculum vitae.

67. Mildred Dresselhaus, interview by Paul S. Weiss, "A Conversation with Prof. Mildred Dresselhaus: A Career in Carbon Nanomaterials," ACS Nano 3, no. 9 (September 2009), 2436.

68. Jing Kong, interview with author, Cambridge, MA, September 10, 2019.

69. Kong, interview, 2019; Mildred Dresselhaus, curriculum vitae.

70. Kong, interview, 2019.

71. Mildred Dresselhaus, curriculum vitae; Kong, interview, 2019.

72. Kong, interview, 2019; Stephen Salk, MIT Human Resources, email to author, May 28, 2020.

73. Kong, interview, 2019.

74. Kong, interview, 2019.

75. "The Nobel Prize in Physics 2010," NobelPrize.org, Nobel Media AB 2020, https://www.nobelprize.org/prizes/physics/2010/prize–announcement.

76. Mildred Dresselhaus and Paulo Araujo, "Perspectives," 6301.

77. Andre Geim, "Walk to Graphene"; Konstantin S. Novoselov, "Graphene; Materials in the Flatland," Nobel lecture, Stockholm, Sweden, December 8, 2010, NobelPrize.org, https://www.nobelprize.org/prizes/physics/2010/novoselov/lecture; Laura Doughty, phone interview by author, November 28, 2020.

78. Doughty, interview, October 10, 2019.

79. Mildred Dresselhaus, interview, 2004, 563.

10 사라지지 않을 유산

1. MIT Department of Electrical Engineering and Computer Science, "Honoring Millie," MIT News, December 8, 2010, http://news.mit.edu/2010/dresselhaus–birthday.

2. Irene Yong Rong Huang, MIT Department of Electrical Engineering and Computer Science, email to author, May 19, 2020; MIT EECS, "Honoring Millie."

3. Keith O'Brien, "Pioneering Woman Physicist, Cited for Her Research, Mentoring," Boston Globe, March 5, 2007, 19; Mildred Dresselhaus, interview by Jenni Murray, "The Age of Reason," BBC, December 29, 2012, https://www.bbc.co.uk/programmes/p012bp6b.

4. MIT EECS, "Honoring Millie."

5. O'Brien, "Pioneering Woman Physicist," 19.

6. Asma Khalid, "Visionaries: MIT's Alan Guth Made a 'Spectacular Realization' about the Universe," WBUR, February 26, 2015, https://www.wbur.org/news/2015/02/26/visionaries–alan–guth–mit.

7. Read Schusky, interview by author, Cambridge, MA, November 14, 2019; Laura Doughty, email to author, May 26, 2020.

8. Laura Doughty, interview by author, Wendell, MA, October 10, 2019.

9. Mark Anderson, "The Queen of Carbon," IEEE Spectrum, April 28, 2015, https://spectrum.ieee.org/geek–life/profiles/mildred–dresselhaus–the–queen–of–carbon; Schusky, interview, November 14, 2019; Doughty, interview, October 10, 2019.

10. Doughty, interview, October 10, 2019.

11. Gang Chen, interview by author, Cambridge, MA, August 13, 2019; Marcie Black, email to author, July 26, 2019;

12. Schusky, interview, November 14, 2019.

13. "Dresselhaus Speaks of Goals during Her AAAS term," MIT Tech Talk, MIT News Office, October 23, 1996, http://news.mit.edu/1996/dresselhaus-1023; Doughty, interview, October 10, 2019.

14. Mildred Dresselhaus, "Memories of Arthur von Hippel, 1898–2003," MRS Bulletin 39 (November 2014): 1000; Doughty, interview, October 10, 2019.

15. Doughty, interview, October 10, 2019.

16. Aviva Brecher, "Remembering My Mentor, Millie," lecture, Celebrating Our Millie, MIT, Cambridge, MA, November 26, 2017.

17. Aviva Brecher, interview by Madeleine Kline, Margaret MacVicar Memorial AMITA Oral History Project, MIT, Cambridge, MA, September 9, 2017, https://dome.mit.edu/bitstream/handle/1721.3/186178/MC0356_BrecherA_2017.pdf.

18. Doughty, interview, October 10, 2019.

19. Mildred Dresselhaus, interview by Brian Keegan, August 27, 2007, transcript, MIT Infinite History, Cambridge, MA, https://infinitehistory.mit.edu/video/mildred-s-dresselhaus.

20. Nai- Change Yeh, "Mildred S. Dresselhaus (1930–2017): A Fierce Force of Harmony," PNAS 114, no. 29 (July 18, 2017): 7478, https://doi.org/10.1073/pnas.1710692114; Mario Hofmann, email to author, November 12, 2019; Helen Zeng, "The Legacy and Impact of Mildred Dresselhaus on Next Generation Career Education," poster, Celebrating Our Millie, MIT, Cambridge, MA, November 26, 2017, https://millie.pubpub.org/pub/9pcicjb1/release/1.

21. Hofmann, email, November 12, 2019.

22. Doughty, interview, October 10, 2019.

23. Mildred Dresselhaus, interview, August 2007.

24. Mario Vecchi, "Millie: A Wave of Happiness," lecture, Celebrating Our Millie, MIT, Cambridge, MA, November 26, 2017.

25. Mildred Dresselhaus, interview by Clarence Williams, Technology and the Dream: Reflections on the Black Experience at MIT, 1941–1999(Cambridge, MA: MIT Press, 2003), 360–361.

26. Clarence Williams, email to author, April 11, 2019.

27. Rex Dalton, "Outcry over Scientists' Dismissal," Nature 464 (March 11, 2010): 148–149, https://doi.org/10.1038/464148a.

28. Mauricio Terrones, "Mildred Dresselhaus: An Inspiration of Young Generations: A Great Scientist, a Role Model and Colleague," lecture, Celebrating Our Millie, MIT, Cambridge, MA, November 26, 2017.

29. Hofmann, email, November 12, 2019.

30. Doughty, interview, October 10, 2019.

31. Doughty, interview, October 10, 2019. Clara Dresselhaus, email to author, November 19, 2019.

32. Elizabeth Dresselhaus, email to author, November 15, 2019.

33. Clara Dresselhaus, email, November 19, 2019.

34. Obama White House, "President Obama Honors the 2014 Medal of Freedom Recipients," YouTube video, 43:17, November 24, 2014, https://youtu.be/60mECbQJ6TY; "Meryl Streep Biography," Biography.com, A&E Television Networks, April 2, 2014, https://www.biography.com/actor/meryl-streep; "Stevie Wonder Biography," Biography.com, A&E Television Networks, April 2, 2014, https://www.biography.com/musician/stevie-wonder.

35. Obama White House, "2014 Medal of Freedom Recipients."

36. Doughty, interview, October 10, 2019; Laura Doughty, email to author, May 26, 2020.

37. O'Brien, "Pioneering Woman Physicist," 19; Gerald D. Mahan, "Obituary of Peter Clay Eklund," Physics Today, September 16, 2009, http://doi.org/DOI:10.1063/PT.4.2105.

38. Doughty, interview, October 10, 2019.

39. Leora Dresselhaus– Marais, interview by author, Cambridge, MA, June 1, 2018.

40. "Vannevar Bush Award," National Science Board, https://www.nsf.gov/nsb/awards/bush. jsp; Doughty, interview, October 10, 2019;Jerome B. Wiesner, "Vannevar Bush: 1890– 1974," (Washington DC: National Academy of Sciences, 1979), 98–100, http://www. nasonline.org/publications/biographical–memoirs/memoir–pdfs/bush–vannevar.pdf; "All Members List," MIT Corporation, https://corporation.mit.edu/membership/all–members– list; "Former Corporation Members," MIT Corporation, https://corporation.mit.edu/ membership/all–members/former–corporation–members#B; ResearchChannel, "Millie Dresselhaus: In Science, the Real Deal," YouTube video, 51:01, June 15, 2010, https:// youtu.be/qHR51lIFZlk.

41. Denis Paiste, "Remembering Arthur R. von Hippel," MIT News, December 12, 2013, http:// news.mit.edu/2013/remembering–arthur–r–von–hippel.

42. Mildred Dresselhaus, curriculum vitae, unpublished.

43. "About the Prize," Kavli Prize, http://kavliprize.org/about.

44. Kavli Prize, "2012 Kavli Prize Laureates in Nanoscience."

45. Clara Dresselhaus, email, November 19, 2019.

46. MIT School of Engineering, "In It for the Long Run," MIT News, July 31, 2013, http://news. mit.edu/2013/mildred–s–dresselhaus–fund.

47. Arlene Alda, Just Kids from the Bronx: Telling It the Way It Was: An Oral History (New York: Holt, 2015), 45.

48. Mildred Dresselhaus, curriculum vitae, unpublished; A. Carvalho et al., "Phosphorene: From Theory to Applications." Nature Reviews Materials 1 (August 31, 2016), 16061. https:// doi.org/10.1038/natrevmats.2016.61.

49. Read Schusky, interview, November 14, 2019.

50. Read Schusky, interview.

51. Leora Dresselhaus– Marais, interview, June 1, 2018.

52. Leora Dresselhaus– Marais, email to author, May 30, 2020.

53. Mildred Dresselhaus, interview, December 29, 2012; Mildred Dresselhaus, interview by Vijaysree Venkatraman, "Reflections of a Woman Pioneer," Science, November 11, 2014, https://www.sciencemag.org/careers/2014/11/reflections–woman–pioneer.

54. Mildred Dresselhaus, interview, December 29, 2012.

55. Mildred Dresselhaus, interview, December 29, 2012.

56. Clara Dresselhaus, email, November 19, 2019; Elizabeth Dresselhaus, email, November 15, 2019; Leora Dresselhaus– Marais, interview, June 1, 2018; Lauren Clark, "'Rising Stars in EECS' Convene at MIT," MIT News, November 14, 2012, http://news.mit.edu/2012/ rising–stars–in–eecs–convene–at–mit; Audrey Resutek, "It Takes a Network," MIT News, November 18, 2015, http://news.mit.edu/2015/it–takes–network–rising–stars– eecs–1118.

57. Lara O'Reilly, "'What If Female Scientists Were Celebrities?': GE Says It Will Place 20,000 Women in Technical Roles by 2020," Business Insider, February 8, 2017, https://www. businessinsider.com/ge–commits–to–placing–20000–women–in–technical–roles– by–2020–2017–2.

58. Leora Dresselhaus– Marais, interview, June 1, 2018.

59. Leora Dresselhaus– Marais, interview, June 1, 2018; Aditi Risbud, "Millie Dresselhaus: Our Science Celebrity," MRS Bulletin 42, no. 11(November 2017): 788, https://doi. org/10.1557/mrs.2017.262.

60. Annie F. Downs, Twitter post, March 5, 2017, 2:02 p.m., https://twitter.com/anniefdowns/status/838464725822410752; Cindy Eckert, Twitter post, February 26, 2017, 10:02 p.m., https://twitter.com/cindypinkceo/status/836048946174767105; Jennifer Granholm, Twitter post, April 29, 2017, 11:56 p.m., https://twitter.com/JenGranholm/status/858530357632798720.

61. Risbud, "Our Science Celebrity," 788.

62. 2020 Diveristy Annual Report (Boston: GE, 2021), https://www.ge.com/sites/default/files/DiversityReport_02122021.pdf.

63. Julie Grzeda, email to author via GE senior communications director Greg Petsche, February 5, 2020.

64. Bryan Marquard, "Dr. Mildred Dresselhaus, 86, Much— Honored MIT Physicist, Mentor to Female Scientists," Boston Globe, February 23, 2017, https://www3.bostonglobe.com/metro/2017/02/23/mildred-dresselhaus-mit-physicist-and-presidential-medal-freedom-recipient-dies/FdXiYtUFk6wpgix4n2nz1L/story.html.

65. Marcie Black, "Dr. Millie Dresselhaus: One in Ten Million Scientist, Amazing Violin Player, But So Much More Than That," poster, Celebrating Our Millie, MIT, Cambridge, MA, Nov. 26, 2017, https://millie.pubpub.org/pub/4msu13pj/release/1.

66. "Buckminster Fuller," Mount Auburn Cemetery, https://www.remembermyjourney.com/Search/Cemetery/325/Map?q=buckminster%20fuller&searchCemeteryId=325&birthYear=&deathYear=#deceased=14587502.

67. Sangeeta Bhatia, phone interview by author, December 13, 2019.

68. Leora Dresselhaus–Marais, interview.

69. George W. Crabtree, "Remembering Millie," MRS Bulletin 42, no. 6(June 2017): 464, https://doi.org/10.1557/mrs.2017.130.

70. Brecher, interview, September 9, 2017.

71. Andrew Grant, "Mildred Dresselhaus (1930–2017)," Physics Today(February 23, 2017), https://physicstoday.scitation.org/do/10.1063/PT.5.9088/full/.

72. Grant, "Mildred Dresselhaus (1930–2017)."

73. Morinobu Endo, "Prof. Mildred Dresselhaus' Legacy: 35 Years of Collaborating on Carbon Discoveries," lecture, Celebrating Our Millie, MIT, Cambridge, MA, November 26, 2017.

74. David L. Chandler, "A Big New Home for the Ultrasmall," MIT News, September 23, 2018, http://news.mit.edu/2018/mit-nano-building-open-0924.

75. Shoshi Dresselhaus– Cooper, email to author, May 16, 2018.

76. Juanxia Wu et al., "Observation of Low– Frequency Combination and Overtone Raman Modes in Misoriented Graphene," Journal of Physical Chemistry C 118, no. 7 (January 28, 2014): 3636–3643, https://doi-org.libproxy.mit.edu/10.1021/jp411573c; Materials Research Society, "Mildred Dresselhaus—Nanocarbons from a Historical Perspective," YouTube video, 31:37, Feburary 14, 2017, https://youtu.be/xHeO9EYJHIs.

77. Materials Research Society, "Nanocarbons from a Historical Perspective," 2017.

78. Jennifer Chu, "Insulator or Superconductor? Physicists Find Graphene Is Both," MIT News, March 5, 2018, http://news.mit.edu/2018/graphene-insulator-superconductor-0305; Hamish Johnston, "Discovery of 'Magic– Angle Graphene' That Behaves Like a High– Temperature Superconductor Is Physics World 2018 Breakthrough of the Year," Physics World, December 13, 2018, https://physicsworld.com/a/discovery-of-magic-angle-graphene-that-behaves-like-a-high-temperature-super conductor-is-physics-world-2018-breakthrough-of-the-year.

79. Farnaz Niroui, interview by author, Cambridge, MA, May 4, 2018.

80. Julie Fox, "Helping Small Science Make Big Changes," Slice of MIT, October 4, 2018, https://alum.mit.edu/slice/helping-small-science-make-big-changes.

81. Mildred Dresselhaus, "New Materials through Science and New Science through

Materials," James R. Killian, Jr. Lecture, MIT, Cambridge, MA, April 8, 1987, https://youtu.be/ZOFHDo20YYc.

82. Mildred Dresselhaus, "New Materials through Science."

83. Mildred Dresselhaus, interview by Kelsey Irvin, July 11, 2013, transcript, IEEE History Center, Hoboken, NJ, https://ethw.org/Oral-History:Mildred_Dresselhaus.

84. Mildred Dresselhaus, interview, August 2007.

85. MAKERS, "Mildred Dresselhaus: Queen of Carbon Science," You-Tube video, 2:44, April 4, 2017, https://youtu.be/oPfh5nb09yY.

그림 출처

그림 6 MIT Office of the Provost/Institutional Research.

그림 8 Saperaud~commonswiki/WikmediaCommons.

그림 9 Robert Vajtai, ed., Springer Handbook of Nanomaterials(Springer, 2013).

그림 10 우주선 지구호, Chensiyuan/Wikimedia Commons.

그림 11 Eric A. Rohlfing, D. M. Cox, and A. Kaldor, "Production and Characterization of Supersonic Carbon Cluster Beams" Journal of Chemical Physics 81, 3322 (1984). https://doi.org/10.1063/1.447994.

그림 14 J. Li, C. Papadopoulos, and J. M. Xu, "Highly-Ordered Carbon Nanotube Arrays for Electronics Applications," Applied Physics Letters 75, no. 367(1999); https://doi.org/10.1063/1.124377.

그림 15 Commonwealth Scientific and Industrial Research Organization.

그림 17 E. M. Pellegrino, L. Cerruti, and E. M. Ghibaudi, "Realizing the Promise—The Development of Research on Carbon Nanotubes," Chemistry: A European Journal 22, no. 13 (2016): 4330, https://doi.org/10.1002 /chem.201503988.

찾아보기

3M 226

BCS 이론 97~98, 113

IBM 106~107

IBM 연구개발 저널 124

MIT, 나노 271~272

MIT 여성 박사후 연구원 협회 205

MIT 여학생 역할에 관한 특별위원회 157

MIT 재료과학 및 공학센터 175, 176

MIT 재료연구소 176

MIT 테크 토크 237, 251

MIT 테크놀로지 리뷰 124, 180, 206, 207, 229

NEC연구소 214

ㄱ

가임, 안드레 122, 238, 242, 244

가전자껍질 147

게르마늄 93, 226

게발, 시오도어 168~169, 179

켄드릭, 펄 53

겡구, 옥타브 53

결정 격자 120, 146, 147

고든, 로니 53

고체물리학 73, 90, 93, 106, 160, 208, 221

골드버그, 해리스 204

교토의정서 219

구스, 앨런 250

국가 나노기술 개발 전략 232

국가과학훈장 17, 207

국립고자기장연구소 206

국립공학학술원 205

국립과학학술원 205

국립과학학술원 여성과학 및 공학위원회 205

군인재편성법 77

굿윈, 어윈 232

그들은 음악을 가질 것이다 35

그래핀 121, 122, 124, 168, 170, 180, 187, 188, 236~241

그랜홈, 제니퍼 266

그르제다, 줄리 267

그리고리에바, 이리나 238

그리니치 하우스 음악학교 27, 28, 32~36, 40

그리니치빌리지, 뉴욕 27, 33, 48

긴즈버그, 루스 베이더 78

길먼, 아서 76

길브레스, 릴리언 173

길영준 240

김, 필립 238

ㄴ

나노과학 16, 17, 227, 262, 271, 273, 274

나노열전기 227

나노와이어 227

내셔널 지오그래픽 37

네이처 211

노벨상 65, 67, 79, 84, 95, 96, 97, 98, 191, 196, 244, 245, 261

노보셀로프, 콘스탄틴 122, 242, 244

니루이, 파나즈 273~274

ㄷ

다운스, 애니 F. 266

다이아몬드 23, 120, 121, 129

다층 나노튜브 210, 211, 214

단층 나노튜브 15, 191, 210, 211, 212, 214

대통령자유훈장 259

대형강입자충돌기 73

덴마크, 레일라 53

덴튼, 데니스 205

도티, 로라 204

뒤카, 폴 34

드 히어, 발트 237

드레셀하우스, 엘리자베스(손녀) 103, 178, 258

드레셀하우스 쿠퍼, 메리앤(딸) 101, 103, 107, 134, 194, 235

드레셀하우스, 엘리엇(아들) 130, 134, 175, 194, 222

드레셀하우스, 칼(아들) 117, 134

드레셀하우스, 클라라(손녀) 258, 262, 270

드레셀하우스, 폴(아들) 134

드레셀하우스-마레, 레오라(손녀) 235, 260, 263, 270

드레셀하우스-쿠퍼, 쇼시(손녀) 31, 35, 235, 272

드레셀하우스 효과 93

디즈니, 월트 195

딩글, 로버트 74

ㄹ

라두슈케비치, L. V. 211

라이스대학교 196, 201, 202

라이징 스타 워크숍(Rising Stars workshops) 265

라이프, 프레더릭 93

라자와트, 수니타 11, 12

래드클리프컬리지 70, 76, 77

래티머, 루이스 187

랙스, 벤저민 106, 111, 112, 113, 114, 115, 122, 131

램, 윌리스 67

런던 임페리얼컬리지 123

레이우엔훅, 안톤 판 37

레이저 113

레인, 토니 74

렌셀리어공과대학교 17, 152, 222

로가체바, 엘레나 270

로레알-유네스코 세계 여성 과학상 260

로스, 로라 M. 113, 119, 132

로슨, 앤드루 워너 90, 91, 92, 98, 142

로시터, 마거릿 133, 205

로, 메리 158

로, 캘빈 256

록펠러 모제 석좌교수 167, 170, 205

록펠러 형제 기금 133

록펠러, 로런스 134

록펠러 주니어, 존 D. 133

론스달라이트 15

루스벨트, 엘리너 35, 36

루스벨트, 프랭클린 D. 35, 36

루키야노비치, V.M. 211

르엉, 올리비에 12

리스, 미나 71

리우, 위안 230

리처즈, 엘렌 스왈로 149

리튬이온 배터리 169

링컨연구소 105, 106, 111~113, 131~134, 116, 119, 176, 177, 249

ㅁ

마거릿 체니 룸 148, 149

마이크로파 92, 93, 96, 113

마이트너, 리제 61

마틴, 조셉 138

맥닐, 로리 193

맥클루어, 조엘 W. 124, 146, 147, 148

맨해튼 프로젝트 61, 84, 95

메사추세츠공과대학교(MIT) 137

메이어, 마리아 괴퍼트 62, 84

메이저 113

모던 타임스 32

모제, 애비 록펠러 133

물리학에서 여성의 지위에 관한 위원회 193

미국자연사박물관 49

미국 전기조명회사(Electric Lighting Company) 187

미국과학진흥협회(AAAS) 71, 230

미국국립과학위원회 260

미국국립과학재단 99, 100, 176, 206, 207, 261

미국물리학협회(AIP) 192, 236

미국물리학회(APS) 68, 97, 99, 192, 193

미국소아과학회 53

미국재료학회 191, 261, 266

미생물 사냥꾼 37, 62

ㅂ

바딘, 존 95, 96, 97, 98, 104

바티아, 상기타 269

반금속 112, 115, 125, 129, 130, 134, 173, 180, 203, 204, 207, 274

반도체 93, 112, 113, 115, 116, 125, 126, 129

반자동 지상환경 방공 시스템 106

반전성보존 67, 145

밸리, 조지 105

버니바 부시상 260

버슨, 솔로몬 65

버크민스터풀러렌 15, 196, 197, 199

버키볼 14, 191, 196, 208, 237

번스타인, 레너드 34

베순, 도널드 214

베치, 마리오 255

벨연구소 104, 165, 168, 169, 224

보르데, 쥘 53

보스턴 글로브 137, 250, 260

보우, 도티 152, 155

볼스테이트대학교 194

볼타, 알레산드로 225

부시, 버니바 206, 261

부시, 조지 H. W. 207

부시, 조지 W. 233

분광학 207

뷰캐넌, 미셸 205

브라운대학교 133, 141

브라운, 샌드라 17

브라질 160

브래튼, 월터 104

브레처, 아비바 139, 141, 252, 253, 270

브로드웨이 연극 50

브로디, 벤저민 236

브루클린, 뉴욕 21, 22, 23, 24, 25

비소화갈륨 112

비스무트 115, 130, 226, 236, 254

비터, 프랜시스 112

빅스, 에이미 수 158

ㅅ

사이클로트론 공명 113

사이토, 리이치로 212

쇤베르크, 로버트 J. 23

쇼클리, 윌리엄 104

수소 13, 67, 201, 220

스기하라, 코 204

스마트 콘크리트 186

스멀린, 루이스 134, 141, 173

스몰리, 리처드 196, 201, 202, 208, 210

스완, 조셉 187

스타이너, 캐럴 151

스타이넘, 글로리아 156

스탠리, 유진 131

스톡홀름, 존 G. 226

스톤, 파울라 156

스트라우스, 유진 68

스페인, 이언 204

스푸트니크 1호 106

스피웍, 마이어(아버지) 22, 23, 26

스피웍, 어빙(오빠) 23, 25, 26, 27, 40, 48

스피웍, 에델(어머니) 22, 23

스핀 93

실라르드, 레오 61

실리콘 15, 93, 112, 129, 226

심호비치, 메리 킹스베리 35, 36

ㅇ

아라우조, 파울로 244

아인슈타인, 알베르트 76

안락의자 나노튜브 212, 213

애거시, 엘리자베스 캐리 76

애그뉴, 해럴드 88

애버리스, 페이든 180

앨드리치, 애비게일 G. 133

양공 146, 147, 148

앨로, 로절린 서스먼 64~71, 77, 89, 142, 208

어블레이션 191

에너지띠 115, 116, 124, 126, 127, 128

에너지준위 117, 126, 127, 145

에노키, 토시아키 237

에디슨, 토머스 187

에를리히, 파울 37

에커트, 신디 266

에클룬드, 피터 198, 216, 260

에프콧센터 195, 196, 197

엑손 리서치 앤드 엔지니어링 컴퍼니 199

엔도, 모리노부 189~191, 271

엔리코 페르미상 86, 95, 261

엘더링, 그레이스 53

엘리엇, 찰스 윌리엄 76

여성을 위한 환경 현장 방문 프로그램 193

여성포럼 155~159, 161, 165, 253

연료전지 210

열전기 226, 227, 228, 236, 240, 261, 274

예일대학교 141

오리어, 제이 87

오바마, 버락 250, 259, 261

오버하우저, 앨버트 99, 100

오벌린, 아그네 211

오브라이언, 숀 201

오비탈 126, 127, 129

외르스테드, 한스 225

우딘, 수전 159

우스터공과대학교 173

우젠슝 62, 67, 145, 192

우주선 지구호 195, 197

우즈, 리오나 62, 84

월리스, 필립 168, 236

위드널, 쉴라 150, 166

위즈너, 제롬 156

윅, 에밀리 139, 141, 149, 152, 153, 154, 155

윌리엄스, 클래런스 G. 158, 166, 223

윌리엄슨, 새뮤얼 131

유니언 카바이드 187

유리, 해럴드 84

응집물질물리학 74, 92, 100, 106, 161, 177, 258

이스라엘 161

이온주입 200, 20

이지마, 스미오 211, 214

입자가속기 97

입자물리학 85, 138, 145

ㅈ

자기공명분광학 92

자기공명영상(MRI) 73, 92

자기광학 114, 115, 123, 144, 169

자반, 알리 144

잭슨, 셜리 앤 152, 222

MIT 전기공학 및 컴퓨터과학과 173, 205, 219, 243, 273

전기전자기술자협회(IEEE) 261

전도띠 126, 128, 129, 144, 145

전자기학 100, 101

전하 운반체 146, 226

제너럴 일렉트릭 12, 13, 123, 265, 266, 267, 268, 270

제베크, 토마스 225

제임스 R. 킬리언 주니어 교수 업적상 204

요리오, 아도 271

지그재그 나노튜브 213

질량분석법 199

ㅊ

채플린, 찰리 32

챔버스, 로버트 74

청, 데보라 170, 186

체니, 마거릿 스완 149

첸, 강 228, 229

초고용량 축전기 185

초전도성 73, 95~97, 172, 179, 180

층간삽입 168~172, 173, 179, 180

ㅋ

카네기재단 166, 167

카미무라, 히로시 172

카블리상 17, 262

카블리연구소 91, 201

카블리재단 261

카블리, 프레드 261

카이랄 나노튜브 213

캐번디시연구소 72, 73, 84

캘리포니아대학교(UC버클리) 92, 99, 258

컬, 로버트 201

케임브리지대학교 72~75, 252

켈빈, 윌리엄 톰슨 225

코넬대학교 98, 99, 100, 101, 102, 104

코리, 거티 테레사 65

코리, 칼 65

코스모폴리탄 78, 91, 173

코야마, 츠네오 211

콩, 징 241, 255

쿠보, 료고 191, 208

쿠시, 폴리카프 67

쿠퍼쌍 97

쿠퍼, 리언 95, 98

쿠퍼유니언대학교 40, 48

퀴리, 마리 37

퀴리, 에브 37

크랩트리, 조지 270

크로토, 해럴드 201, 202

클린턴, 빌 231, 232

키텔, 찰스 92, 93

킵, 아서 93

킹스채플 성가대 74

ㅌ

타이틀 9 140, 154, 156

탄소 나노섬유 188, 189, 190

탄소 나노튜브 14, 189, 191, 203, 208~216

탄소 클러스터 199, 200, 201

탄소섬유 121, 125, 186~191, 200, 208, 210, 262

터프츠대학교 132

테네, 레셰프 213

테르지안, 도로시 118

테로네스, 마우리시오 256

테크니온-이스라엘 공과대학교 161

텍사스 인스투르먼트 226

트랜지스터 15, 97, 104, 210, 240

트위스트로닉스 273

티사, 라슬로 198

ㅍ

파워스, 맥스웰 33

파이 뮤 입실론 헌터컬리지 지부상 56

파인먼, 리처드 203

판데르발스의 힘 121

판타지아 34, 35

팔라시오스, 토마스 240

페르미 문제 86

페르미 표면 124, 175

페르미, 라우라 79

페르미, 엔리코 83, 84~90, 114, 142, 206

페르미연구소 233

페미니즘 159

펠티에, 장 225

포논 207

포스포린 263

폰 히펠, 아서 142, 143, 252

폰 히펠상 261

풀러, 리처드 버크민스터 195, 196, 197

풀러렌 196, 199~203, 208, 209, 214, 216, 239

퓨, 에머슨 104

프랫, 조지 133, 134

프랭클린, 로절린드 170

프로젝트 링컨 105

플라스마 111

플로리다주립대학교 206

프란체스카, 피에로 델라 198

피지컬 리뷰 레터스 99

피지컬 리뷰 99

피직스 월드 273

피직스 투데이 170, 189, 192, 271

피파드, 브라이언 73, 96, 97

ㅎ

하리요-에레로, 파블로 272

하버드 에낵스 프로그램 76

하버드대학교 70, 76, 77, 78, 133, 194, 195

우사이, 베르나르도 알베르토 65

하우즈, 루스 194

한, 오토 61

해네, 브루스 168, 169

핵물리학 61, 65, 66, 192

핵분열 61, 83, 84, 88

허친슨, 클라이드 92

허프먼, 도널드 202

헉슬리, 올더스 195

헌터컬리지 62, 64, 65, 66, 69, 70, 71, 73, 77, 230

헌터컬리지고등학교 41, 42, 51, 55, 66

헤이든천문관 49, 62

호지킨, 도로시 134

호퍼, 그레이스 173

호프만, 마리오 254, 255, 256

홀로코스트 23, 47

홉킨스, 낸시 264

화학기상증착(CVD) 170, 242

후지타, 미츠타카 212, 213, 214, 244

휠윈드 70, 105

흑연섬유와 필라멘트 204

히스, 제임스 201

힉스, 린든 227

탄소의 끝없는 가능성을 열어준 나노과학 선구자
밀드레드 드레셀하우스

카본 퀸

1판 1쇄 인쇄 | 2023년 5월 15일
1판 1쇄 발행 | 2023년 5월 22일

지은이 | 마이아 와인스톡
옮긴이 | 김희봉

펴낸이 | 박남주
편집자 | 박지연
디자인 | 남희정
펴낸곳 | 플루토

출판등록 | 2014년 9월 11일 제2014－61호
주소 | 10881 경기도 파주시 문발로 119 모퉁이돌 3층 304호
전화 | 070－4234－5134
팩스 | 0303－3441－5134
전자우편 | theplutobooker@gmail.com

ISBN 979－11－88569－45－8 03420